煤氧化的力学特性及应用

Mechanical Properties and Applications of Coal Oxidation

潘荣锟　王　亮　著

国家自然科学基金项目（52174169、52174216）

河南省杰出青年科学基金项目（232300421015）　　联合资助

河南省高校科技创新团队（24IRTSTHN018）

U0221279

科学出版社

北　京

内 容 简 介

本书基于煤矿深部开采过程中存在的煤自燃问题，通过研究同一水平应力集中区煤层或深部高地应力煤层开采和反复开采过程中煤层赋存的应力状态，开展了原煤在不同初始应力和反复加卸荷应力状态下不同工况卸荷后的升温氧化实验，并对比不同氧化煤样微观结构的演化特性，以探讨深部开采煤层采动卸荷后煤体氧化规律，其对于深部卸荷煤体氧化自燃的防治具有重要意义。本书共分 12 章，主要介绍煤矿开采力学及自燃研究现状、不同应力作用下煤体物性参数变化、微观活性结构变化、孔裂隙结构变化、不同应力-温度下煤体氧化特性研究、不同应力下遗煤二次氧化自燃特性研究、反复加卸荷煤体氧化特性研究、不同围岩地温下卸荷煤体氧化特性研究、基于煤体氧化力学特性差异分析其氧化机理、基于氧化和热损伤的煤体力学特性变化、深部煤氧化诱灾机理及自燃灾变机理研究和工程实践、含瓦斯煤氧化特性及力学特性研究、采空区抽采条件瓦斯-煤自燃共生耦合致灾机制及防治关键技术等。

本书可供从事煤矿安全、煤自燃灾害防治、火灾防治、煤火-瓦斯耦合致灾等研究方向的研究生、本科生使用，还可供相关企业技术人员和科研院所研究人员参考使用。

图书在版编目(CIP)数据

煤氧化的力学特性及应用 / 潘荣锟，王亮著. -- 北京 : 科学出版社, 2024. 11. -- ISBN 978-7-03-079265-5

Ⅰ. TD75

中国国家版本馆 CIP 数据核字第 2024SA6468 号

责任编辑：李涪汁 沈 旭/责任校对：郝璐璐
责任印制：张 伟/封面设计：许 瑞

科学出版社 出版

北京东黄城根北街 16 号
邮政编码：100717
http://www.sciencep.com

北京厚诚则铭印刷科技有限公司印刷
科学出版社发行 各地新华书店经销
*

2024 年 11 月第 一 版 开本：720×1000 1/16
2024 年 11 月第一次印刷 印张：21 3/4
字数：439 000

定价：139.00 元
（如有印装质量问题，我社负责调换）

序　言

在当今世界，能源的可持续利用与安全开采是全球面临的重大挑战。我国作为一个煤炭资源丰富的国家，其能源结构以煤炭为主，煤炭资源总量高达 5.97 万亿 t，其中超过一半的资源埋藏深度超过 1000m。随着浅部煤炭资源的逐渐枯竭，深部开采已成为煤炭资源开发的新常态。然而，深部开采面临着一系列挑战，尤其是煤岩体在高应力、高温环境、高瓦斯压力下的氧化自燃火灾问题，已成为制约煤炭安全开采的关键因素。

深部煤层的开采，不仅改变了煤岩体的力学状态，还加剧了煤体内部结构的变化，这些变化直接影响了煤体的氧化进程和自燃风险。煤岩体在深部的力学特性与在浅部相比有着显著差异，这些差异导致了煤体在开采过程中易氧化、易变形、易失稳等复合灾害的发生。

为了深入探究并解决这一问题，《煤氧化的力学特性及应用》应运而生。该书从全新角度，以力学和热学为研究主线，深入分析煤层开采的应力状态变化对裂隙发育贯通、漏风通道演化、氧气输运能力、氧化加速机制和蓄热温升体系的影响特性，研究煤氧化过程对煤体强度劣化、破碎特性及变形失稳影响规律，揭示煤氧化与煤体力学的互馈作用及灾变特征，基于采动力学变化明晰采空区、煤柱、过断层、高冒区、停/起采线煤氧化自燃原因，并指导现场工程应用，形成煤氧化与煤体力学劣化互馈致灾机制、基础理论和防控关键技术。

该书共分为 12 章，系统地介绍了煤矿开采煤力学及自燃研究的现状，深入分析了不同应力作用下煤体物性参数变化、微观活性结构演变、孔裂隙结构演化及其对煤氧化影响特性的研究。书中还特别关注了深部煤氧化诱灾、自燃灾变、灾害演化的研究和工程实践，以及对含瓦斯煤氧化特征和力学特性的探讨。

在撰写该书的过程中，作者广泛吸收了国内外研究的最新成果，并紧密结合工程实践经验，力求实现理论研究与实际应用的有机结合。该书旨在为我国自燃煤层安全高效开采提供坚实的理论基础，同时为煤炭资源的可持续开发利用提供重要的技术支撑。

期望该书的出版能够为我国深部煤炭开采的安全生产和可持续发展贡献一份力量，助进煤炭行业的科技进步与发展。

中国工程院院士

前　言

　　我国浅部煤炭资源日益枯竭，向深部开采已成为必然趋势，深部煤炭开采是保障我国能源安全的重大战略需求。但深部的冲击地压、煤与瓦斯突出、自然发火、矿井热害、矿井突水等灾害日益凸显，严重阻碍了煤炭资源的开采，直接威胁我国的能源战略安全。煤自燃火灾是矿井的主要灾害之一，在深部开采煤层时高应力、高地温、高强度扰动下煤的氧化自燃更为显著，主要体现为：①深部煤体在高地应力和高强度采动扰动作用下，煤壁、采面、采空区遗煤及上下覆岩易破碎，煤的孔隙、裂隙发育迅速，裂隙贯通和内部通道发达，形成大片松散破碎裂隙网络体，增加了漏风通道和煤体暴露面，煤与氧气的接触面增加，煤体自身的吸氧能力、耗氧速度和氧化放热强度增强，蓄热环境和能力将发生变化。②在高地应力下，未开采之前，煤岩体积蓄了大量的弹性变形势能，开采过程中弹性变形势能得以释放，煤体发生流变破裂；同时为了避免发生冲击地压，人为采取降低采掘推进速度以使弹性变形势能得以有效地释放，这极大地延长了煤体的氧化时间，延迟了煤体进入窒息区的时间；对于已密闭采区，由于地应力高，巷道容易变形，煤柱、密闭墙容易受破坏而产生裂隙，导致密闭区容易出现漏风通道，增加了密闭区内残采煤体氧化自燃概率。③深部煤层开采时，地温高，煤层长期赋存于高温状态，煤化学活性增强，煤大分子结构（芳香族化合物）活跃，一遇到氧气，煤不需经历长时间的低温氧化阶段就直接进入自热阶段，缩短了煤氧化时间和自然发火期，对煤自燃早期判识造成极大的影响。④矿井进入深部开采后，由于煤层埋藏深度大，采面巷道通风路线长，通风阻力大，采面及风机的风压大，将引起漏风量增大，增加了煤升温氧化自燃防治与应急救援的难度。

　　基于此，笔者开展了不同高应力、反复采动扰动、不同赋存地温、不同冲击载荷、不同含瓦斯煤体、采空区抽采瓦斯-煤自燃共生耦合致灾等复杂条件下煤氧化自燃特性研究，揭示了深部赋存环境下煤的氧化自燃规律。将研究成果与现场实践结合进行分析，研究成果对深部开采煤层煤自燃的防治具有重要的实践意义。

　　笔者研究团队长期从事煤矿自燃、火灾防治、煤火-瓦斯耦合致灾的基础理论和应用技术的研究工作，在充分借鉴国内外相关研究成果的基础上，系统凝练和总结了团队的研究成果，完成了这部《煤氧化的力学特性及应用》。本书共分 12 章，由煤矿深部开采煤自燃研究现状、实验系统与煤样制备、不同初始载荷下卸荷煤体氧化特性研究、不同漏风条件下卸荷煤体氧化特性研究、反复加卸荷煤体氧化特性研究、不同围岩地温下卸荷煤体氧化特性研究、不同热气流环境下卸荷煤气氧化特性研究、采动卸荷煤体氧化特性微观机理分析、复杂漏风条件下煤体反复氧化与温升特性研究、深部煤氧化微观结构演化特性、深部煤氧化孔隙结构发育特性、基于氧化和热损伤的煤体力学特性变化、深部煤氧化诱灾机理及自燃灾变机理研究、含瓦斯煤氧化特性及力学特性研究、采空区抽采条件瓦斯-煤自燃共生耦合致灾机制及防治关键技术等内容组成。本书可供从事煤矿安全、瓦斯爆炸灾害防治、火灾防治研究方向的研究生、本科生使用，还可供相关企业技术人员和科研院所研究人员参考使用。

本书由河南理工大学潘荣锟教授、中国矿业大学王亮教授共同写作和统稿。研究团队晁江坤副教授、胡代民讲师、李聪博士、马智会博士、刘伟博士、宋晨卓硕士参与了写作工作，研究团队部分研究生参与了文字的处理工作，国家自然科学基金、河南省杰出青年科学基金、河南省高校科技创新团队（矿山热动力灾害防控及应急技术）等项目对本科学研究工作给予了资助和鼓励，在此表示衷心感谢！

由于研究能力有限，书中不足之处恳请广大读者批评指正。

作　者

2024 年 9 月 10 日

扫码看本书彩图

目　　录

第1章 绪 论

1.1 研究背景及意义

我国具有"缺气、少油、富煤"的能源结构，煤炭资源总量为 5.97 万亿 t，其中埋深超过 1000m 的煤炭资源量占 53%。随着浅部煤炭资源日益枯竭，深部开采将成为煤炭资源开发的新常态[1]。图 1-1 为我国 1000m 深部开采矿井的分布与统计情况，截至 2020 年，我国东部和中部煤矿将陆续进入深部开采。深部资源赋存的地应力大、采动应力变化复杂和煤岩体破裂程度加剧，致使煤氧化自燃灾害问题越发凸显[2-6]，所诱发的复合灾害将以高频度、高强度和复杂性表现出来[7]。而深部采动煤体力学特性的变化是复合灾害孕育和发生的基础，深部煤自燃防治急需突破的新难题是采动煤体力学变化对氧化的影响特征，深入开展深部煤氧化与煤体力学特性变化之间关系的研究十分必要。

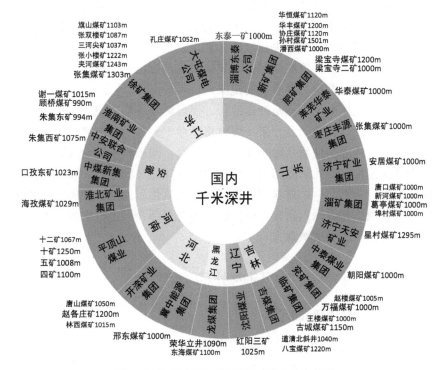

图 1-1 我国 1000m 深部开采矿井分布统计

"深部"已不是传统意义上"深度"的概念，而是一种力学状态，是由深部的原岩应力、采动应力和煤岩体固有属性共同决定的力学状态[8]。随着深度增加，地应力状态逐渐由浅部的构造应力向深部的静水压力转变[9,10]。普遍认为"三高"环境导致煤岩体的组织结构、基本力学特性和工程响应与浅部相比都将发生变化，这是深部灾害频发且不同于浅部灾害形式的重要原因之一。在我国，自然发火矿井占 50% 以上，随着采深的增加，深部煤体的受力状态和浅部煤体的受力状态不同，必然导致煤体内部结构的差异，研究发现微孔和小孔的数量对煤体氧化进程的快慢起重要影响作用[11]。因此，在自然发火矿井中，随着采深的增加，不同埋深煤体开采后，其氧化特性将会产生较大差异[12]。另外，煤氧化后，其内部结构将发生变化，从而造成煤体力学性质的改变。随着采深增加，各种灾害不再单一存在，呈复合共生的存在模式。在自然发火矿井中，并不是单独的灾害模式，而是伴生有煤自燃与变形失稳冒顶灾害、煤自燃与瓦斯突出复合灾害、煤自热与冲击地压复合灾害等[13-16]。在治理这些灾害时，往往出现顾此失彼的情况。在煤自燃与瓦斯突出复合灾害矿井中，对煤层的卸压、抽采，可以实现消突，但容易造成煤体裂隙发育，漏风强度增加，进而使煤氧化诱发自燃；回采保护层可以使被保护层卸压，裂隙进一步发育，实现对被保护层的区域消突，但氧气通过裂隙进入保护层中，使煤体发生氧化，进一步诱发煤自燃；矿井中的煤柱，长时间暴露后，煤体与氧气充分接触，进而加速煤自燃，氧化自燃煤柱煤体强度弱化，受力重新分布极可能诱发变形失稳或煤体突出。另外，火区启封的采煤工作面、露天煤矿揭露隐伏火区等情况均存在煤氧化或局部煤自燃加速煤体强度劣化而诱发煤体变形失稳和坍塌等灾害事故的现象。

综上所述，煤体变形失稳是冲击地压、煤自燃与瓦斯突出、冒顶等灾害发生的初期条件，而深部煤层一旦开采，煤体将赋存于更易氧化自燃的复杂环境中，氧化直接改变煤体力学性质，影响煤体变形程度，间接诱发复合灾害；而采动煤体力学特性变化将改变孔裂隙结构，直接影响漏风通道和蓄热环境，从而影响煤氧化自燃进程。基于此，针对深部开采煤体发生氧化后力学特性劣化及其对煤氧化自燃的影响规律开展深入研究，研究成果将对深部开采过程中复合灾害的防治具有重要的理论和工程实践意义。

1.2　国内外研究现状

1.2.1　煤岩体力学特性研究现状

谢和平等[17]认为不同深度煤岩体的力学性质差别较大，并研究了岩石脆延转化力学行为。钱鸣高和许家林[18]提出了岩体结构的"砌体梁"力学模型，并对采场上覆岩层受开采影响而破断的现象进行了研究，指出采空区遗煤先后经历自然碎胀区、应力恢复区及原岩应力区三个阶段，在每个阶段遗煤所承载的应力不同。程远平等[19]结合现场工程实践，研究了采动覆岩的应力场、变形场、采动裂隙发育规律，得出覆岩在采动卸荷时的裂隙发育高度及变形特征。张春等[20]通过分析采空区应力分布特点，将采空区应力恢复分为四个阶段，重点分析研究了正常推进过程中，应力恢复区向前移动的距离与时间的函数关系，模拟了采空区内渗流场状态，得出了应力场对采空区遗煤自燃的影响不可忽略。来兴平等[21]通过常规相似模型试验研究了开采覆岩应力分布规律。尹光志等[22]基于相似理论，通过光弹性力学模拟试验研究了围岩在条带、大倾角、多煤层开采下的应力分布规律。潘荣锟等[23]通过单轴压缩实验，分析了不同氧化煤的力学参数变化规律。余明高等[24]、褚廷湘等[25]和 Chao 等[26]通过不同条件下的承压破碎煤体渗流实验，得到了渗透率、孔隙率与轴向应力、粒径、温度、孔隙压力之间的关系。张小强等[27]通过研究超临界 CO_2 作用下煤岩组合体力学特性损伤及裂隙演化规律，得出煤层越厚的地层越容易发生失稳，顶底板岩层强度越高的地层越不容易失稳，地层失稳破坏时动力显现强度与煤厚成反比、与岩煤强度比成正比。Zhang 等[28]以平顶山煤田为背景，研究了不同埋深的煤体力学特征，得出 1050m 埋深煤声发射能量是 300m 埋深煤的 69 倍，300m 埋深煤呈拉剪复合破坏，1050m 埋深煤呈拉伸破坏，并得出深部煤损伤演化更迅速。Su 等[29]、Liu 等[30]认为高温冲击使煤体的孔隙发育，孔隙度增加，从而劣化了煤体的力学强度。张辛亥和李青蔚[31]、肖旸等[32]以不同温度作用于煤体，提出了预氧化煤的概念。孟召平等[33]系统地揭示了正断层对煤体力学性质的影响，认为越靠近断层煤体强度越低，并利用快速拉格朗日连续体分析（fast Lagrangian analysis of continua, FLAC）分析了接近断层时的应力分布状态。魏建平等[34]以有效压力为变量，研究了不同围压和孔隙压力条件下含瓦斯煤的渗透率变化特征，建立了含瓦斯煤的有效应力与渗透率的定性定量关系。孙长斌等[35]通过单轴压缩试验研究了不同含水率下煤岩组合体的力学特性和损伤规律，揭示了水岩作用下煤岩组合体吸水速率降低、力学性能劣化、声发射特征变化及微观结构损伤的演化过程。张天军等[36]运用 Talbol 理论，开展了不同恒载压力下不同粒径配比的破碎砂岩渗透特性研究，结果表明随着实验缸筒内破碎砂岩有效应力的增大，渗流速度变化的参数均呈减小趋势。

相关研究表明，随着矿井开采深度的增大，地应力增大对煤岩体孔裂隙结构、变形失稳、破碎程度和渗透率均产生较大影响。有关研究阐明了采动煤岩的应力场、渗流场和变形特征，而采动后应力变化诱发的煤体破碎、孔裂隙发育、渗流特性等现象恰恰加剧了煤-氧作用，对煤氧化自燃灾害演变具有重要影响。但目前有关深部采动煤体力学特性变化对氧化自燃影响的研究相对匮乏，不同应力作用下煤体的强度弱化、应变特征、破碎特征、弹性模量等力学特性变化规律均有待深入研究。

1.2.2 煤体氧化自燃特性研究现状

随着开采深度的不断增加，煤岩温度不断升高，开采与掘进工作面的高地温环境日益严重[37]。煤层长期赋存于高温状态，煤化学活性增强，煤大分子结构（芳香族化合物）活跃，一遇到氧气，煤不需经历长时间的低温氧化阶段就直接进入自热阶段，缩短了煤氧化时间和自然发火期。对于深部开采条件，Calemma 等[38]把煤放在不同压力的空气中反应 4h，研究了反射率与煤的氧化反应之间的关系。王继仁和邓存宝[39]从微观结构及组分差异方面研究了煤自燃的机制。邓军等[40]、马砺等[41]研究了高地温环境对煤自燃的影响，得出高温环境下煤体的气体产生率、耗氧速率及放热强度高于常温下氧化煤体，自燃危险性有所增加。Zhang 和 Kuenzer[42]通过实验研究了煤层结构特征、表面传热机制对煤火的影响。孟现臣[43]、闻全[44]结合深部开采现场出现的煤自燃现象，初步分析了深部开采煤自燃的原因及防治措施。Pan[45]、Chao 等[46]研究了重复扰动下煤的氧化特性，认为煤体受采动扰动次数增加将会增加煤氧作用。He 等[47]认为深部煤层开采后，在高应力、强动载、大能量释放后，煤体孔隙结构发育，为煤体氧化蓄热提供了有利条件，进而诱发煤自燃灾害。林增等[48]通过对深部厚煤层撤面期间煤层自燃预防及控制技术的研究，提出了停采线前的采空区超前预防，回撤前、回撤中的架后、架中防控及回撤结束后的堵漏四阶段综合火灾防控技术体系。徐永亮等[49]利用自制的荷载加压煤自燃特性参数测定装置，研究了煤体导热系数与单轴应力的关系。许涛[50]研究了低温煤氧化过程中气体产生规律及氧化特性，将煤体氧化过程分成了不同阶段。

相关研究表明，目前有关深部开采煤自燃的研究侧重从工程实践遇到的问题出发，分析煤自燃原因及防治措施，以及氧化微观结构变化、热释放和蓄热特性，对于深部开采在高地应力和高强度采动扰动作用下煤岩体变形及煤氧作用加剧的临界条件缺乏深入研究，以及煤氧化自燃过程中煤层应力变化、煤体强度弱化、变形失稳等灾害的影响鲜见报道。因此，深部开采复杂地应力和强扰动下卸荷煤体的动态氧化过程、氧化进程对应力再分布的影响有待开展深入系统的研究。

1.2.3 煤自燃及其复合灾害研究现状

周福宝等[51,52]提出了深部煤矿开采瓦斯与煤自燃复合灾害主要集中发生在破碎煤岩体以及采空区等跨尺度裂隙场中，建立了瓦斯与煤自燃共生致灾的多场交汇数学模型。潘一山[53]通过复合动力灾害一体化理论研究，揭示了复合动力灾害发生的统一机理，建立了统一失稳判别准则。秦波涛等[54]在研究付村煤矿瓦斯异常区的瓦斯赋存规律与煤自然发火特点的基础上，建立了立体瓦斯抽放体系。杨胜强等[55]提出了判断采空区煤是否处于自燃危险阶段和判断采空区瓦斯浓度变化趋势的方法，在此基础上对共生灾害进行了预测，减少了共生灾害的误报。张国锋等[56]针对白皎煤矿保护层瓦斯突出及应力集中对近距离煤层开采引起的灾害问题进行了探讨。祝捷等[57]研究了加卸载条件下煤样应变与渗透性的演化特征，获得了一旦煤岩变形系统失稳，弹性变形区煤岩与瓦斯可同时释放能量，呈现复合动力灾害的破坏特征的结论。鲁俊等[58]考虑气体影响的完整煤样和卸压孔煤样的五面加载及单面临空试验，认为复合动力灾害是煤岩在应变能和气体内能作用下非线性瞬发性破坏的动态过程。朱丽媛等[59]建立了圆形巷道冲击地压、瓦斯突出复合灾害模型并进行了分析，探讨了冲击地压和煤与瓦斯突出的诱导转化机理。王浩等[60]分析了影响煤岩冲击-突出复合动力灾害的主要因素，模拟分析了被保护层回采巷道布置在不同位置时其围岩应力峰值、塑性区范围及峰值点煤岩应力梯度的变化特征。袁瑞甫[61]指出煤岩体性质、瓦斯压力、应力条件和开采扰动等是发生复合动力灾害的必备要素。沈荣喜等[62]研究认为保护层开采是防治复合动力灾害行之有效的区域性防治措施。何江等[63]、李振雷等[64]针对复合动力灾害致灾机理进行了研究，发现煤岩体物理力学性质、瓦斯条件、应力条件和开采地质条件等是影响复合动力灾害的重要因素。袁亮等[65]认为利用保护层开采的卸压效应，施工地面钻井穿透被保护层，可大幅提高瓦斯抽采效率。Lu 等[66]开展了不同加载速率的单自由面真三轴试验，探讨了复合动力灾害的发生机理，指出煤样的力学性质具有明显的速率依赖性，峰值应力随加载速率的增加呈近似对数增长的趋势。

相关研究表明，目前针对深部采动复合灾害的研究主要集中在煤岩冲击地压、煤与瓦斯突出复合动力灾害及复合动力灾害致灾机理方面，而深部采动过程中煤岩体力学特性变化是诱导复合灾害相互演变的基础，深部煤层一旦开采即发生煤氧作用，煤氧化自燃直接引起煤层力学特性变化，从而诱发复合灾害。但目前有关氧化自燃煤体的力学性质变化对变形失稳等灾害的影响特性研究并不多见。因此，尚需对不同氧化程度煤体的力学特性及其引发氧化自燃与变形失稳灾害的互馈作用机制开展深入研究。

第 2 章　氧化煤的物化特性及孔隙结构变化规律

煤是一种固体可燃有机岩，由植物残骸经过复杂的生物化学、物理化学及地球化学的成煤作用转变而成。在易自燃煤层中，煤体一旦揭露即开始发生煤氧化学反应，加之良好的蓄热环境，极易发生煤自燃。然而，煤氧化后，其在不同的氧化阶段或不同的氧化程度下，所表现出的物理化学性质是不同的。本章首先研究地应力特征和煤体的特征温度，然后采集煤样并预加载煤样，测试煤样的孔隙结构等参数，探究深部煤层煤自燃特性；通过煤体的特征温度，对煤体进行不同程度氧化处理，研究氧化煤体的力学特性。本章将详细阐述煤样的采集、加工、预加载处理、预氧化处理和实验流程，并研究分析氧化煤体的物理化学特性及孔隙结构变化。

2.1　氧化煤体物理性质

2.1.1　氧化煤体物理参数测试结果

本节主要通过实验，获得氧化煤体的物理化学特性。物理参数主要包括质量、体积、密度、波速等；化学参数主要包括氧化煤体的微晶结构和官能团变化；此外，通过扫描电镜测试不同氧化程度煤的孔裂隙结构。

（1）对实验煤样氧化前后的波速、质量、体积和密度进行测试。

（2）从力学实验后氧化程度不同的破坏试样中分别取 3～5g 煤样进行碾磨，然后人工筛出 200 目粒径的煤样进行封存，再进行 X 射线衍射（X-ray diffraction, XRD）实验和红外光谱实验。

（3）观测氧化煤体的孔裂隙结构。分别从力学实验后不同氧化程度煤体的断面处，选取相对平整的、未被破坏的自然断裂面作为测试观测面。然后，将块体置于实验台上，喷金并使用扫描电镜进行观测。

按照氧化煤体的处理方式，记录煤样氧化前后的高、直径、质量、密度、波速等值，测量结果如表 2-1 所示。

表 2-1　煤样试件基本物理参数测试结果

编号	氧化前					氧化后				
	高 /mm	直径 /mm	质量 /g	密度 / (kg·m⁻³)	波速 / (m·s⁻¹)	高 /mm	直径 /mm	质量 /g	密度 / (kg·m⁻³)	波速 / (m·s⁻¹)
DZ-30-1	100.1	50.1	256.29	1299.43	2076.76	—	—	—	—	—
DZ-30-2	100	50.24	254.69	1285.41	1828.15	—	—	—	—	—
DZ-30-3	99.8	50.2	292.42	1481.15	1893.74	—	—	—	—	—
DZ-30-4	100	50.2	286.29	1447.20	1239.16	—	—	—	—	—
DZ-30-5	99.7	50.1	290.99	1481.28	1629.08	—	—	—	—	—
DZ-30-6	100	50.3	257.15	1294.74	2118.64	—	—	—	—	—
DZ-30-7	100	50.1	297.11	1507.90	1828.15	—	—	—	—	—
DZ-30-8	100	50.2	289.41	1462.97	1763.67	—	—	—	—	—
DZ-70-1	100	50.1	266.52	1352.65	1779.36	100.4	50.3	263.53	1321.57	1530.49
DZ-70-2	100	50.1	268.2	1361.17	1522.07	100.2	50.4	264.51	1323.86	1469.21
DZ-70-3	100.5	50.2	264.08	1328.29	1421.50	100.8	50.2	260.62	1306.98	1384.62
DZ-70-4	100	50	278.93	1421.30	1455.60	100.2	50.1	276.15	1398.72	1252.50
DZ-70-5	100	50.2	257.5	1301.67	1545.60	100.4	50.4	254.64	1271.93	1349.46
DZ-70-6	100.2	50.2	264.68	1335.29	1610.93	100.6	50.2	261.2	1312.50	1475.07
DZ-70-7	99	50.2	263.73	1346.63	1644.52	99	50.2	261.14	1333.40	1402.27
DZ-70-8	100	50.1	265.79	1348.94	1675.04	99	50.2	262.48	1340.24	1468.84
DZ-135-1	100	50.2	294.23	1487.34	1763.67	100	50.2	280.07	1415.76	1438.85
DZ-135-2	100	50.2	256.05	1294.34	2118.64	100.2	50.2	241.21	1216.89	1555.90
DZ-135-3	100	50.2	266.61	1347.72	1375.52	100.4	50.3	249.62	1251.81	1250.31
DZ-135-4	100.4	50.3	257.28	1290.23	2000.00	100.2	50.3	242.43	1218.18	1491.07
DZ-135-5	100	50.3	262.64	1322.38	1647.45	99.7	49.8	245.91	1266.93	1265.23
DZ-135-6	100.4	50.2	255.73	1287.57	1563.86	100.3	50.2	238.65	1202.77	1171.73
DZ-135-7	100.4	50.2	265.29	1335.70	1539.88	100.2	50.4	250.77	1255.10	1089.13
DZ-135-8	100.2	50.3	265.62	1334.71	1480.06	99.9	50.1	249.44	1267.23	831.11
DZ-200-1	100	50.3	255.81	1287.99	2096.44	99.9	50.1	228.56	1161.15	1089.42
DZ-200-2	97.7	50.2	248.29	1284.66	1985.77	96.3	49.4	222.27	1204.84	1067.63
DZ-200-3	100	50.2	255.81	1293.12	2053.39	99	49.4	228	1202.20	1161.97
DZ-200-4	99.66	50.2	265.48	1346.59	1389.96	99.3	49.9	236.77	1219.85	756.86
DZ-200-5	100.1	50.1	265.63	1346.78	1813.41	99	50.1	238.15	1220.87	790.73
DZ-200-6	100	50.2	264.23	1335.69	1146.79	100.1	49.2	234.29	1231.74	662.04
DZ-200-7	100	50.3	267.01	1344.38	1375.52	100.1	50	239.49	1219.11	733.33
DZ-200-8	100	50.22	268.21	1354.73	1295.34	100.1	50	234.33	1192.85	703.94
DZ-265-1	100	50.12	268.28	1360.49	1499.25	99.88	49.64	238.78	1235.91	527.07
DZ-265-2	100	50.3	267.88	1348.76	1445.09	100.2	49.8	231.99	1189.25	483.59

编号	氧化前					氧化后				
	高 /mm	直径 /mm	质量 /g	密度 /（kg·m⁻³）	波速 /（m·s⁻¹）	高 /mm	直径 /mm	质量 /g	密度 /（kg·m⁻³）	波速 /（m·s⁻¹）
DZ-265-3	100	50.22	264.85	1337.76	1779.36	99.84	49.62	233.51	1210.09	508.87
DZ-265-4	100	50.2	255.21	1290.09	1582.28	101.28	50.1	224.55	1125.24	674.30
DZ-265-5	100	50.2	264.14	1335.23	1146.79	101.34	49.6	234.5	1198.20	403.10
DZ-265-6	99.4	50.1	267.94	1368.06	1886.15	100.66	49.46	236.85	1225.29	722.61
DZ-265-7	100	50.4	254.7	1277.32	1140.25	100.26	49.66	224.78	1158.10	402.17
DZ-265-8	100	50.2	268.77	1358.63	1545.59	100.16	49.42	236.13	1229.65	735.39

2.1.2 不同氧化程度煤物理参数变化规律

1. 体积变化规律

氧化作用后放热，受热膨胀及氧化的影响，煤内部产生微观裂纹使体积产生变化，体积变化用体膨胀率来表征，见式（2-1）。图 2-1 为氧化后煤样体积变化测试及体膨胀率变化结果。

$$b = \frac{V_1 - V_0}{V_0} \qquad (2\text{-}1)$$

式中，b 为体膨胀率，%；V_0、V_1 为煤样氧化前后的体积，cm³。

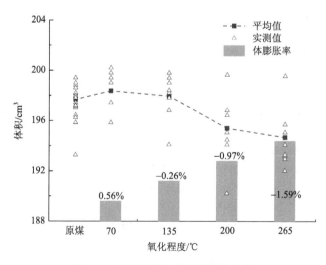

图 2-1 氧化煤体积及体膨胀率变化

图 2-1 为煤样经过不同程度氧化后的体积变化规律。各组实验煤样体积分布的不均匀主要是煤样加工过程中加工精度误差造成的。原煤到 265℃氧化煤的体积平均值分别为 197.68cm³、198.37cm³、197.95cm³、195.4cm³、194.68cm³。进一步分析得出 70～265℃氧化煤的体积较原煤分别增加了 1.11cm³、–0.51cm³、–1.91cm³ 和–3.14cm³，体膨胀率分别为 0.56%、–0.26%、–0.97%和–1.59%。

通过图 2-1 进一步分析得出，氧化后煤样的体积变化并不大，整体呈先增大后减小的趋势。其中，煤样经过 70℃氧化后的体积略有增加，可能是由于在 70℃时，煤氧复合作用程度低，仅发生表面氧化，对煤的整体孔隙结构影响不大，在此阶段主要表现为煤内水分的蒸发，水蒸气的膨胀作用导致了煤体孔隙的膨胀，进而呈现煤体内的体积微膨胀，由于氧化温度较低，降温后并不会发生明显的体积收缩。而对于 135～265℃氧化煤样，体积逐渐减小，是由于随着温度的升高，煤氧复合作用越来越剧烈，煤的孔隙结构发育，在实验完成后，温度降低，孔隙缩合，从而导致煤样的体积减小。

2. 质量变化规律

煤样经过不同温度氧化后，其内部水分挥发、煤氧复合反应等，会造成煤样质量发生变化。温度的不同，煤中参与反应的有机成分不同，随着温度的升高，更多有机物参与化学反应，煤氧反应越剧烈。为了了解不同氧化程度对煤样物理性质的影响，定义质量损失率来表征煤样的质量变化，如式（2-2）所示。质量损失率为氧化处理后，煤样的质量损失与初始质量的比值。

$$a = \frac{m_1 - m_0}{m_0} \tag{2-2}$$

式中，a 为质量损失率，%；m_0、m_1 为煤样氧化前后的质量，g。

图 2-2 为煤样经过不同程度氧化后的质量变化规律。实验煤样质量分布的不均匀主要是由煤样加工过程中尺寸差异和采集的煤样中密度分布不均匀造成的。原煤至 265℃氧化煤的平均质量分别为 264.22g、263.03g、249.76g、232.73g、231.76g。进一步分析得出 70～265℃氧化煤的质量较原煤分别减少了 3.14g、15.7g、28.58g 和 32.22g，质量损失率分别为 1.18%、5.9%、10.94%和 12.2%。

通过图 2-2 可知，氧化后煤样的质量变化规律整体呈减小趋势，其中 70℃煤体氧化后的质量较原煤变化不大，从 70℃到 200℃氧化煤体质量较原煤变化较大，基本呈直线下降趋势，200℃以后质量的变化趋缓。根据煤氧化特性，低温阶段主要为水分蒸发，且此阶段的物理吸附较少，表现为 70℃氧化煤质量损失率较原煤变化不大；随着温度的升高，氧化进程加快，失重速率增加，因此 70～200℃氧化煤体的质量损失率呈线性增长趋势；随着温度进一步升高，煤氧反应速率大大增加，大量的气体产生，此时经过长时间氧化后，煤样的失重速率逐渐趋缓，进而表现为 200℃以后质量的变化趋缓。

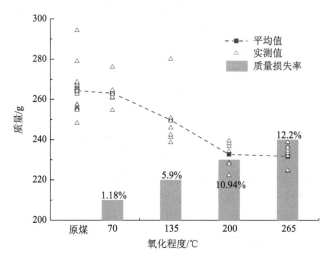

图 2-2　氧化煤质量及质量损失率变化

3. 密度变化规律

煤的密度是单位体积煤的质量，该值是反映煤的物理性质和结构的重要常数，密度的大小取决于分子结构和分子排列的紧密程度。试样的密度采用量积法测定，根据测量的质量和体积，即可得出煤样氧化前后的密度变化率 c，如式（2-3）所示。

$$c = \frac{m_1/V_1 - m_0/V_0}{m_0/V_0} \qquad (2\text{-}3)$$

氧化前后各组煤样的密度变化规律如图 2-3 所示。70~265℃氧化煤密度的平均值分别为 1326.15kg·m⁻³、1261.83kg·m⁻³、1206.58kg·m⁻³、1190.83kg·m⁻³。进一步分析得出 70~265℃氧化煤的密度较原煤分别减少了 1.73%、5.66%、8.89%和 10.77%。

通过图 2-3 可知，氧化后煤样的密度变化基本呈下降趋势，其中煤样经过 200℃氧化后的密度变化开始减缓。由于煤样在实验前已完全干燥，此时煤体的密度是煤体孔隙和裂隙发育状况的表征，对煤样进行不同氧化程度处理后，煤体的孔隙逐渐发育。

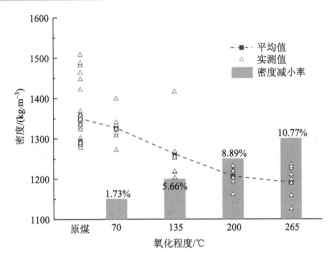

图 2-3 氧化煤密度及密度减小率变化

4. 波速变化规律

目前，超声波测试技术在岩石力学领域已得到广泛的应用。通过测试煤体内纵、横波的传播速度可以研究煤体的构成及孔隙情况。因此，超声波速度是评价材料损伤的指标之一。易自燃煤体经过氧化后内部孔隙结构将发生变化，进而影响煤体的力学性质。通过超声检测分析仪测试不同氧化煤样的波速，可对氧化煤体的损伤进行定量评价。由于横波波速测试比较困难，测试结果可靠性较差，因此本书不讨论横波波速。煤体氧化作用后内部产生氧化、热解等效应使得波传播特性发生变化。作为评价材料损伤的重要指标之一，波速可以较好地反映试样内部微裂隙发育状况。定义波速变化率为煤样氧化前后的波速变化量与氧化前波速的比值，如式（2-4）所示。图 2-4 为氧化后煤样试件纵波波速测试结果。

$$d = \frac{v_1 - v_0}{v_0} \tag{2-4}$$

式中，d 为波速变化率，%；v_0、v_1 为煤样氧化前后的波速，$\mathrm{m \cdot s^{-1}}$。

通过测试煤样氧化前后的波速可知，原煤至 265℃氧化煤波速平均值分别为 1642$\mathrm{m \cdot s^{-1}}$、1416$\mathrm{m \cdot s^{-1}}$、1261$\mathrm{m \cdot s^{-1}}$、870$\mathrm{m \cdot s^{-1}}$、557$\mathrm{m \cdot s^{-1}}$。进一步分析得出 70~265℃氧化煤的波速较原煤分别降低了 10.45%、25.17%、47.05%和 62.93%。

虽然煤体结构复杂，波速测试结果具有一定离散性，但通过图 2-4 可以看出随着煤体氧化程度的增大，其波速基本呈线性减小趋势，这主要是煤体在氧化过程中，内部的孔隙结构发生变化造成的。

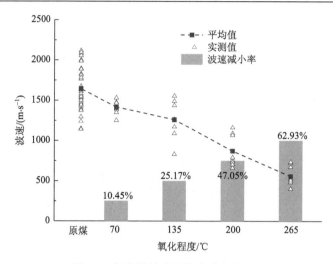

图2-4　氧化煤波速及波速减小率变化

　　煤体氧化后，其质量、体积、密度和波速均发生变化，单个试样的参数虽有不同程度的离散变化，但总体上仍然可以看出煤体氧化后的质量变化率、体积变化率、密度变化率和波速之间存在明显的关联性。煤体中存在多种矿物成分，煤体在不同温度下氧化，其矿物成分的热膨胀率有所不同。另外，氧化作用使得煤体内的有机物发生反应，从而改变了煤体内部的孔隙结构，最终表现为其物理参数发生变化。图2-5为氧化煤体试样物理参数与波速的关系。

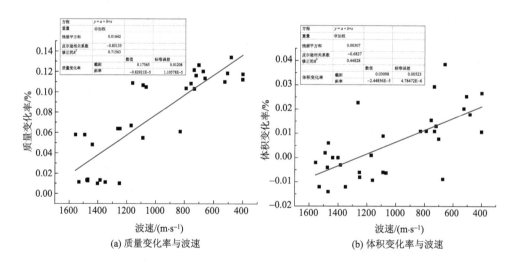

(a) 质量变化率与波速　　　　　　　　　(b) 体积变化率与波速

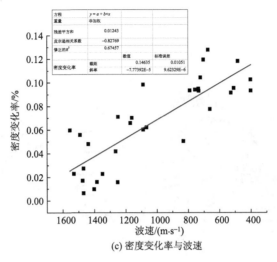

(c) 密度变化率与波速

图 2-5　氧化煤体物理参数相关分析

由图 2-5 可以看出，煤体氧化后其质量变化率、体积变化率、密度变化率和纵波波速均呈负相关关系。也就是说，随着煤样氧化程度的加深，试样的质量减少，体积减小，密度降低，波速减小。而随着波速的减小，质量变化率、体积变化率和密度变化率均增加。

2.2　氧化煤体化学性质

2.2.1　氧化煤体的微晶结构及测试结果

对煤结构的研究有很多方法，国内外不少学者采用 XRD 来研究煤的微晶结构。一般主要用该方法来确定煤体变质程度及变质过程中有机物大分子化学结构变化，或研究构造应力对煤大分子结构的影响。本节主要通过不同氧化程度煤的 XRD 实验来分析氧化作用对煤的大分子结构的影响。

图 2-6 为不同氧化程度煤的 XRD 衍射图谱。通过对衍射峰多次拟合求平均值，依据衍射角（θ）和半峰宽高（β），可以得到煤内微晶结构的相关参数，并通过理论计算得到煤晶核中芳香层网面间距（d_{002}）、煤晶核中芳香层片堆砌度（L_c）、煤晶核中芳香层片延展度（L_a）和煤晶核中芳香层数（N），结果如表 2-2 所示。

从图 2-6 中可以看出，不同氧化程度的煤具有不同的化学结构。随着氧化程度的加深，芳香取代基和芳氢减少，芳环的缩合程度增加。（002）峰的位置向 2θ 增大的方向移动。随着氧化程度的增加，芳香核的堆砌度 L_c 先增加后减小，延展度 L_a 整体逐渐减小。随着氧化程度的加深，衍射波谱的（100）峰逐渐明显。

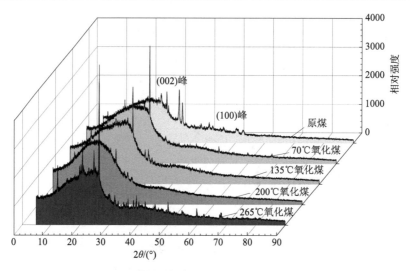

图 2-6　样品原始 XRD 衍射图谱

表 2-2　煤样的 X 射线衍射数据

煤样	$2\theta_{002}$ 峰位/(°)	d_{002}/nm	L_a/nm	L_c/nm	L_a/L_c	N
原煤	21	0.4227	6.4737	0.9354	6.92	3.21
70℃氧化煤	22.1	0.4019	5.1904	1.1681	4.44	3.91
135℃氧化煤	23.9	0.372	4.572	0.9182	4.98	3.47
200℃氧化煤	24.1	0.369	4.0174	0.8937	4.50	3.42
265℃氧化煤	25.1	0.3545	3.154	0.8361	3.77	3.36

2.2.2　氧化煤体微晶结构变化规律

（1）煤芳香层网面间距 d_{002} 是煤变质程度的主要参数。由图 2-7 可知，随着煤氧化程度的增加，网面间距 d_{002} 有逐渐减小的趋势。煤体氧化后，煤芳核的碳原子网面间距变小，其中原煤的碳原子网面间距为 0.4227nm，当达到 265℃时，氧化程度达到最大，其网面间距为 0.3545nm。

（2）由图 2-8（a）可以得出，延展度 L_a 是煤晶核的层片直径，它随氧化程度的增加而逐渐变小。煤的层片延展度 L_a 与堆砌度 L_c 都呈规律性变化。L_a 的变化幅度较 L_c 更大。随着氧化程度的增加，其延展度逐渐减小。

（3）堆砌度 L_c 是指煤芳香核层片堆砌的厚度。由图 2-8（a）可以得出，随着氧化程度的升高，芳香层片的堆砌度先增加后减小，且碳原子网距减小，排列更有序，同时堆砌度 L_c 的变化也代表着煤变质程度的变化。其中，从原煤至 70℃

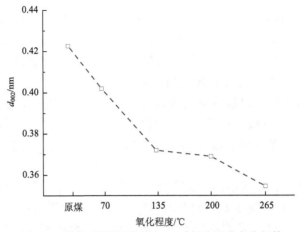

图 2-7　煤芳香层网面间距 d_{002} 受氧化影响变化规律

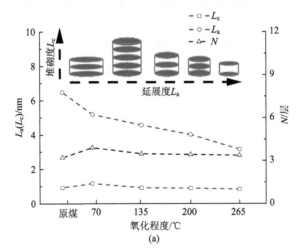

(a)

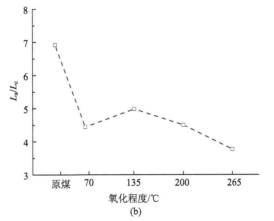

(b)

图 2-8　不同氧化程度煤 L_a、L_c、N 和 L_a/L_c 的变化规律

氧化煤堆砌度由 0.9354nm 增加至 1.1681nm，而 70℃氧化煤往后，堆砌度逐渐减小，到 265℃氧化煤时，其堆砌度为 0.8361nm。煤在不同温度处理中，受温度和氧化共同作用，芳香核的堆砌度发生变化，表现为堆砌度与温度呈线性增加，说明其堆砌度的变化主要受氧化作用的影响。

（4）氧化煤体的堆砌层数 N 是煤氧化后化学结构变化的重要参数，它是根据芳核的堆砌度 L_c 和芳核层间距 d_{002} 计算出来的。由图 2-8（a）可知，随着氧化程度的加深，氧化煤的芳核层数 N 分别为 3.21、3.91、3.47、3.42 和 3.36，呈现先增大后减小的趋势。

（5）随着氧化程度的增加，延展度 L_a 的变化率要大于堆砌度 L_c。其中，原煤延展度为 6.4737nm，随着氧化程度的增加，265℃氧化煤的延展度为 3.154nm，较原煤降低了 51.28%；原煤的堆砌度为 0.9354nm，随着氧化程度的增加，265℃氧化煤的堆砌度降低为 0.8361nm，较原煤降低了 10.62%。整体上看，L_a/L_c 随着氧化程度的增加逐渐降低，如图 2-8（b）所示。

根据以上分析得出随着氧化程度的增加，其芳香层网面间距 d_{002}、延展度 L_a 逐渐减小，堆砌度 L_c 和堆砌层数先升高后降低，L_a/L_c 呈降低趋势。

第3章 煤氧化微观活性结构演化特性

深部高温环境会增强煤的分子活性，改变活性官能团种类和数量，进而影响煤与氧气接触后的热释放特性，热释放的差异在微观上表现为活性官能团结构的变化。因此本章针对不同温度及不同氧化后煤样的微观结构变化特性进行分析和研究。为了更好地掌握深部开采煤氧化过程中微观结构的演化特性，本章主要利用傅里叶变换红外光谱仪对煤样的微观活性官能团结构进行测试，对比分析不同温度下，氧气参与反应前（热作用）和氧气参与反应后（氧作用）活性官能团结构的类别及数量的变化规律，获得热作用和氧作用对微观活性官能团结构的影响特性；其次利用 X 射线衍射仪，分别测试热作用和氧作用后煤样的大分子微晶结构特征，分析芳香层间距、大分子延展度及大分子堆砌度的变化规律，获得热作用和氧作用对大分子微观空间结构的影响规律。

3.1 实验设备及步骤

3.1.1 实验设备

1. 傅里叶变换红外光谱实验

本实验所采用的傅里叶变换红外（Fourier transform infrared，FTIR）光谱仪，如图 3-1 所示。其型号为 TENSOR-37，生产公司为布鲁克公司，产地为德国。该设备由以下几个部分组成，分别为：影响监测灵敏度的红外光源（采用中红外光源）、影响分辨率的干涉仪、作为关键部件的分束器、检测能量的检测器及能够控制

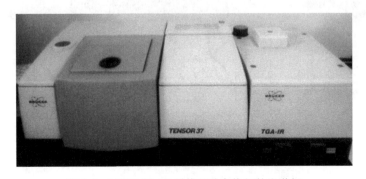

图 3-1 TENSOR-37 型傅里叶变换红外光谱仪

仪器的操作、收集数据以及处理数据的计算机数据处理系统。该设备具有灵敏度高、仪器稳定、抗震性能优、智能化程度高、内部有校验系统，以及可以同时连接不同附件等特点。

2. X 射线衍射实验

本实验采用的 X 射线衍射仪（X-ray diffractometer，XRD）型号为 Smart Lab，生产公司为 Rigaku Corporation，生产地为日本，如图 3-2 所示。所用 X 射线衍射仪由射线源、内部实验平台、检测器、计算机系统四部分组成，其主要技术参数如下：

（1）X 射线发生器功率为 3kW；

（2）测角仪为水平测角仪；

（3）测角仪半径为 300mm；

（4）测角仪配程序式可变狭缝；

（5）最小步径为 0.0001°；

（6）共焦光束光学（confocal beam optics, CBO）交叉光路，提供聚焦光路及高强度高分辨平行光路；

（7）高速探测器 D/teX Ultra250 型（0 维、1 维模式）；

（8）半导体阵列二维探测器 HyPix400 型（0 维、1 维、2 维模式）。

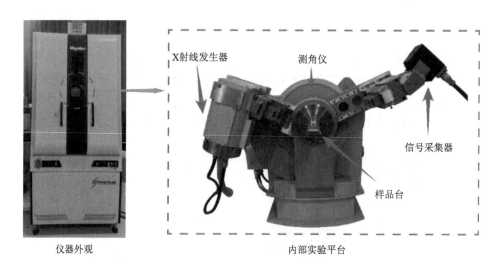

仪器外观　　　　　　　　　　　　　内部实验平台

图 3-2　Smart Lab 型 X 射线衍射仪

3.1.2　实验方案及步骤

1. 傅里叶变换红外光谱实验

（1）用 C600 高精度微量热仪进行煤样的预处理，预处理实验分为 2 组（有氧条件和无氧条件），每组设置 7 个温度工况（40℃、60℃、80℃、100℃、120℃、150℃、200℃）。

（2）预处理后的煤样与 KBr 进行混合，混合比例为 1∶150，并在玛瑙碾磨钵中进行研磨，样品被研磨成粉末状时即可达到要求。

（3）傅里叶变换红外光谱实验的参数设置：① 扫描范围为 400～4000cm^{-1}；② 光谱分辨率为 4cm^{-1}；③ 扫描次数设置为 32 次。

（4）采用干燥的 KBr 做稀释剂，扫描实验样品前，先放入 KBr 样品，采集空白背景谱图。

（5）将研磨好的煤样进行压片，压片后正确装入光路中，之后启动实验并采集数据。

2. X 射线衍射实验

（1）用 C600 进行煤样的预处理，预处理实验分为 2 组（有氧条件和无氧条件），每组设置 7 个温度工况（40℃、60℃、80℃、100℃、120℃、150℃、200℃）。

（2）XRD 实验样品的制作：取少量煤样倒入样品架凹槽内，用载玻片轻压煤样表面，使其均匀、平整地铺满整个凹槽，并去掉凹槽之外的多余煤样。

（3）XRD 实验样品的装填：打开仪器舱门，放入样品架，之后关闭舱门，在确保舱门关好后方可进行测试。

（4）XRD 实验条件的设置：扫描范围为 5°～80°，扫描速率为 10（°）·min^{-1}，步长为 0.02°。

（5）样品测试结束后，取出并更换样品架，重复步骤（2）～（4），待所有样品测试结束后，完成实验并导出数据。

3.2　深部煤氧化官能团变化的测试与分析

在有氧或无氧的环境中，对不同温度的煤样进行红外光谱测试，得到不同测试条件下煤样的红外光谱图（图 3-3、图 3-4）。对氧气参与前后，不同温度煤样活性基团的变化进行了比较和分析。

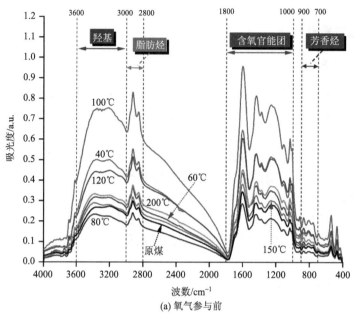

(a) 氧气参与前

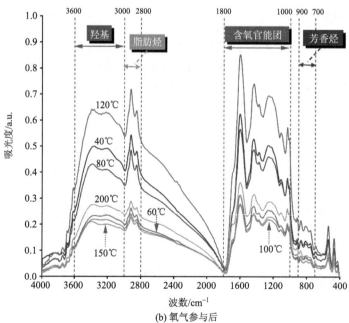

(b) 氧气参与后

图 3-3　不同温度下煤样的红外光谱图对比

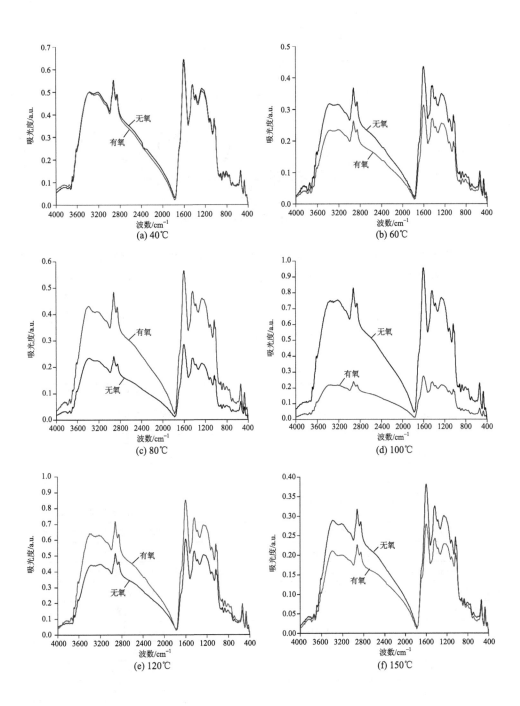

(a) 40℃

(b) 60℃

(c) 80℃

(d) 100℃

(e) 120℃

(f) 150℃

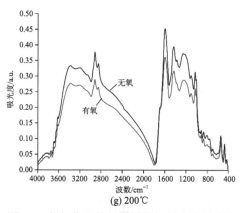

图 3-4 氧气作用前后煤样的红外光谱图对比

从图 3-3、图 3-4 可以看出，温度和氧气都会影响光谱峰的高度。然而，无论是否发生氧化反应，其峰形和变化趋势是基本相似的。同时也可以看出，在不同的温度和氧气条件下，煤样官能团的种类和含量还是发生了变化，主要体现在官能团的波峰强度和峰面积的不同。各种官能团和结构都有相应的特征吸收峰，煤样分子中不同官能团的红外光谱吸收峰列于表 3-1。

表 3-1 峰位置与官能团对应关系

峰位置/cm⁻¹	官能团类型	官能团归属
3697~3685	—OH	游离—OH 键
3624~3610		—OH 自缔合氢键，醚 O 与—OH 形成的氢键
3550~3200		酚、醇、羧酸、过氧化物、水的—OH 伸缩振动
3400		υ 氢键缔合
3056~3032	—CH	υ 芳烃—CH 基
2975~2950（2950）	—CH₃	υas 环烷或脂肪族中—CH₃ 反对称伸缩振动
2935~2918（2925）	—CH₃、—CH₂	υas 环烷或脂肪族中—CH₃、—CH₂ 反对称伸缩振动
2900	—CH	υ 环烷或脂肪族—CH
2875~2860（2870）	—CH₃	υs 环烷或脂肪族中—CH₃ 对称伸缩振动
2858~2847（2850）	—CH₂	υs —CH₂ 对称伸缩振动
2780~2350（2650）	—COOH	υ—COOH 羧酸
2525	—S—H	υ—S—H 伸展振动
1780~1765	C=O	υ 芳烃酯、酐过氧化物的 C=O 键
1770~1720（1735）	C=O	υ 脂肪族中 C=O 伸缩振动
1736~1722	C=O、—COO—	酮、醛、酯类羧基

续表

峰位置/cm^{-1}	官能团类型	官能团归属
1706~1705	C=O、—CHO	芳香酮、醛类羰基
1715~1690	—COOH	羧基伸缩振动，判断羧基的特征频率
1690~1660	C=O	醌基中的 C=O 伸缩振动
1650~1640	—CO—N—	脂肪族酰胺
1605~1595（1600）	C=C	芳香环或稠环中 C=C 伸缩振动
1590~1560	—COO—	反对称伸缩振动
1490	C=C	芳香环
1460~1435（1460）	—CH$_3$	甲基反对称变形振动，甲基的特征吸收峰
1449~1439	—CH$_2$	亚甲基剪切振动
1410	—COO—	对称伸缩振动
1379~1373（1375）	—CH$_3$	甲基对称变形振动
1330~1060	Ar—C—O—	酚、醇、酯、醚氧键
1100~1000	Si—O	Si—O—Si 或 Si—O—C 伸缩振动，硅酸盐矿物
979~921	—OH	羧酸中—OH 弯曲变形
880~680	C—H	取代苯 C—H 振动
753~743	—CH$_2$	亚甲基平面振动
540	—S—S—	双硫键的特征峰
475	—SH	有机硫—SH 吸收峰

注：括号内数字表示这个范围内最显著的峰，该数字有助于更准确地识别和分析样品中的特定化学键或官能团，因为它们提供了更精确的峰位置信息。

　　对傅里叶变换红外光谱吸收峰形状和峰面积进行分析，发现煤样的微观结构在不同条件下表现出一定的变化。随着温度从 40℃增加到 200℃，温度和氧气的详细影响如下。

　　当温度为 40℃时，其傅里叶变换红外光谱强度明显高于原煤，说明在 40℃的温度下，煤样的微观结构相比于原煤出现了明显的变化。但无论在有氧条件还是无氧条件下，波数在 3697~3685cm^{-1}、3624~3610cm^{-1} 和 3550~3200cm^{-1} 处的峰值基本一致，这些—OH 光谱具有相似的高度和面积。在 1330~1060cm^{-1} 和 1590~1560cm^{-1} 的含氧官能团也基本相似。因此，40℃的煤样没有发生剧烈的氧化反应，煤样的微观结构也没有明显的变化。总的来说，在 40℃时煤样受温度的影响出现了明显的微观结构变化，但是这一阶段氧气的影响较小，基本可以忽略不计。

　　当温度为 60℃时，整体光谱强度要低于 40℃时，说明 60℃的温度下，受温度的影响，官能团出现了一定的消耗，导致了官能团的减少，从而使峰高和峰面积降低；而在有氧环境中，全波数范围内（4000~400cm^{-1}）的傅里叶红外变换光谱峰的高度和面积又小于无氧环境中的样品，这一结果表明，在有氧环境中，各种基团都参与了煤样的氧化反应，从而启动了这些基团的转化，使官能团数量进一步减少。

当温度为 80℃时，傅里叶变换红外光谱出现差异性的变化，主要表现在：相较于 60℃时，无氧环境下傅里叶变换红外光谱峰的高度和面积进一步下降，而有氧环境下傅里叶变换红外光谱峰的高度和面积出现了一定程度的增加，说明这一温度下氧气的主要作用是促进官能团的产生。总的来说，在温度的影响下，官能团的含量是继续减少的；但氧气的存在促使官能团的产生，而且新生成官能团的数量远大于消耗的数量。

当温度为 100℃时，光谱的变化较为急剧，相较于 80℃时，官能团种类和含量均出现了较大的变化，主要体现在：无氧环境下，整体光谱的峰高和峰面积是急剧增大的，说明在温度影响下，大分子侧链进一步分解，导致了官能团含量的增加；有氧环境下，整体光谱的峰高和峰面积则是急剧下降的，说明这一温度下，各官能团都参与到氧化反应之中，而且氧化反应较为剧烈，从而导致了官能团的大量消耗。

当温度为 120℃时，有氧条件下和无氧条件下的变化依然是相对立的。从图 3-4（e）可以看到，无氧条件下，光谱整体的强度是下降的，峰高及峰面积也是降低的；而有氧环境下，光谱的整体强度是增大的，峰高及峰面积是增加的，说明在 120℃时氧气主要与煤的大分子侧链反应，从而形成数量更多的新官能团。总的来说，120℃时煤氧反应剧烈，但此时的反应更多是促进官能团的产生，而不是消耗官能团。

当温度为 150℃时，相较于 120℃时，整体的光谱强度是下降的，但是有氧环境下的光谱强度下降得更多，说明 150℃时温度的作用是消耗官能团，而氧气的作用也是与官能团发生反应。从图 3-4（f）可以看出，两个煤样的—OH、含氧官能团、脂肪烃的差异更为明显，芳香烃几乎没有什么变化。在有氧环境中，煤样光谱峰在 3600～2000cm^{-1} 的强度明显低于无氧环境中的强度。

当温度为 200℃时，光谱强度相较于 150℃时的变化不大，整体强度略有升高，但差异性不大，而且有氧条件下的煤样光谱与无氧条件下的煤样光谱之间的差异性也在减小，但仍然呈现出有氧光谱强度低于无氧光谱强度的特征。

总的来说，随着温度的变化，无氧环境下煤样的傅里叶变换红外光谱的强度呈现出先升高后降低再升高再降低的"M"形变化趋势，而有氧环境下煤样的傅里叶变换红外光谱的强度呈现出"升高—降低—升高—降低……"的交替变化趋势。可以看出，随温度的变化，煤的官能团不断断裂和聚合，氧化过程中不断产生新的官能团，这就增加了光谱的峰值强度。

3.3　深部煤氧化过程中主要官能团变化规律

从 FTIR 光谱中可以看出光谱整体的变化趋势，但是对不同官能团的具体含量变化却无法得知。因为官能团之间都有特征吸收峰，这些吸收峰有时会相互影响，从而导致某一位置的谱峰出现干扰或叠加，进而影响对数据的处理和分析。为了解决这一问题，采用分峰拟合的办法，将重叠在一起的子峰分开，由此可以获得每个子峰的峰高、峰面积、峰形、峰位置、半高宽等信息，再通过对子峰的峰面积进行计算，就可以反映出不同官能团之间具体含量的变化趋势。分峰拟合操作通过红外仪器公司提供的红外光谱分析软件 OMNIC 8.0 进行，采用 Gaussian/Lorentzian 函数，通过计算出各个子峰的峰面积，就能够直观地反映煤样微观活性基团的变化特征。不同波数范围内的分峰拟合情况如图 3-5～图 3-8 所示。

通过分峰拟合的方法，得到了各子峰的信息，再经过进一步的计算得到不同条件下具体官能团的变化规律。

3.3.1　含氧官能团的变化规律

在本书中，煤的含氧官能团是指煤中含有氧元素的官能团的总称，其主要包括羟基（－OH）、醚键（R－O－R'）、羧基（－COOH）、酯基（－COO－）、羰基（C＝O）等。羟基对应的红外吸收区域主要分布在 3200～3697cm^{-1} 区间内，具体可以划分为 3200～3550cm^{-1}（酚、醇、羧酸、过氧化物、水的－OH 伸缩振动）、3610～3624cm^{-1}（－OH 自缔合氢键）及 3580～3697cm^{-1}（游离的－OH）三个区间；其余含氧官能团对应的红外吸收区域则主要分布在 1000～1800cm^{-1} 区间内，主要包括波数在 1060～1330cm^{-1} 范围内的酚、醇、酯、醚氧键，波数在 1560～1590cm^{-1} 范围内－COO－的反对称伸缩振动，波数在 1690～1715cm^{-1} 范围内－COOH 的伸缩振动，波数在 1720～1780cm^{-1} 范围内 C＝O 的伸缩振动。

含氧官能团的分峰拟合情况如图 3-5、图 3-7 所示，不同官能团具体的峰面积变化如表 3-2 和图 3-9 所示。由表 3-2 可知，从 40℃到 200℃的温度区间内，含氧官能团的变化主要体现在 1060～1330cm^{-1} 范围内光谱为酚、醇、酯、醚氧键的变化，以及 3200～3550cm^{-1} 范围内羟基的变化，两者峰面积之和占总含氧官能团峰面积的 76%以上，最高可占 96.67%；而 1560～1590cm^{-1} 范围内－COO－的变化最大峰面积仅为 45.83，且在无氧状态下 80～120℃的温度区间内没有显现；1690～1715cm^{-1} 范围内－COOH 的变化更加不明显，最大峰面积值仅为 16.40，虽然变化微小，但是－COOH 的变化贯穿整个实验区间；波数在 1720～1780cm^{-1} 范围内 C＝O 的峰面积最大只有 4.44，整体的变化十分微小，且仅在热作用（无氧）下含量几乎为零，可以忽略不计。

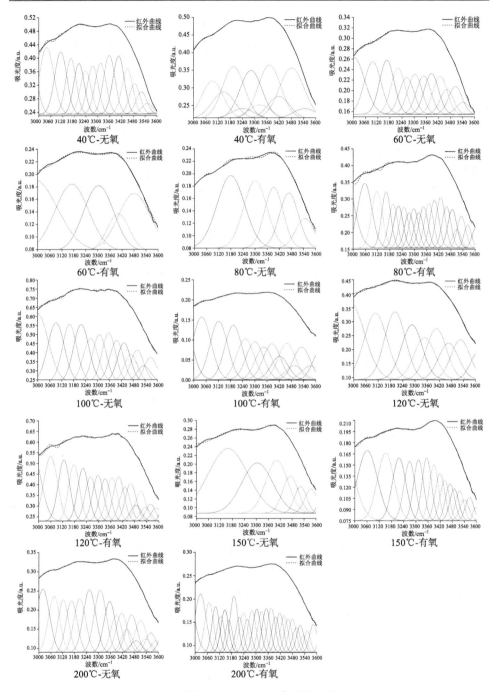

图 3-5　波数 3000~3600cm^{-1} 谱图分峰拟合

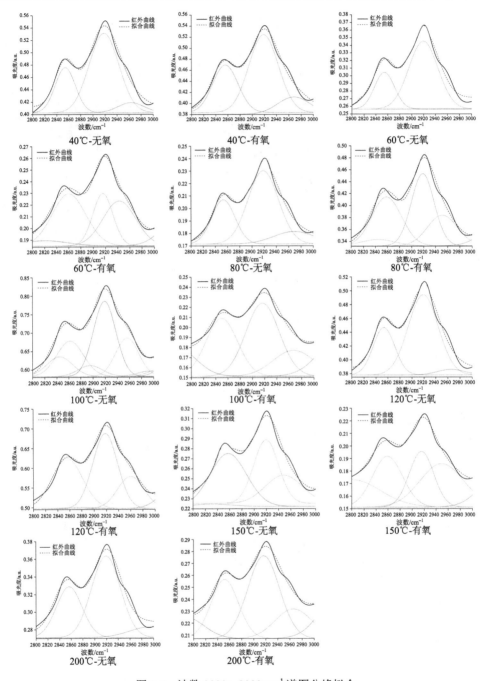

图 3-6　波数 2800~3000cm⁻¹ 谱图分峰拟合

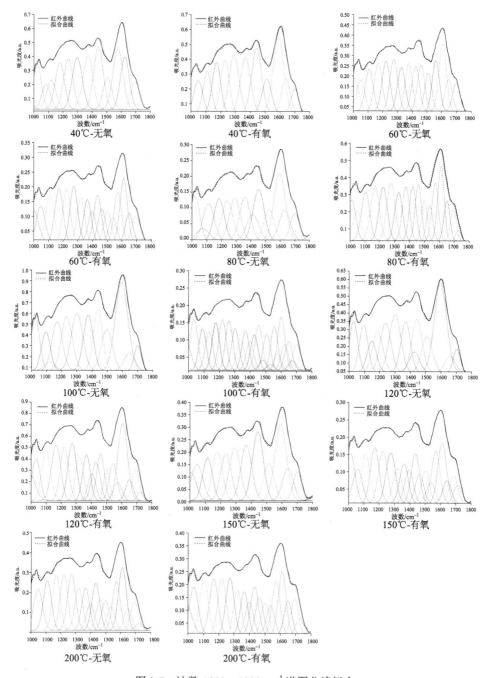

图 3-7　波数 1000~1800cm^{-1} 谱图分峰拟合

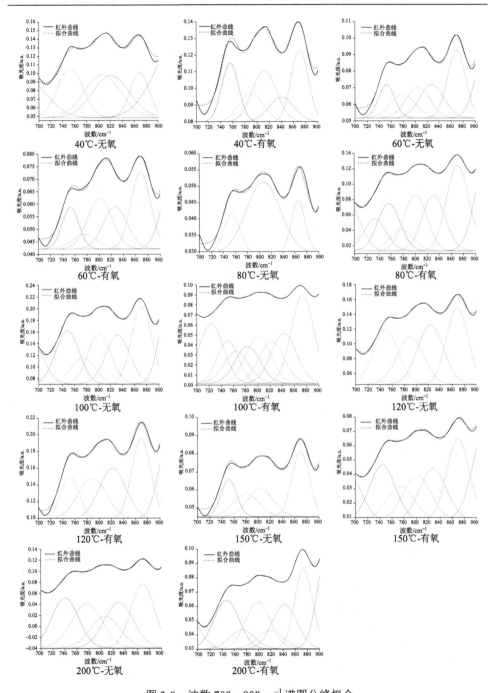

图 3-8　波数 700~900cm^{-1} 谱图分峰拟合

表 3-2　含氧官能团峰面积变化

氧气	温度/℃	波数范围/cm⁻¹					总计
		1060~1330	1560~1590	1690~1715	1720~1780	3200~3550	
	原煤	63.58	12.03	6.03	1.24	59.16	142.04
无氧	40	104.67	37.76	14.61	0.07	86.29	243.4
	60	63.12	15.36	8.64	0.01	51.67	138.8
	80	46.85	—	6.79	—	43.11	96.75
	100	144.08	—	13.40	—	165.28	322.76
	120	91.75	—	7.66	—	130.89	230.3
	150	65.54	29.42	8.02	—	52.21	155.19
	200	70.23	16.30	9.38	2.21	80.81	178.93
有氧	40	101.27	45.83	9.93	—	83.25	240.28
	60	46.12	10.91	5.79	0.80	45.93	109.55
	80	106.23	18.35	9.07	2.64	83.73	220.02
	100	40.19	2.93	6.28	0.22	66.88	116.5
	120	133.05	11.73	16.40	3.99	127.53	292.7
	150	51.49	10.62	8.78	0.004	42.43	113.324
	200	55.18	13.55	8.50	4.44	57.96	139.63

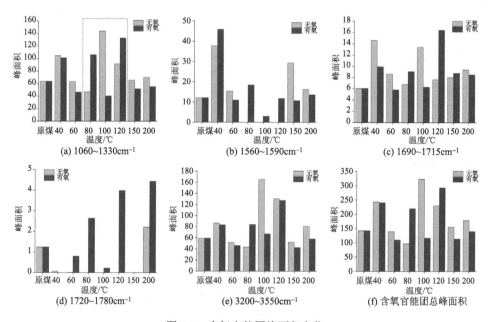

图 3-9　含氧官能团峰面积变化

从图 3-9 可以看出，在有氧条件下，受氧化作用的影响，含氧官能团均呈现出"增加—减少—增加—减少—增加……"的交替变化趋势，这说明含氧官能团在煤的氧化过程中不断地产生和消耗。在无氧条件下，即仅在热作用条件下，含氧官能团也呈现出"增加—减少—增加—减少—增加……"的交替变化趋势，但很明显，仅在热作用下官能团交替变化的周期更长，所以氧气的作用不在于改变官能团的变化规律，而在于加快官能团的变化周期。对比有氧条件和无氧条件下不同含氧官能团的变化过程可以发现，在 40℃和 60℃的温度下，氧气对官能团含量变化的影响十分微小；在高温下，如 150℃和 200℃，氧气对官能团含量变化的影响也不大；氧气对含氧官能团含量变化产生较大影响的温度区间是 80～120℃。

3.3.2　脂肪烃的变化规律

脂肪烃在傅里叶变换红外光谱图上对应的波数范围主要为 3000～2800cm^{-1}，主要包括 2975～2915cm^{-1} 和 2875～2858cm^{-1} 两个波数区间，其中 2975～2915cm^{-1} 谱峰是由甲基、亚甲基反对称伸缩振动引起的，2875～2858cm^{-1} 谱峰是由甲基、亚甲基对称伸缩振动造成的。在 3000～2800cm^{-1} 这个大波数范围区间外，还有两个小波数区间也属于脂肪烃，分别为 1449～1439cm^{-1} 及 1379～1373cm^{-1}。波数范围在 1449～1439cm^{-1} 内的谱峰属于亚甲基剪切振动，而波数范围在 1379～1373cm^{-1} 内的谱峰则属于甲基对称变形振动。

脂肪烃的分峰拟合情况如图 3-6 所示，不同波数区间内脂肪烃具体的峰面积变化如表 3-3 和图 3-10 所示。由表 3-3 可知，从 40℃到 200℃的温度区间内，脂肪烃的变化主要体现在 2975～2915cm^{-1} 范围内甲基、亚甲基反对称伸缩振动，2875～2858cm^{-1} 范围内甲基、亚甲基对称伸缩振动及 1449～1439cm^{-1} 范围内的亚甲基剪切振动，1379～1373cm^{-1} 范围内甲基对称变形振动只在温度较低时出现，而且几乎都出现在没有氧气参与的条件下。整个实验温度区间内，无论是在有氧还是无氧条件下，脂肪烃的含量变化并不是特别明显，远小于含氧官能团的变化。而且从表 3-3 中还可以看出，在氧气参与下，脂肪烃的峰面积最大只有 50.84，不足无氧条件下最大峰面积的 1/2。

表 3-3　脂肪烃峰面积变化

氧气	温度/℃	波数范围/cm^{-1}				总计
		2975～2915	2875～2858	1449～1439	1379～1373	
	原煤	5.78	3.49	7.64	0	16.91
无氧	40	8.78	3.12	36.02	31.64	79.56
	60	5.48	2.03	14.21	14.40	36.12
	80	4.52	1.70	14.88	0	21.1
	100	14.43	5.37	42.17	41.44	103.41

续表

氧气	温度/℃	波数范围/cm⁻¹				总计
		2975~2915	2875~2858	1449~1439	1379~1373	
无氧	120	7.76	3.11	24.12	0	34.99
	150	5.36	3.97	24.26	0	33.59
	200	5.69	3.21	10.01	0	18.91
有氧	40	10.63	4.50	35.71	0	50.84
	60	4.44	3.11	17.18	0	24.73
	80	8.96	5.03	17.57	18.81	50.37
	100	7.15	3.73	7.88	0	18.76
	120	14.08	8.07	25.74	0	47.89
	150	5.42	2.56	10.02	0	18
	200	6.47	2.82	0	0	9.29

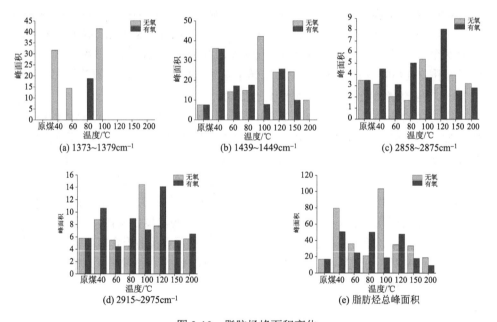

图 3-10　脂肪烃峰面积变化

从图 3-10 可以看出，脂肪烃的变化趋势与含氧官能团的变化相似，均呈现出“增加—减少—增加—减少—增加……”的变化趋势，不过不同于含氧官能团的变化，氧气对变化周期的加速效果没有体现在脂肪烃的变化中。脂肪烃在每个实验温度下，有氧和无氧条件下都表现出了一定的峰面积差距，而且大多数情况下有氧条件的峰面积都要低于无氧条件下的峰面积，这说明氧气的参与有效地消耗了脂肪烃；而在温度为 80℃和 120℃时，可以看到有氧条件下脂肪烃的峰面积明显大于无氧条件下的，这表明在这两个温度下，氧气的作用更多的是促进脂肪烃的产生而不是加速脂肪烃的消耗。

3.3.3　芳香烃的变化规律

芳香烃在傅里叶变换红外光谱图上对应的波数范围主要为 700～900cm^{-1}，根据芳香环取代方式的差异性，可具体划分为 730～750cm^{-1}、750～810cm^{-1}、810～850cm^{-1}、850～900cm^{-1} 四个波段区间，其中波段 730～750cm^{-1} 为苯环二取代，波段 750～810cm^{-1} 为苯环三取代，波段 810～850cm^{-1} 为苯环四取代，波段 850～900cm^{-1} 为苯环五取代。

芳香烃的分峰拟合情况如图 3-8 所示，不同波数区间内芳香烃的具体峰面积变化如表 3-4 和图 3-11 所示。由表 3-4 可知，从 40℃到 200℃的温度区间内，芳香烃在四个波数区间内都有出现，而且都表现出了一定的含量变化。总的来看，芳香烃的变化主要表现为苯环三取代、苯环四取代及苯环五取代 3 种形式，苯环二取代在很多温度下都出现了一定的缺失。不过就峰面积而言，芳香烃的峰面积比脂肪烃更小，最大的峰面积也仅有 8.58 左右，这不仅比脂肪烃的峰面积小很多，更是远小于含氧官能团的峰面积，从这一点也可以看出，温度在 200℃以内，煤

表 3-4　芳香烃峰面积变化

氧气	温度/℃	波数范围/cm^{-1}				总计
		730～750	750～810	810～850	850～900	
	原煤	2.16	4.46	4.51	3.00	14.13
无氧	40	0.27	6.93	3.84	2.08	13.12
	60	0	2.34	1.03	1.53	4.90
	80	0	1.98	0	0.47	2.45
	100	4.49	6.43	4.24	5.54	20.7
	120	3.77	3.56	4.38	4.62	16.38
	150	0	2.11	0.84	1.27	4.22
	200	5.05	8.58	5.02	5.61	24.26
有氧	40	0	2.11	2.33	1.54	5.98
	60	0	1.89	0.84	1.23	3.96
	80	1.92	7.67	3.46	5.14	18.19
	100	2.99	7.84	4.79	4.09	19.71
	120	0	4.92	3.46	3.81	12.19
	150	2.08	3.22	2.05	2.68	10.03
	200	1.75	2.34	2.23	2.06	8.38

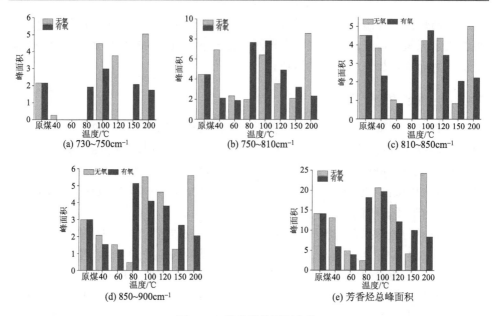

图 3-11　芳香烃峰面积变化

自燃过程中芳香烃的变化十分微小，并不是煤氧复合反应的主要作用路径。因为傅里叶变换红外光谱内波数为 $700\sim900cm^{-1}$ 的区间反映的是煤中芳香核的缩聚程度，而这种微小的变化也说明了煤自燃前期，无论是热温度下的热解，还是氧化作用下的复合反应，其主要反应都是以大分子侧链的变化为主，而涉及芳香核的反应微乎其微。从总的芳香烃峰面积来看，虽然数值不大，但还是可以看出有氧条件下峰面积更小一些。

从图 3-11 可以看出，在有氧条件下，芳香烃的变化趋势与脂肪烃及含氧官能团的变化趋势相似，也呈现出"增加—减少—增加—减少—增加……"的周期性交替变化趋势，不过不同于含氧官能团及脂肪烃的变化，氧气对芳香烃交替变化周期的影响几乎不存在，这也说明了温度在 200℃以内的煤氧复合反应并不以芳香烃为主，甚至芳香烃不参与反应。这也就解释了为什么芳香烃的含量少，而且氧气的参与还不影响芳香烃周期性交替变化的速度。由图 3-11 还可以看出，在整个实验温度区间内，80℃时有氧条件下芳香烃的峰面积明显高于无氧条件下芳香烃的峰面积，这种现象在脂肪烃及含氧官能团的变化中也有体现，这说明对煤的氧化来说，温度为 80℃左右时，氧气的主要作用是促进各种官能团的产生，这种促进作用并不是偶然的，因为随温度的升高，在 120℃时或 150℃也能观察到这种现象。由于实验的限制，实验没有设置更高的温度，无法验证在更高温度下是否还会出现这种现象。但可以肯定的是，氧气对官能团的影响并不是一味地消耗，也有促进官能团产生的一面。这是由于氧化反应的速度会明显大于煤受热热解的速度，当官能团的产生速度跟不上氧化反应对官能团的消耗速度时，就会不断减少官能团的数量。从化学反应进行的观点来说，反应物的减少会抑制正反应的进行，假设存在反应优先级的情况，会选择次一级优先级的反应进行。

对上述傅里叶变换红外光谱数据的进一步分析表明，温度的不同及氧气的作用都会造成煤分子结构的变化，从而影响煤中官能团种类的变化及官能团含量的差异。在本书实验温度区间下，官能团含量最多的是含氧官能团，其次是脂肪烃，官能团含量最少的是芳香烃。

尽管含氧官能团、脂肪烃、芳香烃在煤中的含量有所差异，但随温度的变化，三种官能团之间表现出来的变化趋势是一致的，都表现出了"增加—减少—增加—减少—增加……"的周期性交替变化趋势。在实验温度区间内（即温度在 200℃以内），氧气的主要作用是改变官能团交替变换的周期，但这种影响是有一定限制的，主要表现为对含氧官能团的影响最为明显，对脂肪烃及芳香烃的影响远小于对含氧官能团的影响，尤其是对芳香烃的影响微乎其微。这从侧面说明煤与氧气在前期主要是含氧官能团与氧气之间的作用。

3.4 本章小结

在本章中，通过傅里叶变换红外光谱实验，对不同温度条件和氧气条件下煤样的微观结构进行了测试，对比分析了煤在热作用及氧气作用条件下其微观分子结构的变化。本章得到的主要结论具体如下：

（1）随温度升高，热作用下煤样的傅里叶变换红外光谱的强度呈现"M"形变化趋势，而有氧环境下红外光谱的强度则呈现出"升高—降低—升高—降低……"的交替变化趋势。

（2）温度和氧气的改变都会影响煤的分子结构，官能团含量最多的是含氧官能团，其次是脂肪烃，官能团含量最少的是芳香烃。

（3）含氧官能团、脂肪烃、芳香烃随温度的变化所表现出来的变化趋势一致，即"增加—减少—增加—减少—增加……"的周期性交替变化趋势；氧气能够改变交替变换的周期，尤其对含氧官能团的影响最明显，对芳香烃的影响微乎其微。

第4章 煤氧化孔裂隙结构发育特性

微观活性官能团结构与氧气的反应是热量产生的内在原因，而反应能够进行就需要孔裂隙结构对气体的运输作用，孔裂隙结构的存在为氧化反应的进行提供了可能，同时也提供了热量积蓄的空间。另外，孔裂隙结构的变化还会影响煤样的力学强度，所以孔裂隙结构的发育对氧化反应的进行、热量的积蓄、煤体力学强度的变化都存在一定的影响，而孔裂隙结构的发育又会受到热作用及氧化作用的影响。基于此，本章利用扫描电镜设备、核磁共振设备对不同热作用煤样和氧化作用煤样的孔裂隙发育特性进行分析，并运用分形理论分析煤样孔隙结构分形维数的变化规律。

4.1 实验设备及步骤

4.1.1 实验设备

1. 扫描电镜实验

本实验采用的扫描电子显微镜（scanning electron microscope, SEM）如图 4-1 所示。该仪器被广泛应用于陶瓷、高分子、粉末、金属、金属夹杂物、环氧树脂等材料表面形貌、组织观察和成分分析。通过点、线和面扫描实现元素定量分析、多元素面分布分析、辅助实现相鉴定和相分布分析。该设备的主要技术参数如表 4-1 所示。

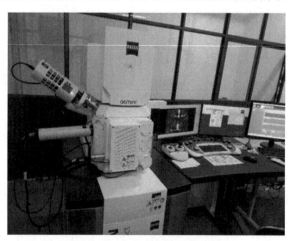

图 4-1　场发射扫描电镜设备图

表 4-1　扫描电镜主要技术参数

类别	参数
分辨本领	0.8nm
放大倍数	12 万～40 万倍
电子发射系统	肖特基（Schottky）热场发射
聚焦工作距离	0.1～50mm
探测器	二次电子、背散射电子
OXFORD 能谱仪	元素分析范围 ^{4}Be-^{98}Cf
电子背散射衍射仪	晶体取向和织构分析
PECSII685.C 型刻蚀镀膜仪	对导电性不好的样品表面镀膜，也可对样品表面进行减薄，辅助 EBSD 分析试样的制备

2. 低场核磁共振实验

核磁共振仪按磁场强度的不同，可以分为高场强核磁共振仪（>3.0T）、中场强核磁共振仪（1.0～3.0T）、低场强核磁共振仪（0.1～1.0T）以及超低场强核磁共振仪（<0.1T）。本实验采用的是 MesoMR23-060H-I 型低场核磁共振仪，如图 4-2 所示。

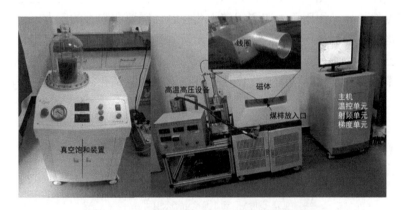

图 4-2　MesoMR23-060H-I 型低场核磁共振仪

使用的实验设备的主要技术参数如表 4-2 所示。

表 4-2　低场核磁共振仪主要技术参数

类别	参数
共振频率	21.67568MHz
磁场强度	0.5T

类别	参数
磁体温度	恒温[（32±0.01）℃]
射频脉冲频率	21.67568MHz
射频信号频率	21MHz
采样频率	250kHz
重复采样的间隔	5000ms
回波个数	8000

1）孔隙结构测试方法的选择

目前有多种可应用于煤体孔裂隙测试的方法，诸如数码相机拍摄法、压汞法（mercury intrusion porosimetry，MIP）、低温氮气吸附法、扫描电子显微镜法（SEM）、计算机断层扫描（CT）、小角度散射法（SAN）、光学显微镜法（OM）、透射电子显微镜法（TEM）及核磁共振法（NMR）等。这些方法都可以测试煤样的孔裂隙结构，但不同方法之间存在一定的差别，主要体现在三个方面：一是孔径测试范围的差异，如低温氮气吸附法只能测试微孔和中孔，光学显微镜法则只能测试大孔（图4-3）；二是孔裂隙测试效率的差异，如压汞法需要的测试时间较长，一般需要3～4d，而采用数码相机拍摄法几分钟就可以完成；三是对孔裂隙损伤程度的差异，如压汞法在测试较小孔径时，需要非常大的压力，会导致材料的孔结构变形甚至被压垮，同时由于汞元素本身的毒害性，还会对实验样品造成污染。已列出的所有方法中，核磁共振法由于其全尺度的孔径测试能力、高效的测试效率及对孔裂隙结构的无损伤性，被选为本章测试孔裂隙结构的手段之一。

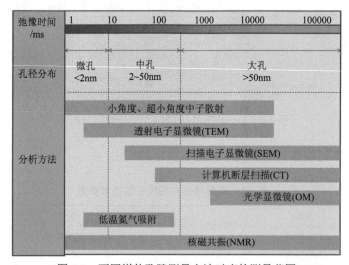

图4-3　不同煤体孔隙测量方法对应的测量范围

2）测试原理

由量子力学理论可知，某些原子的原子核具有自旋的性质，每时每刻都在进行自旋（如地球自转一样）。由于原子核是带电的，所以原子核在自旋的过程中会产生电流，电流会生成磁场，磁场产生磁矩，如图 4-4 所示。

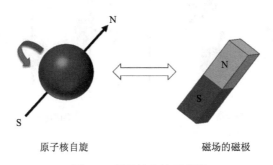

原子核自旋　　　　　　　　　磁场的磁极

图 4-4　原子核自旋示意图

不同原子核自旋产生的磁场方向是不一致的，在没有外界干扰的情况下净磁场为零。此时，当外部加入一个干扰磁场时，原子核的运动就会变得规则化，要么顺磁场方向进动（一边保持自旋，一边围绕磁场方向转动），要么逆磁场方向进动。顺磁场方向的原子核能量低，逆磁场方向的原子核能量高。因为低能态的原子核居多，所以总体磁化矢量 M 与主磁场方向一致，如图 4-5（a）所示。当在垂直于静磁场的方向施加脉冲磁场时，核自旋会吸收能量，如果此时脉冲频率等于原子核进动的拉莫尔频率且能量等于两个能级能量之差，就会出现核磁共振现象[图 4-5（b）]。

对于原子核而言，当撤去外部施加的射频磁场时，跃迁到高能级（不平衡态）的原子核就要退回到低能级（平衡态），这种从不平衡状态回到平衡状态的过程叫作弛豫。未产生核磁共振前，总宏观磁化矢量 M 与主磁场方向一致，即沿 z 轴正方向。当施加一个垂直于静磁场的射频脉冲磁场时，宏观磁化矢量 M 就会逐渐向 x 轴正方向偏转，即 M 由 M_z 偏转成 M_x；当撤去射频脉冲磁场后，跃迁到高能级的质子退回到低能级，表现为由 M_x 偏转成 M_z（图 4-6）。在磁化矢量 M 恢复的过程中，磁化矢量 M 可以分解为 x 轴的分量 M_x 与 z 轴的分量 M_z，其横向磁化矢量由大变小的过程叫横向弛豫（又称 T_2 弛豫，即自旋-自旋弛豫），其纵向磁化矢量由小变大的过程叫纵向弛豫（又称 T_1 弛豫，即自旋-晶格弛豫）。

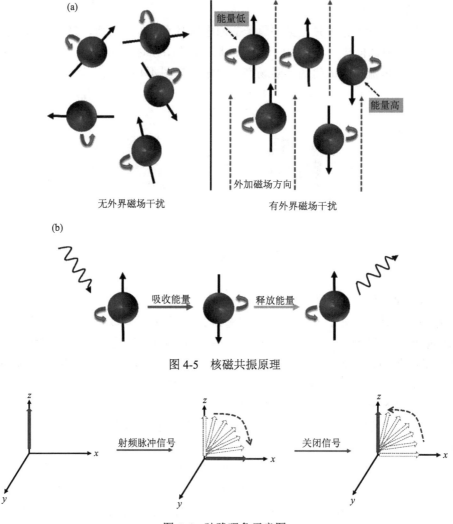

图 4-5　核磁共振原理

图 4-6　弛豫现象示意图

由于 T_1 弛豫与 T_2 弛豫是原子核的固有属性，所以可以通过弛豫时间的差异来推演物质的状态，这是核磁共振技术能够进行孔隙结构分析的理论基础。不过核磁共振技术并不能直接测试出某个物体内部的孔隙结构和分布情况，而是需要借助特定的介质来进行间接测量，这种介质一般选择含氢元素的流体，如等离子水。

4.1.2　实验方案及步骤

1. 扫描电镜实验

（1）实验煤样尺寸的选取：所选煤样长、宽、高的尺寸均小于 1cm，样品表面平整。

（2）采用自研的深部开采煤炭氧化自燃特性测试装置进行煤样的预处理，预处理实验分为有氧条件（氧作用）和无氧条件（热作用）2 组，每组设置 7 个温度工况（40℃、60℃、80℃、100℃、120℃、150℃、200℃），升温速率为 $0.5℃·min^{-1}$，升温到设定温度后恒温 6h，有氧条件下气体通入量为 $100mL·min^{-1}$。

（3）将预处理后的煤样送至扫描电镜实验室，进行喷金处理并采集图像。

（4）实验测试方案：本实验主要测试方案如表 4-3 所示。

表 4-3　扫描电镜实验方案

实验名称	氧气情况	温度/℃						
扫描电镜	无氧	40	60	80	100	120	150	200
	有氧	40	60	80	100	120	150	200

2. 低场核磁共振实验

（1）煤样预处理：将原煤进行加工，加工为 $\Phi25mm×50mm$ 的圆柱形煤样，选取表面裂隙特征相近的 15 个煤样作为实验样品。除原始煤样外，其他 14 个试样平均分为 2 组（有氧条件和无氧条件），每组设置 7 个温度工况（40℃、60℃、80℃、100℃、120℃、150℃、200℃），升温速率为 $0.5℃·min^{-1}$，升温到设定温度后恒温 6h，有氧条件下气体通入量为 $100mL·min^{-1}$。

（2）将预处理后的煤样送至实验室进行核磁共振实验。

（3）实验测试方案：本实验主要测试方案如表 4-4 所示。

表 4-4　核磁共振实验方案

实验名称	氧气情况	煤样尺寸	不同温度下煤样数量/个						
			40℃	60℃	80℃	100℃	120℃	150℃	200℃
核磁共振	无氧	$\Phi25mm×50mm$	1	1	1	1	1	1	1
	有氧		1	1	1	1	1	1	1

4.2　深部煤氧化的孔裂隙发育特征

　　煤样在热作用的影响下，煤体内部的孔隙结构会发生一定的变化，而氧气的进一步参与，会加剧这种变化的发生。为了更好地了解热作用和氧作用对煤微观孔裂隙结构发育的影响特性，本节将利用扫描电镜对不同热处理和氧化处理后煤样的孔裂隙发育特征进行对比分析。

4.2.1　深部煤氧化的微观裂隙发育特性

　　利用扫描电镜对实验煤样进行测试，观察不同条件下煤样微观裂隙的发育情况。实验采用的放大倍数分别为 300 倍、500 倍及 1000 倍，具体的测试结果如图 4-7 和图 4-8 所示。其中，图 4-7 为不同热作用下煤样微观裂隙结构的发育特征变化，图 4-8 为不同氧作用下煤样微观裂隙结构的发育特征变化。

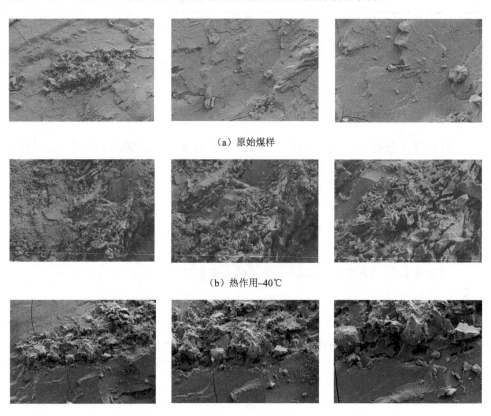

（a）原始煤样

（b）热作用–40℃

（c）热作用–60℃

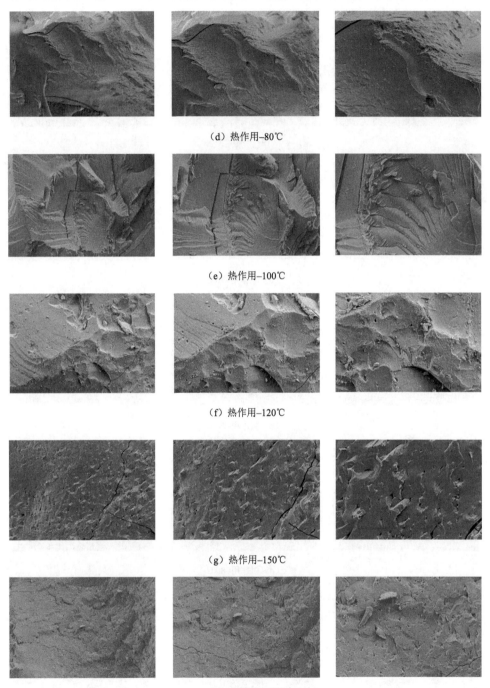

（d）热作用-80℃

（e）热作用-100℃

（f）热作用-120℃

（g）热作用-150℃

（h）热作用-200℃

图 4-7　热作用下裂隙发育的扫描电镜图

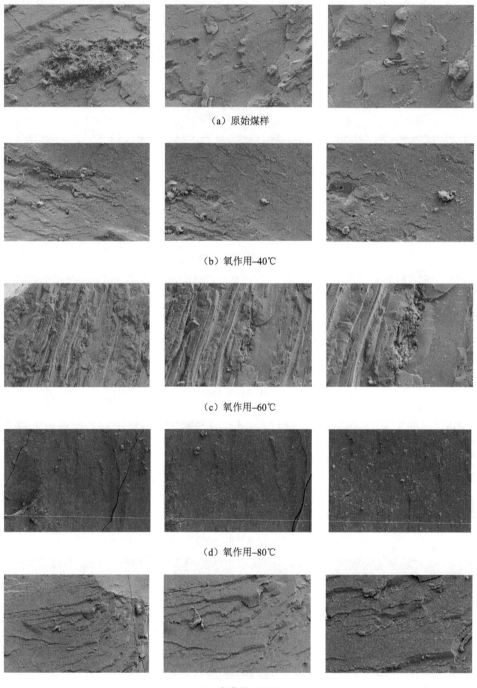

（a）原始煤样

（b）氧作用–40℃

（c）氧作用–60℃

（d）氧作用–80℃

（e）氧作用–100℃

（f）氧作用–120℃

（g）氧作用–150℃

（h）氧作用–200℃

图 4-8　氧作用下裂隙发育的扫描电镜图

　　观察图 4-7 可以发现，原始煤样本身存在原始裂隙，但数量稀少，整体煤样表面较为平整光滑。裂隙周边没有塌陷，裂隙表面平整，裂隙长度较小，同时裂隙宽度也比较窄。

　　当热作用温度提升到 40℃时，煤样有大量破碎块体，但仔细观察这些破碎的小块煤样可以看出，其表面也很平整，断裂表面平整，断裂处没有毛刺，裂隙发育并不明显，与原始煤样差别并不大。

　　随热作用温度进一步提升到 60℃时，裂隙结构得到了延展，可以明显看出裂隙结构长度增加，裂隙宽度相比原始煤样也有增加，但其增幅明显不如裂隙长度的增加量。煤样表面依旧光滑，裂隙内部没有塌陷，裂隙周边平整光滑，裂隙较为规则，沿一个方向进行发育。

　　当温度提高到 80℃时，裂隙长度得到了进一步发育，宽度也有所增加，但同样增幅较小。不同于 60℃的裂隙发育情况，在 80℃时可以看到裂隙周围出现了小的孔洞，而且煤样表面也出现了一些十分细小的裂隙。

当温度继续升高到 100℃时，可以发现煤样表面的裂隙结构长度可以铺满整个图像，而且裂隙宽度明显增加，出现了由主裂隙衍生出分支裂隙的情况。这说明在 100℃时，煤样的裂隙结构发育开始加速，热作用的存在使裂隙发育出现散发趋势，但这种散发主要还是在同向上的分裂和延展。煤样表面呈现出波浪式的变化，有很明显的分层。

当温度进一步升高到 120℃时，煤样表面的孔洞数量明显增加，出现了垂直于主裂隙的次生裂隙，说明在 120℃时，煤样裂隙的发育从一维层面（单一延展方向）向二维层面（两个方向）转换。而且次生裂隙（分支裂隙）得到了进一步发育，在裂隙长度与裂隙宽度上与主裂隙的差距进一步缩小。

当温度升高到 150℃，煤样细小孔洞的变化更为明显，导致煤样表面显得更为不平整，孔洞的尺寸在进一步增加。从裂隙上看，煤样的裂隙发育还是在两个方向上延展。主裂隙内部出现了一些小的填充物，而且主裂隙某些地方的裂隙边缘出现塌陷。次生裂隙的宽度进一步发育，与主裂隙的差距进一步缩小，说明在这个温度下，煤样的裂隙发育速度更快，而且有与周围孔隙结构融合的趋势。

当温度升高到 200℃，煤样细小孔洞的尺寸进一步增加。从裂隙上看，煤样次生裂隙的发育与主裂隙基本没有区别，这时次生裂隙也会向周边延伸出属于自己的次生裂隙，裂隙发育强度增加，煤样的整体裂隙形态逐渐向裂隙网络发育。从图中还可以发现，出现了裂隙与孔洞之间存在交接的情况，说明这时裂隙不再是单独延展，而是存在与孔洞共同发育的趋势。

图 4-8 展示了不同氧作用条件下煤样的裂隙结构发育特征。从图 4-8 中可以看出，与原煤相比，氧化温度在 40℃和 60℃时，煤样整体的裂隙结构变化并不大，与原煤及热作用下煤样的差异很小，说明在 60℃以前，氧化作用对煤样裂隙结构发育的影响较弱。

当温度提高到 80℃时，可以看出裂隙有明显的发育特征，即裂隙长度增加。在主裂隙的末端出现了垂直于主裂隙的次生裂隙，说明在氧作用下，煤样的裂隙结构在 80℃时就具备了向二维层面发育的趋势。

随温度继续升高到 100℃，裂隙发育更为复杂，横向裂隙和竖向裂隙均有出现，而且裂隙之间出现了交叉发育情况。在裂隙的发育方向上，还出现了孔洞，并且裂隙与孔洞之间相互连通。煤样表面出现大范围的波浪式层状结构，在这种结构的影响下，煤样表面部分区域出现了表面凸起的现象。

当温度进一步升高到 120℃时，裂隙发育情况更加复杂化，细小裂隙不断出现，裂隙数量也在逐步增加。裂隙与孔洞之间的交错更加频繁。煤样表面受氧作用的影响，在部分区域出现了明显的分层特征，煤样表面也变得更加粗糙。

当温度升高到 150℃，煤样的裂隙结构开始呈现出发散式的发育形态，由原来的单一裂隙发育向多裂隙发育转变，不同裂隙之间的交错更加明显，开始呈现出网络化发育的趋势特征。

从图中可以看到，当温度升高到 200℃，煤样表面破坏严重，裂隙在横向和纵向上的不断发育，以及裂隙与裂隙、裂隙与孔洞、孔洞与孔洞之间的不断相互贯通、交错，使煤样表面遭到了大范围的破坏。煤样表面呈现出鲜明的竖向层状分化特征，同时具有严重的表面起皮现象。

4.2.2　深部煤氧化的微观孔隙发育特性

利用扫描电镜对实验煤样进行测试，观察不同条件下煤样微观孔隙结构的发育情况，实验采用的放大倍数分别为 6.00KX[①]、8.00KX 及 10.00KX，具体的测试结果如图 4-9 和图 4-10 所示。其中，图 4-9 为不同热作用下煤样微观孔隙结构的发育特征变化，图 4-10 为不同氧作用下煤样微观孔隙结构的发育特征变化。

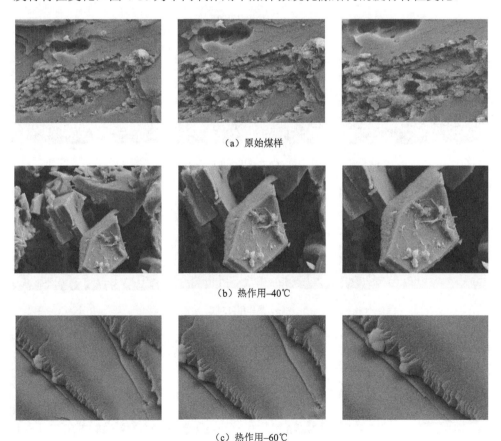

（a）原始煤样

（b）热作用–40℃

（c）热作用–60℃

---

① KX 为 Kilo-X 的缩写，指千倍。

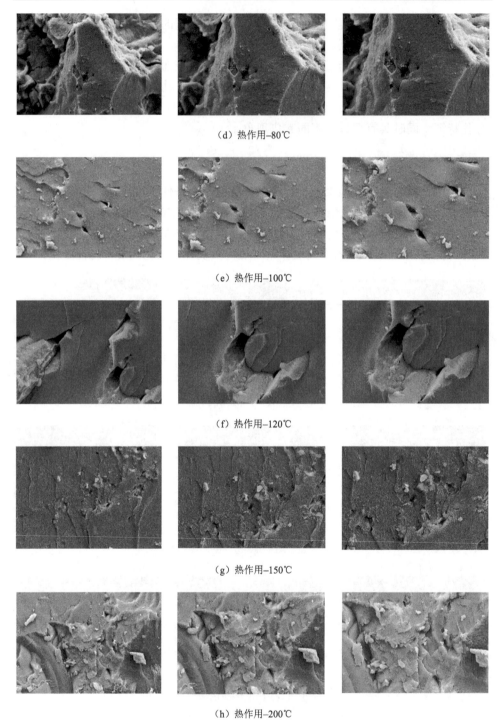

（d）热作用-80℃

（e）热作用-100℃

（f）热作用-120℃

（g）热作用-150℃

（h）热作用-200℃

图 4-9　热作用下孔隙特征的扫描电镜图

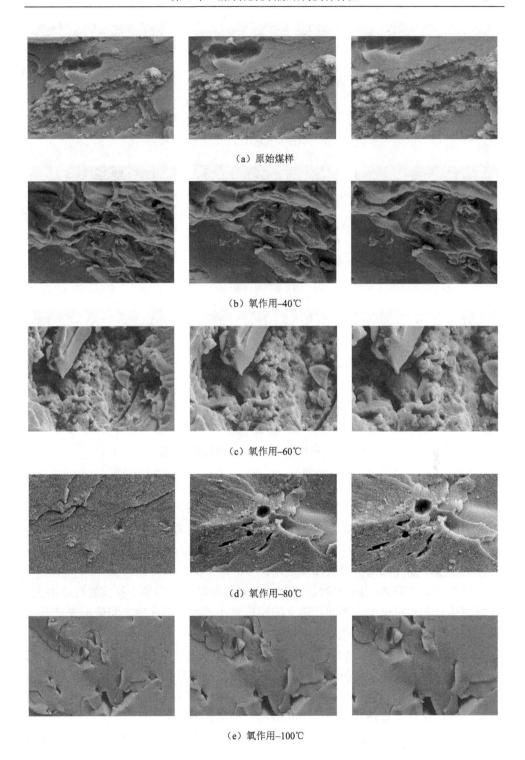

（a）原始煤样

（b）氧作用-40℃

（c）氧作用-60℃

（d）氧作用-80℃

（e）氧作用-100℃

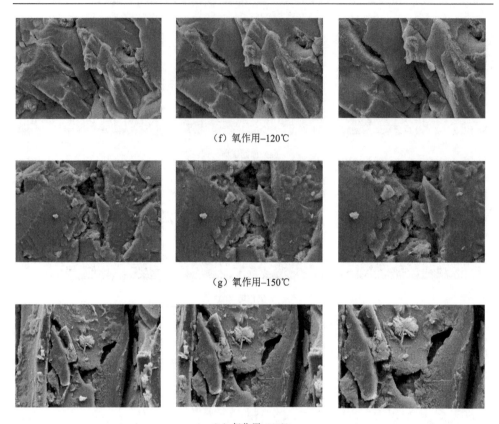

（f）氧作用–120℃

（g）氧作用–150℃

（h）氧作用–200℃

图 4-10　氧作用下孔隙特征的扫描电镜图

从图 4-9（b）中可以看出，40℃处理后的煤样表面较为平滑，断面平整，孔隙发育特征不明显。60℃时煤样表面同样光滑平整，也没有明显的孔隙发育特征。

当温度升高到 80℃时，孔隙数量增加，孔隙尺寸增大。孔隙分布总体上较为松散，只有部分孔隙之间距离较近，不同孔隙之间未出现连通现象。孔隙表面较为光滑平整，而孔隙周围没有出现裂隙。

随温度继续升高，100℃时，煤样的孔隙数量减少，但单个孔隙的尺寸增大。孔隙整体分布相对集中，不同孔隙之间距离较小，但不同孔隙之间依旧未呈现连通现象，孔隙周围存在一些细小的颗粒物。

从图 4-9（f）中可以发现，120℃处理后煤样孔隙结构进一步发育，煤样孔隙尺寸增加，不同孔隙之间出现了相互连通的现象，而且孔隙周围开始出现裂隙，不过裂隙长度较短，说明在这个温度下煤样孔隙结构发育逐渐加剧，由单纯的孔隙尺寸变化转变为伴随裂隙产生的孔隙尺寸变化。

从图 4-9（g）中可以发现，150℃处理后煤样表面呈现出类似于水面波纹的形态特征，孔隙周围变得粗糙并伴随一定的坍塌，表面形态也由平整转变为高低起伏状态。

从图 4-9（h）中可以发现，200℃处理后煤样表面形态整体变得更加复杂多变，孔隙结构、层状结构、裂隙结构同时存在。孔隙内部也出现层状结构分布，使孔隙看起来层层向深处递进。煤样表面非常粗糙，碎屑较多，存在大量片状结构，有的片状结构脱离整体而掉落，类似于"起皮"。

图 4-10 展示了不同氧作用下煤样孔隙裂隙结构的发育特征变化。从图 4-10（b）中可以看出，60℃之间孔隙发育特征并不明显，煤样表面形态出现了一定的变化，如絮状物质的存在等，但整体上看，表面依然是较为光滑平整的，尤其是在裂隙周围区域。随温度继续升高，孔隙数量增加，而且存在很多较小的孔隙，孔隙分布总体较为集中，不同孔隙之间的距离较近，但不同孔隙之间依旧未呈现连通现象。孔隙周围并不光滑平整。

当温度升高到 100℃时，孔隙数量减少，但孔隙尺寸相对增加，孔隙周围出现了裂隙。相邻的孔隙之间存在相互贯通现象，而且孔隙边缘存在断面。此时煤样表面看似平整光滑，实则凹凸不平。

从图 4-10（f）中可以发现，120℃处理后煤样孔隙结构进一步发育，具有明显的分层现象，孔隙和裂隙之间相互贯通，但整体上孔隙和裂隙主要在同一层内发展，没有跨越多层的明显延展，属于同一平面内发育。

从图 4-10（g）中可以发现，150℃处理后煤样的分层现象被打破，孔隙周围大范围塌陷，形成较大范围的孔隙结构，孔隙表面粗糙不平，周边有较大的裂隙结构的延伸。

200℃处理后煤样表面形态更加粗糙，不同的大孔隙之间开始相互贯通、融合，裂隙也逐渐发育形成更为宽大的"沟壑"。

总的来说，在较低温度（40℃、60℃）时，无论是热作用还是氧作用，对煤样孔裂隙结构的影响有限，并没有表现出明显的变化，当温度升高到 80℃时，煤样孔裂隙结构才开始出现明显的变化。

可以看出，热作用对煤样孔裂隙结构的影响在 100℃之后才逐渐彰显，尤其是 150℃和 200℃时，可以明显地看到孔裂隙的延展发育痕迹。而在氧作用下，煤样孔裂隙发育的时间提前，在 80℃时，煤样就有明显的裂隙出现，并有一定的孔洞产生；当温度到 100℃时，孔隙的破坏程度加深，孔裂隙周边变得不再平整，出现了一定的坍塌；当温度到 120℃时，相邻的裂隙之间出现了贯通现象，孔裂隙的发育具有分层，基本都在同一层之间贯通发育；当温度到 150℃时，可以看出孔裂隙之间开始相互贯通，之前那种分层现象被打破，孔洞周围伴随有大量裂隙发育；当温度到 200℃时，不仅是孔裂隙发育，不同的大孔隙之间开始相互贯通、融合，裂隙也逐渐发育形成更为宽大的"沟壑"。可以说，氧作用加速了热作用对煤体的作用效果。

4.3　深部煤氧化的孔裂隙结构演化特性

在前文提到了核磁共振进行孔隙结构分析的基础是物质弛豫时间的差异，而且对孔隙结构的测试需要借助一定的含氢的流体介质来间接测试。因此煤样的核磁共振结果表征的是含氢流体介质的弛豫性质。横向弛豫 T_2 更便于测试分析，因此一般选用核磁共振的 T_2 谱图来分析煤样的孔隙结构变化。煤样核磁共振弛豫主要包括三部分，分别为自由弛豫、表面弛豫及扩散弛豫。它们之间的数学关系如式（4-1）所示：

$$\frac{1}{T_2} = \frac{1}{T_{2B}} + \frac{1}{T_{2S}} + \frac{1}{T_{2D}} = \frac{1}{T_{2B}} + \rho_2 \frac{S}{V} + \frac{D(\gamma G T_E)^2}{12} \tag{4-1}$$

式中，T_2 为横向弛豫；T_{2B} 为自由弛豫；T_{2S} 为表面弛豫；T_{2D} 为扩散弛豫；ρ_2 为横向表面弛豫率；S 为孔表面积；V 为孔体积；D 为分子扩散系数；γ 为旋磁比；G 为场强梯度；T_E 为回旋间隔。

在实际测试中，考虑到所用流体介质的黏度较小，自由弛豫和扩散弛豫可以忽略不计，因此可以对上式进行简化，可以得到

$$\frac{1}{T_2} \approx \frac{1}{T_{2S}} = \rho_2 \frac{S}{V} \tag{4-2}$$

对式（4-2）进一步简化，可得

$$\frac{1}{T_2} \approx \frac{1}{T_{2S}} = \rho_2 \frac{F_s}{r} \tag{4-3}$$

式中，F_S 为几何形状因子；r 为孔隙的半径。

由此可知，核磁共振 T_2 谱的数据与煤样孔隙半径具有正比例关系。因此，通过对 T_2 值进行划分，可以得到不同的孔隙分类，其中 T_2 值落在 0～0.5ms 区间内代表微孔，落在 0.5～5ms 区间内代表小孔，5～50ms 区间内为中孔，50～10000ms 区间则为大孔。

样品总孔隙率，可由式（4-4）计算：

$$\phi_T = \frac{V'}{V} \times 100\% = \frac{6S + 9250}{10000} \times 100\% \tag{4-4}$$

式中，ϕ_T 为样品的总孔隙率；V' 为水溶液体积，cm^3；V 为煤样体积，cm^3；S 为 T_2 谱的积分面积。

积分面积的计算方法如下：

$$S = \int A(T_i) dT \tag{4-5}$$

式中，T_i 为时刻振幅。

对比不同状态下的 T_2 谱图，可以得到

$$\phi_P = \frac{I_{BF}}{I_{BF} + I_{FF}} \times \phi_T \tag{4-6}$$

$$\phi_I = \frac{I_{FF}}{I_{BF} + I_{FF}} \times \phi_T \tag{4-7}$$

式中，I_{BF} 为束缚水饱和度；I_{FF} 为自由水饱和度。

由此可以得知，不同煤样的孔隙率可以表示为

$$\phi_{Pi} = \frac{S_i}{S} \times \phi_P \tag{4-8}$$

$$\phi_{Ii} = \frac{S_i}{S} \times \phi_I \tag{4-9}$$

式中，i 为煤体的不同孔隙结构，如微孔、小孔、中孔、大孔；S_i 为煤体中不同孔隙结构对应的 T_2 谱的积分面积；S 为煤体 T_2 谱的总积分面积。

4.3.1 深部煤氧化过程中 T_2 谱的变化特性

煤样核磁共振测试的 T_2 谱图可以在一定程度上反映出孔隙结构的变化，对比热作用前后饱水和离心状态下的 T_2 谱图曲线可以得到热作用对煤体孔裂隙的影响；同理，通过对比氧作用前后饱水和离心状态下的 T_2 谱图曲线可以得到氧作用对煤体孔裂隙的影响。实验煤样的 T_2 谱图主要存在三个波峰，其中波峰 P_1 代表微孔和小孔，波峰 P_2 代表中孔，波峰 P_3 代表大孔。

图 4-11 为不同热作用后煤样饱水和离心状态下的 T_2 谱图。实验温度为 40～100℃时，热作用后煤样的 T_2 谱图如图 4-11（a）～（h）所示。从图中可以看出，在这个温度区间范围内，热作用后煤样的 T_2 谱图与原始煤样相比差异并不大，总的峰面积也相差无几。这说明在 40～100℃区间范围内，热作用对于孔隙结构的影响能力较弱。

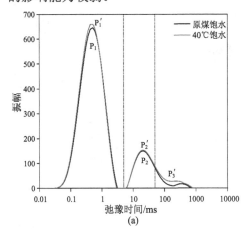

(a)

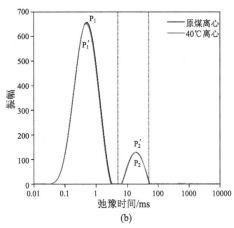

(b)

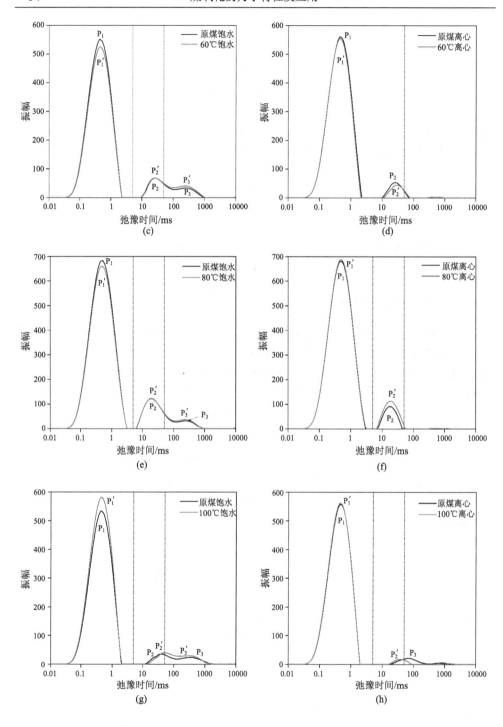

(c)

(d)

(e)

(f)

(g)

(h)

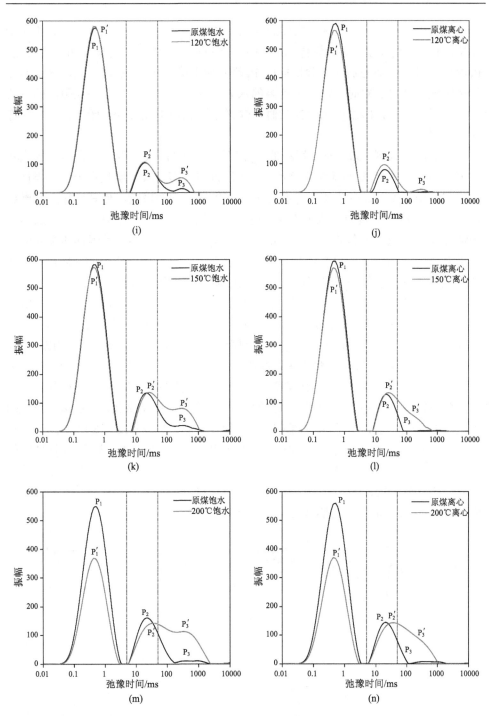

图 4-11　热作用下煤样 T_2 谱演化图

当温度升高到120℃时，煤样的 T_2 谱图如图4-11（i）和（j）所示。相比于原始煤样，饱水状态下实验煤样的 P_1 峰有些许的增加，P_2 峰没有发生明显的变化，P_3 峰明显升高；离心后，实验煤样的 P_1 峰有所下降，P_2 和 P_3 峰升高。这说明热作用温度达到 120℃时，煤样大孔内的水分受热蒸发脱除，而微小孔隙内的束缚水几乎不受影响，即温度为 120℃时，煤样中微孔和中孔多为封闭孔，而大孔连通性较强。

当温度升高到150℃时，煤样的 T_2 谱图如图4-11（k）和（l）所示。饱水状态下实验煤样的 P_1 峰与原始煤样相差无几，但 P_2 峰和 P_3 峰明显高于原始煤样，说明在这个温度下，热作用对中孔和大孔产生了较大的影响，使其增加。考虑到代表微孔的 P_1 峰并没有太大的变化，说明这个温度下，热作用对微孔的生成作用和消耗作用是趋于平衡的。从离心后的 T_2 谱图可以看出，实验后煤样的主要变化在于 P_3 峰的明显升高，这表明煤样大孔内存在一部分连通性较差的孔隙，而微孔和中孔内的束缚水几乎不受影响，说明此时微孔和中孔的连通性依然较差。

当温度升高到200℃时，煤样的 T_2 谱图如图4-11（m）和（n）所示。可以看出，饱水状态下实验煤样的 P_1 峰下降十分明显，P_2 峰和 P_3 峰都存在，但两个峰之间分界不再清晰，几乎融合在一起。原始煤样 P_3 峰很低，说明在热作用的影响下，煤样产生了很多大孔，但这种产生是由微小孔和中孔演化形成，这也就能解释什么 P_1 峰下降，而 P_2 峰右移且与 P_3 峰融合。离心后煤样的 P_3 峰同样上升明显，但又未完全消失，说明大孔并不全部是连通孔，而是存在一些由微孔及中孔演化形成的大孔，这些孔只是在原来孔隙的基础上尺寸增加，连通性没有发生变化。

图4-12为不同氧作用后煤样饱水和离心状态下的 T_2 谱图。在氧作用温度下，温度较低（如 40～80℃）时，实验前后煤样饱水和离心 T_2 谱图的变化并不是很大。在饱水时，P_1、P_2 和 P_3 峰都存在，表明煤样本身就存在一定的中孔和大孔；而离心后 P_3 峰均消失，说明此时大孔的连通性较好。

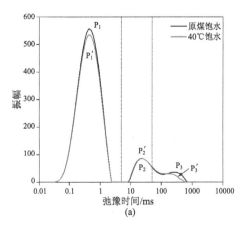

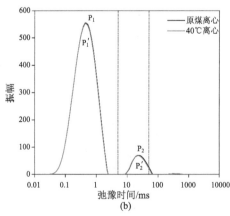

(a)   (b)

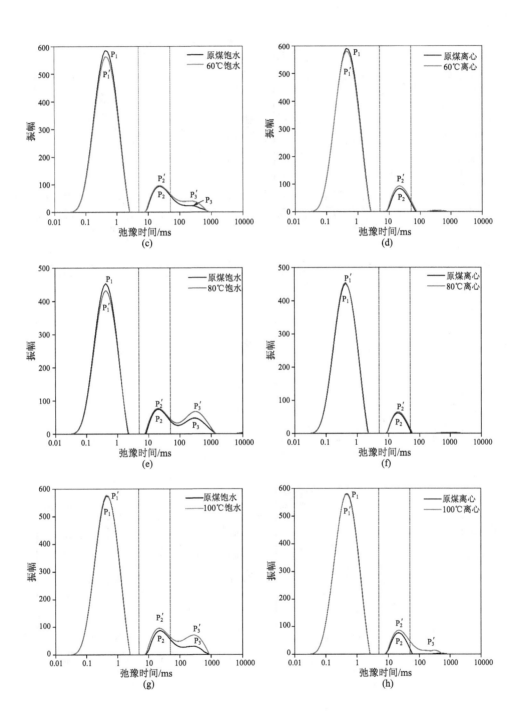

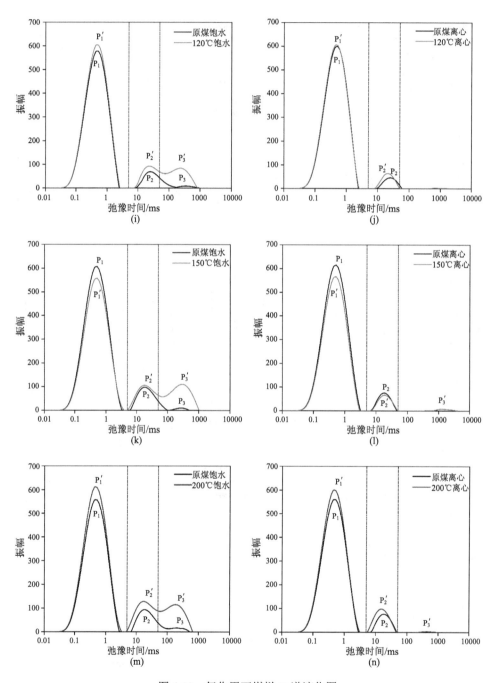

图 4-12 氧作用下煤样 T_2 谱演化图

当温度升高到 100℃时，煤样的 T_2 谱图如图 4-12（g）和（h）所示。此时煤样 T_2 谱图的 P_2 峰和 P_3 峰都有所增加，说明这个温度下煤样的中孔和大孔得到了发育；而在离心状态下，煤样 P_1 峰和 P_2 峰变化不大，P_3 峰几乎消失，说明此时小孔和中孔中束缚水不受热作用的影响，连通性较差，而大孔整体的连通性较好，但也存在封闭的大孔。

当温度升高到 120℃时，煤样的 T_2 谱图如图 4-12（i）和（j）所示。此时煤样 T_2 谱图的 P_1 峰、P_2 峰和 P_3 峰都有所增加，说明这个温度下煤样所有类型的孔隙都得到增加，孔隙数量增多，氧作用对煤样的破坏效果增大。而在离心状态下，P_2 峰上升，P_3 峰则直接消失，这表明氧作用对孔隙的变化影响更加明显，使得原封闭的孔隙遭到破坏，形成开放孔，导致水分脱出。

当温度升高到 150℃时，煤样的 T_2 谱图如图 4-12（k）和（l）所示。此时煤样 T_2 谱图的 P_1 峰下降且波峰向右移动，P_2 峰略微增加，P_3 峰大幅增加，说明这个温度下，氧作用对大孔的影响更加明显，而 P_1 峰的降低和右移则说明有更多的微孔和小孔在氧作用的影响下转变为中孔和大孔，所以大孔数量大幅增加，而微孔含量在降低。而在离心状态下，P_2 峰下降，P_3 峰几乎消失。这表明氧作用对孔隙的变化作用进一步增强，使得原封闭的孔隙进一步被破坏，连通性较好的开放孔增加，煤样整体的连通性也在增加。

当温度升高到 200℃时，煤样的 T_2 谱图如图 4-12（m）和（n）所示。可以看出，P_1 峰、P_2 峰和 P_3 峰都有所增加，且在 150℃时出现的 P_1 峰右移现象消失。这是由于在更高的氧化温度作用下，在大裂隙周围会生成更多的微孔隙，所以整体孔隙分布不再右移。同时，P_2 峰和 P_3 峰的大幅度增加说明在该氧作用温度下煤样的破坏更加严重，孔隙结构全面发育演化，大孔的占比也在提高。离心后，煤样 T_2 谱图的 P_3 峰基本消失，P_2 峰升高，并且发生左移，说明煤样内水分脱除严重，仅有部分封闭的微、小孔隙内有水分。

4.3.2　深部煤氧化过程中孔隙度的变化特性

通过核磁共振设备可以直接获得不同煤样的孔隙度数据，如图 4-13 和图 4-14 所示，其中图 4-13 展示了不同热作用下煤样与原始煤样的孔隙度对比，而图 4-14 则展示了不同氧作用下煤样与原始煤样的孔隙度对比。

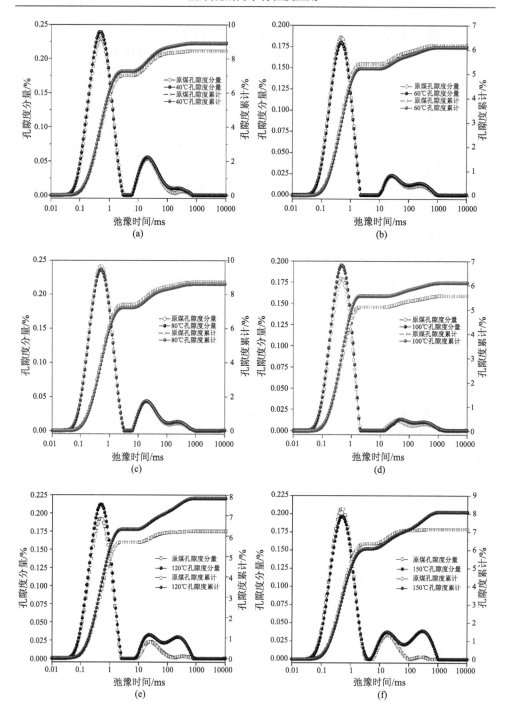

(a)

(b)

(c)

(d)

(e)

(f)

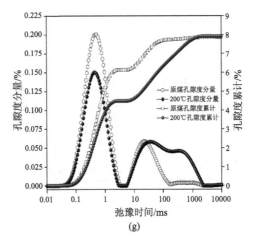

(g)

图 4-13 热作用下煤样孔隙度变化

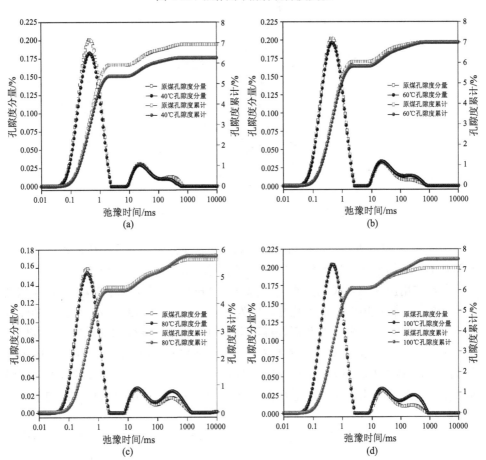

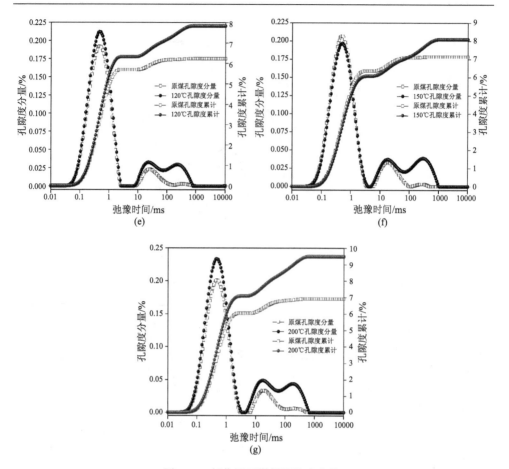

图 4-14　氧作用下煤样孔隙度变化

从图 4-13 中可以看出，不同热作用温度下，煤样的孔隙度相比原始煤样总体上都有了一定的增加，但增加的幅度各有不同，具体的变化特征如下。

在热作用温度为 40℃时，微孔孔隙度为 3.698，占比为 43.78%；小孔孔隙度为 3.306，占比为 39.14%；中孔孔隙度为 1.162，占比为 13.76%；大孔孔隙度为 0.281，占比仅为 3.32%。实验后煤样不同孔隙间的变化量分别为 0.257（微孔）、–0.001（小孔）、0.055（中孔）、0.148（大孔）、0.459（总孔隙度）。不同孔隙占比为 44.41%、37.11%、13.66% 和 4.82%，依次对应微孔、小孔、中孔和大孔。实验前后不同孔隙的占比差别并不是很大，说明 40℃时，热作用对煤孔隙结构发育的影响较小。

在热作用温度为 60℃时，原始煤样的总孔隙度为 6.183，其中微孔占比为 51.08%，小孔占比 36.41%，中孔占比为 6.32%，大孔占比仅为 6.19%。而实验后不同孔隙占比分别为 49.92%、35.68%、6.77% 和 7.64%，依次对应微孔、小孔、中孔和大孔。实验前后不同尺寸孔隙的占比互有增减，但幅度不是很大，总体孔隙度也基本一致。所以 60℃时，热作用对孔隙结构的影响依然不明显。

在热作用温度为 80℃时，原始煤样的总孔隙度为 8.702，实验后煤样总孔隙度变为 8.603，总体的差异几乎可以忽略。在不同孔隙结构占比方面，微孔、小孔、中孔和大孔的占比分别从 51.08%、36.41%、6.32% 和 6.19% 变为 49.92%、35.68%、6.77% 和 7.64%。占比浮动变化最大不超过 1.5 个百分点，同样说明热作用的影响并不明显。

在热作用温度为 100℃时，原始煤样的总孔隙度为 5.572，实验后煤样总孔隙度增长为 6.102，同比增长 9.51%。这说明 100℃下，热作用对煤样孔隙结构发育的影响开始彰显。煤样总孔隙度增加主要是因为热作用对微孔、小孔和大孔的影响能力增强，对中孔的变化影响不大。

在热作用温度为 120℃时，原始煤样的总孔隙度为 7.04，实验后煤样总孔隙度增长为 7.863，同比增长 11.69%，增长幅度进一步增加，表明热作用对孔隙的影响能力也在加强。而且大孔的占比由 2.21% 增长为 6.73%，占比增长了 2 倍多。这说明随温度的升高，热作用对大孔的影响能力在进一步加强。

在热作用温度为 150℃时，原始煤样的总孔隙度为 7.501，实验后煤样总孔隙度增长为 8.422，同比增长 12.28%，表明热作用对孔隙的影响能力在继续加强。而且大孔的占比由 5.1% 增长为 13.58%，煤样中大孔的占比继续提高，虽然微孔和小孔的占比在不断下降，但是数量上还是在增加的，这说明 150℃时，热作用一方面会促进微小孔隙的生成；另一方面会促进微小孔隙向大孔演化。

在热作用温度为 200℃时，原始煤样的总孔隙度为 7.85，实验后煤样总孔隙度增长为 7.913。可以看出，在温度升高到 200℃时，总孔隙度的演变并没有维持前面的高增长趋势。但大孔的增长速度并没有衰减，煤样中大孔的占比由 4.98% 增长为 26.65%，几乎呈现出直线式增加，而微孔和小孔的占比都降低了 10% 左右，且数量也是在减少的。这说明随温度的升高，热作用对大孔的影响能力越来越强，这种影响主要是促进微小孔隙向大孔隙的演化，在微小孔隙生成方面的影响能力在逐步下降。

从图 4-14 中可以看出，不同氧作用温度下，煤样的孔隙度相比原始煤样总体上都有了一定的增加，但增加的幅度各有不同，具体的变化特征如下。

在氧作用下，80℃之前与热作用下的现象差别不大，实验前后煤样总孔隙度及分孔隙度几乎是重合的，变化幅度十分微小，可以忽略不计，说明氧作用在低温阶段对孔裂隙的影响依然很小。不过能看到在 40℃时，实验后煤样的总孔隙度有所下降，主要体现在微小孔隙结构数量的减少。这种下降现象在热作用温度为 60℃和 80℃时也有所体现，但下降的幅度并没有这么大。

在氧作用温度为 100℃时，原始煤样的总孔隙度为 7.067，实验后煤样总孔隙度增长为 7.518，增长 6.38%。而且在不同孔隙数量上，主要表现为大孔数量的增加，其他孔隙结构的含量并没有变化，说明在 100℃的氧作用温度下，煤样新生成裂隙的数量与大孔生成的数量达到了平衡。

在氧作用温度为 120℃时，原始煤样的总孔隙度为 6.229，实验后煤样总孔隙度增长为 7.831，增长 25.72%，增长比例是 100℃时的 4 倍，表明氧作用对孔裂隙的影响能力急剧加强。而且微孔、小孔、中孔、大孔的数量都有所增加，说明氧作用不仅会促进孔隙的生成，还会促进孔隙的发育。

在氧作用温度为 150℃时，原始煤样的总孔隙度为 7.145，实验后煤样总孔隙度增长为 8.092，增长幅度有所下降，这主要是微小孔隙数量下降导致的。在这个温度下，煤样的大孔和中孔的数量和占比在进一步提高，而小孔数量在下降，说明这时微小孔隙向中孔和大孔的转变速度加快，原有的平衡被进一步打破。

在氧作用温度为 200℃时，原始煤样的总孔隙度为 6.909，实验后煤样总孔隙度增长为 9.493，增长 37.4%，增长幅度直线上升。此时，不同孔隙结构的数量都有明显的增加，中孔和大孔的占比与 150℃时差别不大。这表明在氧作用的影响下，所有孔隙都得到了快速的发育，数量的增长速度相差无几，所以在占比分布上变化较小。

4.4　深部煤氧化孔裂隙结构分形特性

4.4.1　分形理论及计算

分形理论认为物质的局部在某一方面会表现出与整体的相似性，可以借助物质的局部研究物质的整体性质。煤也是一种可分形的物质，孔裂隙结构作为煤本身的一部分，同样具有分形特征，因此可以借助分形理论研究煤体孔隙结构的变化，从而为氧气参与前后不同温度煤体的孔裂隙结构差异提供分析依据。可基于T_2谱图进行分形计算，计算过程如下。

根据沃什伯恩方程，可有

$$P_c = \frac{2\sigma\csc\theta}{r} \qquad (4\text{-}10)$$

式中，P_c为孔径对应的毛管压力；σ为液体的表面张力；θ为液体的接触角；r为孔隙的半径。

由式（4-3）和式（4-10）联合，可得

$$P_c = C\frac{1}{T_2} \qquad (4\text{-}11)$$

式中，C 为转换系数，$C = \left| \dfrac{2\sigma \csc\theta}{F_S \rho} \right|$，其中 ρ 为液体的密度。

根据式（4-11），可知

$$P_{c\min} = C \frac{1}{T_{2\max}} \qquad (4\text{-}12)$$

将式（4-11）、式（4-12）代入式（4-13）：

$$S_V = \left(\frac{P_c}{P_{c\min}} \right)^{D-3} \qquad (4\text{-}13)$$

可得

$$S_V = \left(\frac{T_{2\max}}{T_2} \right)^{D-3} \qquad (4\text{-}14)$$

式中，S_V 为横向弛豫时间小于 T_2 的孔隙累计体积所占总孔隙体积的百分比；T_2 为弛豫时间；$T_{2\max}$ 为最大弛豫时间；D 为孔隙分形维数。

将式（4-14）两边取对数，得

$$\lg(S_V) = (3-D) \times \lg(T_2) + (D-3) \times \lg(T_{2\max}) \qquad (4\text{-}15)$$

式（4-15）说明，煤体孔隙结构具有分形性质，$\lg(S_V)$-$\lg(T_2)$ 具有线性关系，然后可用图解法或回归分析法计算分形维数，则基于核磁共振 T_2 谱图所得到的分形维数可以表示为

$$D = 3 - K \qquad (4\text{-}16)$$

式中，K 为 $\lg(T_2)$ 与 $\lg(S_V)$ 的斜率。

4.4.2　热作用对分形维数的影响

基于上述分形维数算法，将弛豫时间 T_2 和累计孔隙度分别取对数后得到图 4-15。根据十进制分类标准，可把孔隙划分为微孔（0～0.01μm）、小孔（0.01～1μm）、中孔（1～10μm）及大孔（＞10μm）。对应的核磁 T_2 谱弛豫时间分别为 0～0.5ms、0.5～5ms、5～50ms、50～10000ms。在对弛豫时间 T_2 进行对数转换后，不同孔隙结构对应的 $\lg(T_2)$ 区间分别为 –2～–0.3、–0.3～0.7、0.7～1.7、1.7～4。图 4-15 为热作用下 $\lg(T_2)$ 与 $\lg(S_V)$ 的分布曲线，从图中可以看出，当 $\lg(T_2)$＜–0.3 时，对应的孔径为微孔，孔径和孔体积相对较小，对外加磁场反应敏感，弛豫时间较短，且反应迅速，因此在曲线的初始阶段，斜率陡峭；当 $\lg(T_2)$＞–0.3 时，对应的孔径为小孔、中孔及大孔，孔径及孔体积相对较大，对外加磁场不再敏感，弛豫时间变大，因此，从图 4-15 中可以看出，当 $\lg(T_2)$＞–0.3 时，曲线斜率开始变得平缓。

图 4-15 中，S_{V1}、S_{V2}、S_{V3}、S_{V4} 和 S_{V5} 分别代表微孔、小孔、中孔、大孔和全部孔在 $\lg(S_V)$-$\lg(T_2)$ 曲线上所对应的拟合线。根据式（4-16）得出各孔径级别的分形维数，如表 4-5 所示。

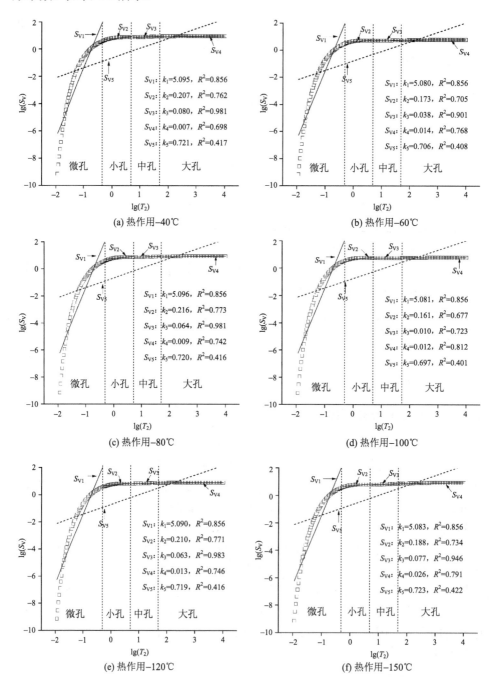

(a) 热作用−40℃　　　　　　　　　　　　　　(b) 热作用−60℃

(c) 热作用−80℃　　　　　　　　　　　　　　(d) 热作用−100℃

(e) 热作用−120℃　　　　　　　　　　　　　　(f) 热作用−150℃

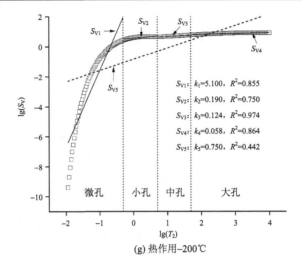

(g) 热作用–200℃

图 4-15　热作用下煤样孔隙结构的分形维数

表 4-5　不同热作用煤样的孔隙分形维数

煤样热作用温度/℃	分形维数				
	D_1	D_2	D_3	D_4	D_5
40	−2.095	2.793	2.92	2.993	2.279
60	−2.08	2.827	2.962	2.986	2.294
80	−2.096	2.784	2.936	2.991	2.28
100	−2.081	2.839	2.99	2.988	2.303
120	−2.09	2.79	2.937	2.987	2.281
150	−2.083	2.812	2.923	2.974	2.277
200	−2.1	2.81	2.876	2.942	2.25

　　通过图 4-16 得出，随着热作用温度的增加，不同孔径的分形维数呈现不同的变化规律。小孔的分形维数随温度的增加，呈先升高后降低的变化趋势。100℃时，其分形维数达到最大值，最大值为 2.839。中孔的分形维数随着温度的增加也呈先升高后降低的变化趋势，同样在 100℃时达到最大值，最大值为 2.99。大孔的分形维数总体呈下降的趋势，最大分形维数为 2.993。由各级别孔径的分形维数可以得出，随着热作用温度的增加，分形维数的变化可以分成两个阶段：阶段一为常温至 100℃，这个阶段内分形维数会表现出一种略微增加的趋势；阶段二为 100℃之后，当温度超过 100℃后，分形维数均表现出随温度升高而降低的变化趋势。这说明煤样孔隙结构的变化并不是随着热作用的增加而呈线性变化，而是存在一个临界温度，当超过临界温度后，煤样的孔隙结构将存在变化拐点。

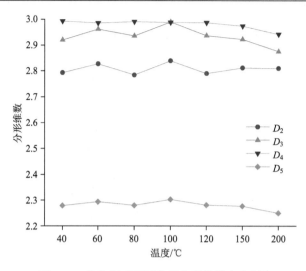

图 4-16　热作用下不同孔径分形维数变化规律

4.4.3　氧作用对分形维数的影响

图 4-17 为氧作用下 $\lg(S_V)$-$\lg(T_2)$ 的分布曲线,从图中可以看出 $\lg(T_2)<-0.3$ 时,此时对应的孔径为微孔,孔径和孔体积相对较小,对外加磁场反应敏感,弛豫时间较短,且反应迅速,因此在曲线的初始阶段,斜率陡峭;当 $\lg(T_2)>-0.3$ 时,此时对应的为小孔、中孔及大孔,孔径及孔体积相对较大,对外加磁场不再敏感,弛豫时间变大,因此,从图 4-17 中可以看出,当 $\lg(T_2)>-0.3$ 时,曲线斜率开始变得平缓。

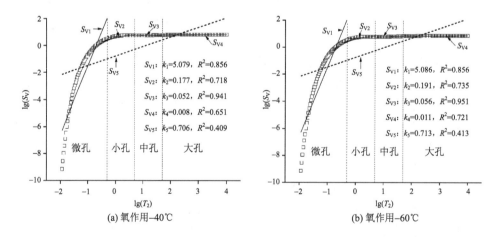

(a) 氧作用-40℃　　　　　　　　　　　　(b) 氧作用-60℃

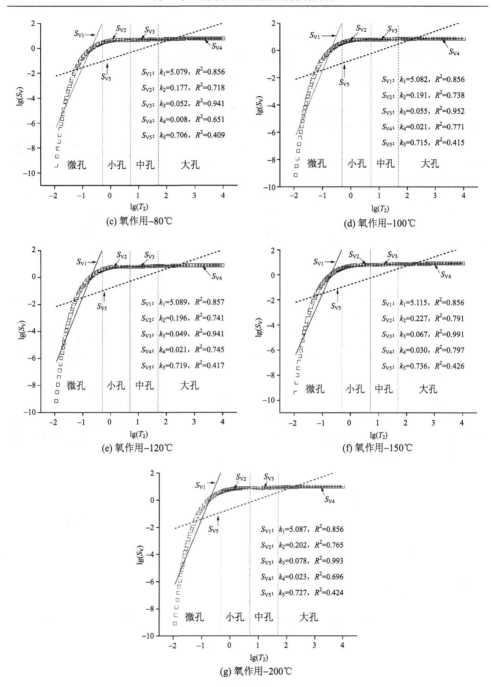

S_{V1}: k_1=5.079，R^2=0.856
S_{V2}: k_2=0.177，R^2=0.718
S_{V3}: k_3=0.052，R^2=0.941
S_{V4}: k_4=0.008，R^2=0.651
S_{V5}: k_5=0.706，R^2=0.409

(c) 氧作用-80℃

S_{V1}: k_1=5.082，R^2=0.856
S_{V2}: k_2=0.191，R^2=0.738
S_{V3}: k_3=0.055，R^2=0.952
S_{V4}: k_4=0.021，R^2=0.771
S_{V5}: k_5=0.715，R^2=0.415

(d) 氧作用-100℃

S_{V1}: k_1=5.089，R^2=0.857
S_{V2}: k_2=0.196，R^2=0.741
S_{V3}: k_3=0.049，R^2=0.941
S_{V4}: k_4=0.021，R^2=0.745
S_{V5}: k_5=0.719，R^2=0.417

(e) 氧作用-120℃

S_{V1}: k_1=5.115，R^2=0.856
S_{V2}: k_2=0.227，R^2=0.791
S_{V3}: k_3=0.067，R^2=0.991
S_{V4}: k_4=0.030，R^2=0.797
S_{V5}: k_5=0.736，R^2=0.426

(f) 氧作用-150℃

S_{V1}: k_1=5.087，R^2=0.856
S_{V2}: k_2=0.202，R^2=0.765
S_{V3}: k_3=0.078，R^2=0.993
S_{V4}: k_4=0.023，R^2=0.696
S_{V5}: k_5=0.727，R^2=0.424

(g) 氧作用-200℃

图 4-17　氧作用下煤样孔隙结构的分形维数

图 4-17 中，S_{V1}、S_{V2}、S_{V3}、S_{V4} 和 S_{V5} 分别代表微孔、小孔、中孔、大孔和全部孔在 $\lg(S_V)$-$\lg(T_2)$ 曲线上所对应的拟合线。根据式（4-14）得出各孔径级别的分形维数，见表 4-6 所示。

表 4-6　不同氧作用煤样的孔隙分形维数

煤样氧作用温度/℃	分形维数				
	D_1	D_2	D_3	D_4	D_5
40	−2.079	2.823	2.948	2.992	2.294
60	−2.086	2.809	2.944	2.989	2.287
80	−2.091	2.837	2.939	2.972	2.289
100	−2.082	2.809	2.945	2.979	2.285
120	−2.089	2.804	2.951	2.979	2.281
150	−2.115	2.773	2.933	2.97	2.264
200	−2.087	2.798	2.922	2.977	2.273

通过图 4-18 得出，随着氧化温度的增加，不同孔径的分形维数均表现出不同程度的下降趋势。随着氧化温度的不断升高，被测煤样的孔隙度逐渐增加，但由于煤样在升温过程中，煤体内部的水分和挥发分析出，使煤样内部孔隙通道相互贯通，降低了煤体内部孔隙结构分布的复杂性，导致分形维数随着氧化温度的升高而降低。同时，从图中也可以看出，各分形维数虽然随着氧化温度的升高而逐渐降低，但是变化幅度却有差别。其中，小孔的变化浮动最大，说明在氧化条件下，微小孔隙受影响程度大于大中孔隙结构的受影响程度。

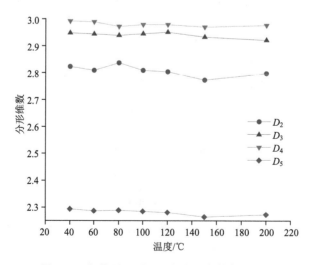

图 4-18　氧作用下不同孔径分形维数变化规律

4.5 本 章 小 结

本章利用扫描电镜和核磁共振设备研究了不同热作用和氧作用下煤样孔隙结构的发育特性；采用分形理论，揭示了热作用和氧作用对煤样孔隙结构分形维数的影响。本章得到的主要结论如下。

（1）热作用可不断促进煤体裂隙的发育，有效增强裂隙之间的连通性，温度越高越有利于煤体裂隙的发育、扩展和贯通，形成煤体内部微小裂隙网络。而氧化处理会加速由热作用产生的损伤作用，促使裂隙网格的加速形成。但在低温下两者对孔隙结构的影响都不大，只有在超过一定温度后才会有明显的变化特征；热作用下开始出现明显变化的温度为 100℃，而氧作用下该温度下降到 80℃。

（2）热作用和氧作用后煤样孔隙结构变化规律基本一致，即随温度的升高，孔隙逐渐发育，在氧作用条件下煤样孔裂隙结构发育更快；煤样孔裂隙结构的发育随温度的升高具有分形的分段特性，即 40～100℃温度段内的热损伤和氧化损伤对煤样孔隙结构影响有限，当温度升到 100℃以上时，煤样孔隙分布发生明显变化，说明 100℃是对煤样孔隙有影响的起始温度。

（3）基于热作用和氧作用下煤样各个孔隙的分形维数，对比热作用和氧作用前后的分形维数变化，得到了热作用和氧作用对孔隙分形维数的影响规律。热作用条件下，煤样分形维数的变化可划分成两个阶段：阶段一为 40～100℃，表现为随温度升高而增加，阶段二为 100℃之后，表现为随温度升高而降低；氧作用条件下，孔径分形维数随温度升高而下降，其中对小孔的影响最明显。

第5章　力热耦合作用对煤氧化热特性的影响研究

对煤氧化反应过程中的气体产物进行分析是非常重要的，因为气体产物从宏观上反映了煤的氧化反应特征。煤在不同温度阶段的氧化反应过程有很大的差异性，低温（温度<70℃）阶段，煤的活性较低，其分子表面活性结构基本上处于惰性状态，因此参与的化学吸附和化学反应较少，以物理吸附、解吸附、物理反应为主；而超过70℃以后，煤活性的不断增强使煤氧反应速率逐渐加快，耗氧速率增大的同时也会产生大量的气体，且在不同的温度阶段，煤氧化反应的作用机理不同，这也造成了耗氧速率和气体衍生物产生差异。因此本章采用深部开采煤炭氧化自燃特性测试系统，对不同应力下煤氧化升温过程中的气体产物和耗氧速率进行分析研究。

5.1　煤样的制备及实验流程

为了降低外界因素对实验结果的影响，选择同一开采工作面相同位置的块状原煤，挑选出表面光滑、无明显裂隙的煤样作为实验煤样，真空包装后运到实验室。将煤样的表面氧化层剥离，对煤块进行破碎，筛分出 1～5mm 粒径的煤样，常温下在真空干燥箱中干燥24h后，真空密封保存以用于后续实验。

为消除氧气的影响，采用氮气作为实验中的测定气体。首先，实验时对煤样施加轴向应力，加载范围为0～20MPa，应力间隔为5MPa，共五个应力测试点。将孔隙压力大小设为0.1MPa。实验中的恒温温度范围是40～80℃，温度间隔为10℃，共五个温度点，恒温时间均为5h。

5.2　应力-温度作用下煤低温氧化特征参数分析

5.2.1　CO浓度分析

相关研究表明，煤氧化自燃过程中在较低温度下CO即可被检测出，CO可以准确预测煤自燃的真实情况，经常被用来当作预测煤自燃的指标性气体，因此，对煤低温氧化过程中CO气体产量变化规律的分析十分重要。本节对应力作用下煤氧化升温过程中CO浓度的变化规律进行分析，根据实验数据绘制出不同应力下煤样氧化升温过程中CO浓度的变化图，如图5-1所示。

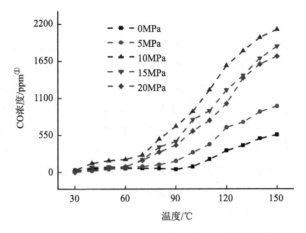

图 5-1　不同应力下煤样氧化升温过程中 CO 浓度的变化规律图

如图 5-1 所示，随着温度的升高，煤氧化反应过程中 CO 的生成量呈增加的趋势。温度升高到 70℃之前，随温度升高 CO 生成量缓慢增加，不同应力下煤的 CO 生成量曲线差异不大，但仍可以看出，10MPa 应力下煤氧化反应中的 CO 生成量高于其他应力条件下的生成量；温度升高到 70℃以后，CO 生成量呈明显增加的变化趋势，此时不同应力下煤在氧化过程中的 CO 生成量大小顺序为 10MPa＞15MPa＞20MPa＞5MPa＞0MPa，各煤样 CO 生成量曲线产生了明显的差异，0MPa 应力下煤的 CO 生成量曲线与 5MPa 的比较接近，10MPa 应力下生成量最高，而 15MPa 与 20MPa 均低于 10MPa 但比较接近；温度超过 130℃以后，CO 生成量的变化虽然有减缓趋势，但仍然继续增加，保持着较大的 CO 生成量。

产生上述现象的原因是，当温度低于 70℃时，尚未达到煤的活性温度，此时，煤氧反应以物理吸附和解吸附反应为主，而化学吸附和化学反应很弱，这使得煤中原始赋存的 CO 随温度的升高逐渐释放，加上低温下煤氧反应也会生成少量的 CO 气体，这导致 CO 含量在温度低于 70℃时呈现出缓慢增加的趋势。此时，10MPa 应力下 CO 生成量相比其他应力条件下增加趋势更加明显，说明 10MPa 应力条件更有利于煤的氧化。原因是煤体的破碎增加了煤颗粒之间的渗流通道，同时也使

---

① CO 的摩尔质量大约是 28.01g·mol⁻¹。在标准温度和压力（STP）条件下（0℃和 101.325kPa），1mol 的任何气体占据的体积大约是 22.414L（或 0.022414m³）。首先，将 ppm 转换为每立方米的摩尔数（mol·m⁻³）：

$$1ppm = \frac{1mol}{10^6 L} = \frac{1mol}{10^6 \times 0.001 m^3} = \frac{1mol}{10^3 m^3}$$

现在，我们使用 CO 的摩尔质量将其转换为每立方米的千克数（kg·m⁻³）：

$$1ppm = \frac{28.01g \cdot mol^{-1}}{10^3 m^3} = \frac{28.01 \times 10^{-3} kg \cdot mol^{-1}}{10^3 m^3} = 28.01 \times 10^{-6} kg \cdot m^{-3}$$

因此，1ppm 的 CO 大约等于 28.01×10⁻⁶kg·m⁻³。

煤颗粒的粒径减小，这两种因素共同导致了煤氧化速率加快和 CO 产生量增加较快。随着温度继续升高，煤的活性逐渐增强，活性官能团数量逐渐增加，与氧气接触时迅速发生反应，造成 CO 生成速率加快。此时，10MPa、15MPa 和 20MPa 应力下煤的 CO 生成量明显高于低应力（0MPa、5MPa）条件下的生成量，说明煤氧反应温度超过 70℃ 以后，高应力环境对煤氧化过程的促进作用更强。当温度升高到 120℃ 左右时，CO 生成量较大，但增长速率有所减缓，原因是温度的升高虽然加快了煤表面活性结构的破坏，造成 CO 含量的大量增加，但煤中水分的蒸发及其他气体的生成也会稀释产生的 CO，导致其浓度的降低。温度继续升高，15MPa 和 20MPa 应力下煤的 CO 生成量曲线比较接近，说明此时这两种应力条件对煤氧化反应过程的影响区别不大。

5.2.2　CO_2 浓度分析

同样，根据实验过程中采集到的数据绘制不同应力下煤样氧化升温过程中 CO_2 浓度的变化曲线，如图 5-2 所示。

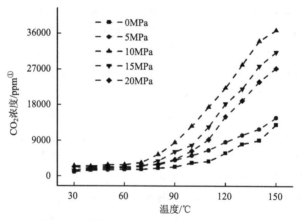

图 5-2　不同应力下煤样氧化升温过程中 CO_2 浓度的变化规律图

由图 5-2 可以发现，煤氧化升温过程中 CO_2 生成量的变化趋势与 CO 类似。70℃ 之前，温度升高，不同应力下煤的 CO_2 生成量曲线差异不大，且变化比较平

---

① CO_2 的摩尔质量大约是 44.01g·mol⁻¹。在标准温度和压力（STP）条件下（0℃ 和 101.325kPa），1mol 的任何气体占据的体积大约是 22.414L（或 0.022414m³）。首先，将 ppm 转换为每立方米的摩尔数（mol·m⁻³）：

$$1\text{ppm} = \frac{1\text{mol}}{10^6 \text{L}} = \frac{1\text{mol}}{10^6 \times 0.001\text{m}^3} = \frac{1\text{mol}}{10^3 \text{m}^3}$$

现在，我们使用 CO_2 的摩尔质量将其转换为每立方米的千克数（kg·m⁻³）：

$$1\text{ppm} = \frac{44.01\text{g} \cdot \text{mol}^{-1}}{10^3 \text{m}^3} = \frac{44.01 \times 10^{-3} \text{kg} \cdot \text{mol}^{-1}}{10^3 \text{m}^3} = 44.01 \times 10^{-6} \text{kg} \cdot \text{m}^{-3}$$

因此，1ppm 的 CO_2 大约等于 44.01×10^{-6}kg·m⁻³。

缓。温度超过 70℃以后，CO_2 生成量曲线加速上升。温度升高到 100℃以后，不同应力下煤的 CO_2 生成量开始产生明显差异，且 10MPa、15MPa 和 20MPa 下煤的 CO_2 生成量增长趋势更加明显。温度升高到 140℃以后，随温度升高，不同应力下煤的 CO_2 生成量曲线仍然继续上升，但 10MPa、15MPa 及 20MPa 应力下煤的 CO_2 生成量变化有减缓趋势。

　　产生上述现象的原因是，温度为 30~70℃时，煤反应环境温度比较低，但仍然有少量 CO_2 生成，原因是煤的解吸附反应释放出原始赋存的 CO_2，再加上煤与氧的复合反应生成少量 CO_2，这两种因素共同造成 CO_2 生成量缓慢增长。温度升高到 100℃时，此时煤表面水分蒸发基本结束，大量孔隙和裂隙的空出暴露了大量的活性位点，加速了煤氧复合反应，导致生成 CO_2 的速率增大。此时，随温度升高，10MPa、15MPa、20MPa 应力下煤的 CO_2 生成量开始明显高于 0MPa 和 5MPa 条件下的生成量，说明高应力条件下煤的氧化反应速率更快，释放出 CO_2 的速率较高。温度超过 140℃以后，CO_2 生成量仍然增长较快，且高应力下煤的 CO_2 生成量与低应力条件下相比增长量更大。原因在于较高温度条件下，参与反应的活性官能团的种类和数量均较多，其在煤氧复合反应过程中释放出大量的热量加速了煤氧反应，造成 CO_2 生成量快速增加，高应力下煤 CO_2 增长更快说明在此温度阶段高应力对煤氧化反应的促进作用比较明显。

5.2.3　耗氧速率分析

　　煤低温氧化的过程实际上是煤氧反应放热而不断蓄热升温的过程，煤耗氧速率的大小反映了煤氧化反应的剧烈程度。煤的耗氧速率越大，与氧气反应得越充分，其氧化放热也越强，导致煤的自燃危险性越高。煤的粒径、环境氧浓度、温度等因素均会影响耗氧速率的大小。由第 3 章的分析可以发现，应力-温度的作用会改变煤颗粒大小，同时也会改变气体渗流环境，造成氧化反应过程中环境氧浓度的变化，这些都会对煤的自燃产生很大的影响。因此，本节采用深部开采煤炭氧化自燃特性测试系统对煤进行低温氧化程序升温，通过分析应力-温度作用下煤耗氧速率的变化规律，总结出应力-温度作用对煤氧化过程的影响规律。煤的耗氧速率计算公式如下：

$$V_{O_2}(T) = \frac{Q \times C_{O_2}^1}{SL} \ln \frac{C_{O_2}^1}{C_{O_2}^2} \qquad (5\text{-}1)$$

式中，$V_{O_2}(T)$ 为煤体在温度为 T 时的实际耗氧速率，$mL \cdot cm^{-3} \cdot s$；Q 为供风量，本实验取 $100mL \cdot min^{-1}$；S 为煤样室底面积，cm^2；L 为煤样室高度，cm；$C_{O_2}^1$ 为进气口氧气浓度，取 21%；$C_{O_2}^2$ 为出气口氧气浓度，%。

　　由式（5-1）可计算出煤的耗氧速率值，并绘制出不同应力下随温度升高煤的耗氧速率变化图，如图 5-3 所示。可以看出，随温度升高煤的耗氧速率曲线整体上呈上升趋势，且煤的耗氧速率曲线随温度升高呈现出阶段性的变化特点。70℃之前，不同应力下煤的耗氧速率普遍比较低，随温度升高其变化量非常小，但仍然可以看出，10MPa 应力下煤的耗氧速率曲线高于其他应力下煤的耗氧速率曲线。温度升高到 70℃，不同应力下煤的耗氧速率曲线开始缓慢升高，并逐渐产生差异，此时煤的耗氧速率大小顺序为 10MPa＞15MPa＞20MPa＞5MPa＞0MPa。温度升高到 130℃左右，煤的耗氧速率曲线呈现出明显的指数型增长趋势，此时不同应力下煤的耗氧速率大小差异更加明显，10MPa、15MPa、20MPa 应力下煤的耗氧速率明显高于 0MPa 和 5MPa。

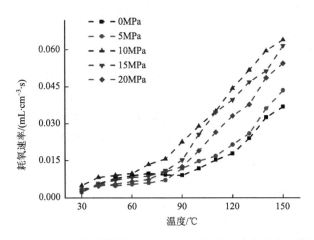

图 5-3　不同应力下煤样氧化升温过程中耗氧速率的变化规律图

　　当温度比较低时，煤主要进行的反应有物理吸附、解吸附及水分的蒸发反应，并且煤物理吸附过程释放出的热量很低，加上煤表面水分的蒸发吸走煤体内的热量，导致煤体蓄热能力相对较弱，因此煤的氧化反应进度较慢，耗氧速率也较低。另外，低温阶段水分的蒸发会使煤的孔隙空出，增强煤对氧气的吸附能力，因此初始阶段煤的耗氧速率有增长趋势，但不明显，原因是低温时水分蒸发很慢，再加上煤分子表面的活性结构活化需要的温度比较高，此时活性官能团基本处于惰性状态，与氧气的反应能力比较弱。煤体温度升高到 70℃以后，达到了煤分子表面活性结构需要的温度条件，此时各种活性官能团开始活化。这些活化后的官能团与氧气接触时，在适宜的条件下参与反应并生成不稳定的中间络合物，而不稳定的中间络合物容易受热分解释放出大量热量，加快了氧化反应进程，使耗氧速率明显增大。同时，由于这些不稳定的中间络合物的存在，煤此时的氧化反应已经能够自动蓄热升温。温度升高到 130℃以后，前一阶段煤氧化反应生成的大量次级官能团比较稳定，加上煤分子结构的侧链和桥键等开始断裂，均需要消耗大量的氧气，最终造成煤体氧化反应过程中耗氧速率的迅速增大。

此外，温度升高的过程中，应力的增加也影响了煤的氧化反应过程，导致煤耗氧速率产生差异。低温（70℃之前）阶段，不同应力下煤颗粒的破碎状态和压实状态不同，这会引起煤中孔隙和裂隙的发育情况不同。应力为 0MPa 时，煤处于松散状态，随温度升高水分蒸发加快，煤孔隙和裂隙的空出，使吸氧能力增强的同时也导致活性位置暴露，消耗氧气的速率更快。应力由 0MPa 增加到 5MPa，松散的煤颗粒逐渐被压实，煤颗粒之间的空隙大幅度减小，此时煤中气体的渗透能力迅速降低，与氧气的接触能力大大减弱，导致在低温阶段煤的氧化反应过程缓慢。此时温度的升高虽然会引起煤中水分的蒸发，但由于应力的作用使气体渗流通道减少，导致水蒸气无法排出，从而在煤体内积聚附着，煤表面与氧气隔绝，造成此时的耗氧量较低。应力增加到 10MPa 时，一方面，压实的煤颗粒受到更大的应力作用逐渐破碎，产生了更多的小颗粒煤，而小颗粒煤与氧气接触的比表面积更大，造成氧化反应过程加速；另一方面，温度的升高加快了煤孔隙、裂隙的发育，此时煤体强度降低，在应力作用下更容易发生破碎，产生粒径更小的颗粒煤且与氧气的接触更加充分。这两方面共同导致 10MPa 应力下煤的耗氧速率更高。随着应力的继续增大，煤体再次被压实，此时煤颗粒粒径更小，因此压实程度也更高，煤与氧分子的结合能力已经非常弱，缺氧状态导致煤的耗氧速率降低。处于高应力状态下的煤颗粒之间的空隙过小，再加上孔隙和裂隙被压缩，此时温度对水分的蒸发作用降低，应力的作用则成为引起煤耗氧速率降低的主要因素。应力再继续增加，煤有可能继续发生破碎，由于煤颗粒越来越小，虽然与氧分子接触的比表面积会增加，但小颗粒煤的大量存在也会封堵气体运移的有效孔隙，这两种作用导致应力再继续增大时煤耗氧速率变化很小。温度超过 70℃ 以后，此时煤化学吸附和化学反应开始增强，煤耗氧速率逐渐加快，随温度升高，不同应力下煤的耗氧速率曲线呈现出交叉上升的趋势，耗氧速率曲线差异性越来越明显，这种现象是应力和温度共同作用的结果。温度超过 130℃ 以后，煤氧化过程的耗氧速率曲线增长速率加快，此时耗氧速率大小顺序为 10MPa＞15MPa＞20MPa＞5MPa＞0MPa，这是因为煤在前一阶段的反应导致煤体内官能团的种类和数量不同，进而对煤在此时的耗氧速率产生了影响。

5.3 应力-温度作用对煤氧化热特性的影响研究

5.3.1 应力-温度作用下煤氧化升温热流值曲线分析

为了更好地反映初始温度和初始应力对煤样热稳定性的影响，对不同初始温度和应力预处理作用后的煤样进行程序升温氧化实验，根据实验采集的热流值数据，绘制不同初始应力和初始温度下煤的热流值随温度升高的变化曲线。如图 5-4～图 5-8 所示，分别为 40℃、50℃、60℃、70℃和 80℃初始温度下，煤在不同应力条件下的热流曲线。

1. 初始温度 40℃时，不同应力下煤的热流曲线

热流代表单位时间内通过截面的热量，热流曲线反映了煤发生氧化过程中的热量变化趋势。如图 5-4 所示，各煤样氧化过程中的热流曲线的变化趋势基本一致。在整个氧化过程中，煤的热流曲线随反应温度升高呈先降低后升高的变化趋势。这是因为煤中水分的蒸发需要吸收热量，而温度的升高加速了水分蒸发吸热的过程，造成煤温的降低，而煤在低温阶段以物理吸附为主，且物理吸附阶段释放的热量非常小，因此热流曲线先下降。当温度继续上升时，化学吸附和化学反应逐渐增强，煤与氧气的反应开始加速进行。这时，化学吸附和化学反应放出的热量远超水分蒸发吸收的热量，因此热量开始积累，造成煤热流曲线逐渐上升。

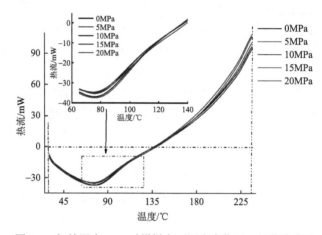

图 5-4　初始温度 40℃时煤样在不同应力作用下的热流曲线

如图 5-4 所示，初始温度 40℃时，不同应力煤样的热流曲线整体变化趋势相似，首先均随温度升高而降低，且此时的热流值为负值，说明较低温度时，煤氧反应过程的吸热大于放热。当热流值降低到热流曲线的最低点时，煤氧化吸热与放热达到平衡状态，此时不同应力（0MPa、5MPa、10MPa、15MPa、20MPa）煤热流值分别为–36.78mW、–37.58mW、–35.37mW、–34.31mW、–34.77mW，热流值由大到小对应的应力值为 15MPa>20MPa>10MPa>0MPa>5MPa。初始应力从 0MPa 增加到 5MPa 时，应力的增大首先使煤颗粒被压实，处于缺氧状态下的煤反应受到抑制，放热量减小，煤氧反应需要吸收的热量增加。随着应力增加，压实的煤颗粒逐渐发生破碎，煤的粒径减小增大了煤与氧气接触的比表面积，此

时煤反应得比较充分,热量释放的速度加快,因此热流值增大。当应力再继续增大时,破碎的煤颗粒受到应力的作用重新排列,一部分小颗粒煤填充到煤空隙中,导致气体运移的通道减少,煤氧反应程度再次降低,因此煤氧反应放热不如前者,热流值也较前者更小。与 0MPa 相比,5MPa、10MPa、15MPa 和 20MPa 应力时煤样热流曲线最低点的热流值(热流峰值)大小分别增加了–2.2%、3.8%、6.7%、5.5%。由此可以看出,除 5MPa 应力下煤的热流峰值降低外,初始应力为 10MPa、15MPa 和 20MPa 时热流峰值均呈现增加趋势,且增加幅度在 15MPa 时最大,随后增加幅度开始减小。随着煤温继续升高,不同应力煤样的热流曲线均开始上升,并逐渐靠近,此时 10MPa 和 15MPa 应力下煤样的热流曲线仍然保持着较大的热流值增长速度,但 10MPa 应力下煤样的热流曲线中途有降低趋势。煤温继续升高,不同应力下煤的热流曲线开始加速上升,呈现出指数型增长趋势。说明此时高温加速了煤与氧气的反应,使煤氧反应的放热量远远大于吸热量,因此热流曲线加速上升。在热流曲线加速上升阶段,不同应力煤的热流值大小表现为 5MPa＞20MPa＞15MPa＞0MPa＞10MPa,可以发现 5MPa 和 20MPa 应力下煤样的热流曲线在此时均加速上升,且其上升速度大于 15MPa 和 20MPa 应力下煤样的热流曲线,这说明了 5MPa 和 20MPa 应力下煤的氧化反应更加充分,导致热量积累的速度超过其他应力条件。

2. 初始温度 50℃时,不同应力下煤的热流曲线

如图 5-5 所示,初始温度 50℃下各煤样热流曲线呈现相似的变化,即随反应温度的升高先降低后升高。与初始温度 40℃不同的是,此时不同应力煤样的热流曲线虽然在低温阶段表现出一定的差异性,但在高温阶段热流曲线区别不大。在实验的初始阶段,热流曲线随温度升高首先降低,且此时的热流值为负值,说明较低温度时,煤氧反应过程的吸热大于放热。初始反应阶段不同应力煤样热流曲线最低点的热流值分别–40.98mW、–38.38mW、–43.59mW、–39.50mW、–39.86mW,热流值由大到小对应的应力值为 5MPa＞15MPa＞20MPa＞0MPa＞10MPa,与 0MPa 相比,不同应力下热流曲线的热流峰值分别增加了 2.60mW、–2.61mW、1.48mW、1.12mW,增长幅度分别为 6.3%、–6.4%、3.6%、2.7%。由此可以发现,初始温度 50℃时,随应力增大,煤的热流峰值大小呈"M"形变化趋势,即先增加后减小再增加又继续减小的变化趋势,说明煤的吸热量并不是一直增加或者降低的,而是呈现出波动的变化趋势。初始应力为 5MPa 时煤热流峰值的增幅最大,其次为 15MPa 和 20MPa,而初始应力为 10MPa 时呈降低趋势,且 10MPa 应力时煤热流峰值降幅较大。说明应力为 5MPa 时煤氧化反应进行得更加充分,较其他应力条件下煤样释放出更多的热量,导致其热流曲线最低点的热流值更大,而应力为 10MPa 时煤氧反应则受到抑制。随着温度升高,各煤样热流曲线开始上升,应力为15MPa和20MPa下煤的热流曲线逐渐超过其他热流曲线。温度超过130℃，煤氧反应加速进行，不同应力下煤样的热流曲线呈现指数型增长趋势，且热流值大小区别不大，但应力为10MPa时煤的热流曲线逐渐超越其他热流曲线，上升到最高。实验的前期阶段应力为10MPa时煤样的氧化反应受到抑制，而实验后期其热流值加速上升，逐渐超过其他热流曲线，这说明实验初始阶段应力为10MPa时煤样氧化反应不充分，导致大量的官能团未参与反应，随着温度升高，各种官能团在高温的作用下逐渐活化并参与了反应，导致后期放出大量的热量，因此热流曲线加速上升，最终达到最大值。

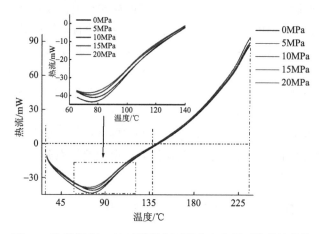

图 5-5　初始温度50℃时煤样在不同应力作用下的热流曲线

3. 初始温度60℃时，不同应力下煤的热流曲线

如图 5-6 所示，初始温度 60℃时，0MPa 应力下煤的热流曲线最低点的值最小，为–41.37mW，与之相比，5MPa、10MPa、15MPa 和 20MPa 应力下煤热流曲线最低点的值分别为–39.14mW、–38.59mW、–40.61mW、–39.70mW，分别增大了 2.23mW、2.78mW、0.76mW、1.67mW，增长幅度分别为 1.4%、6.7%、–1.8% 和–4.0%，说明在应力＜10MPa 时，煤的热流峰值随应力增加而逐渐增大，应力超过 10MPa 以后，逐渐降低但降低趋势减缓。10MPa 应力下煤的热流峰值增幅最大，说明此应力条件促进了煤的氧化，加速了热量释放过程，煤吸收较少的热量即可进入下一阶段的反应，这也反映出应力 10MPa 时煤的氧化效果更好，反应得更充分。随着煤体温度继续升高，各煤样热流曲线呈现交叉上升的趋势，15MPa 和 20MPa 应力下煤的热流曲线在 100℃左右开始超越其他热流曲线，此温度点后煤热流值大小顺序发生改变，变为 20MPa＞15MPa＞10MPa＞5MPa＞0MPa。这是因为 100℃温度下，煤中的水分大量蒸发导致大量孔隙和裂隙暴露，氧气更容

易渗入煤孔隙和裂隙，加速了煤的氧化，使热流曲线加速，同时应力的作用也加快了孔隙和裂隙发育，煤体内渗流通道增加，引起氧化反应加速。温度升高到140℃左右，随着氧化反应的进行，5MPa 应力下煤的热流曲线反而超过 10MPa时煤的热流曲线。

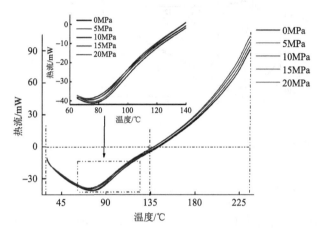

图 5-6　初始温度 60℃时煤样在不同应力作用下的热流曲线

4. 初始温度 70℃时，不同应力下煤的热流曲线

如图 5-7 所示，当初始温度为 70℃时，0MPa、5MPa、10MPa、15MPa 和 20MPa应力下煤热流曲线的热流峰值大小分别为−38.84mW、−38.26mW、−38.56mW、−39.58mW、−39.72mW，分别增加了 0.58mW、0.28mW、−0.74mW、−0.88mW，随应力的增加呈现出先增大后减小的趋势。与初始温度 50℃时不同的是，初始温度 70℃条件下，煤的热流峰值变化比较小，且在 10MPa 应力下呈增加趋势，而在 15MPa 和 20MPa 应力下呈现降低趋势。同时还发现，10MPa 应力之前，煤的热流峰值随应力的增加其增加量逐渐减小，应力超过 10MPa 以后，煤的热流峰值开始降低，且降低的幅度逐渐增加。说明了初始温度 70℃条件下，应力小于 10MPa时，煤氧反应始终受到抑制，当初始应力从 5MPa 增加到 10MPa 时，应力对煤氧化过程的抑制作用减轻，而应力继续增加，煤氧反应又受到抑制，导致吸热量增加，热流峰值下降。5MPa 应力时煤氧反应受到的抑制程度最轻，说明与其他应力条件相比，煤维持氧化反应进行需要吸收的热量更少一些，或者说煤氧化反应更加充分，放出的热量较多，抵消了一部分吸热量，因此 5MPa 应力下煤热流峰值下降幅度较小。热流曲线开始上升以后，15MPa 和 20MPa 应力下煤的热流曲线在 140℃左右开始加速上升并先后逐渐超过其他热流曲线，这是由于煤在前一阶段的反应造成了煤分子内官能团结构的差异性，进而影响了此时煤的反应能力。

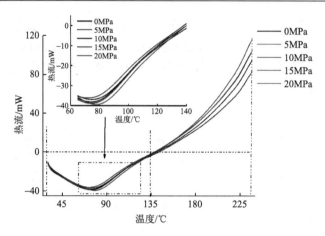

图 5-7　初始温度 70℃时煤样在不同应力作用下的热流曲线

5. 初始温度 80℃时，不同应力下煤的热流曲线

如图 5-8 所示，当初始温度为 80℃时，0MPa、5MPa、10MPa、15MPa 和 20MPa 应力下煤热流曲线的热流峰值大小分别为–37.28mW、–40.22mW、–40.91mW、–42.02mW、–36.67mW，随应力的增加其呈现先减小后增大的趋势，并在 15MPa 应力下达到最小值，随后应力继续增大，煤的热流峰值开始增加。与 0MPa 时相比，不同应力下煤的热流峰值分别增加了–2.94mW、–3.63mW、–4.74mW、0.61mW，说明初始温度 80℃时，应力小于 15MPa 时，应力越大，煤的热流峰值减小的程度越大，应力超过 15MPa 以后，应力的增加导致煤释放出更多的热量，因此煤热流值逐渐增大。随温度继续升高，煤氧化反应加速进行，5MPa 和 15MPa 应力下煤的热流曲线加速攀升，逐渐超越 10MPa 时的热流曲线。

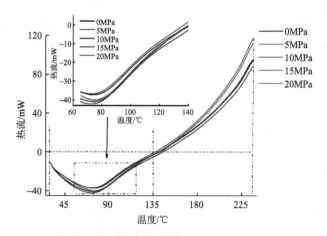

图 5-8　初始温度 80℃时煤样在不同应力作用下的热流曲线

5.3.2　应力-温度作用下煤氧化放热阶段特征分析

由于不同应力条件下煤的氧化热流曲线具有明显的阶段特征，初始反应阶段热流值为负值，随温度的升高逐渐下降，热流曲线到达最低点（70℃左右）以后，随温度的升高开始加速上升，热流值由负值逐渐增加到 0mW，此时温度约 130℃，温度再继续增加，热流曲线呈现出指数型增长趋势，可见煤氧化升温过程的热流曲线具有明显的阶段特征。因此，将煤氧化反应过程的热流曲线分为三个阶段：初始氧化阶段（$T_0 \sim T_1$）、缓慢氧化阶段（$T_1 \sim T_2$）、快速氧化阶段（$T_2 \sim T_3$），如图 5-9 所示。

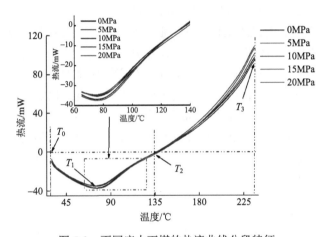

图 5-9　不同应力下煤的热流曲线分段特征

在 C600 程序升温的过程中，各煤样的起始温度 T_0 和终止温度 T_3 均相同，分别为 30℃和 230℃，T_1 为初始放热温度（70℃左右），在此温度下，煤氧化反应放热开始积累，放热量逐渐增加。T_2 为干裂温度（135℃左右），此时煤中水分蒸发结束，煤体加速破坏，随温度的升高，大量的官能团参与到反应当中并释放出大量的热量，导致煤的氧化反应加速进行。$T_0 \sim T_1$ 为初始氧化阶段，此阶段煤主要进行物理吸附反应，煤表面水分蒸发吸热使热流曲线逐渐降低，最低点的温度为 T_1（70℃左右），此时热流加速度的值为 0J·s^{-2}，说明煤氧化吸热和放热达到平衡状态。温度超过 T_1 时，煤的放热量开始大于吸热量，使热量开始积累，所以 T_1 为初始放热温度。$T_1 \sim T_2$ 为缓慢氧化阶段，此时反应温度的升高使煤的化学吸附和化学反应增强，氧化反应加速进行。在这个阶段，水的蒸发速率降低，煤中部分活性低的官能团逐渐参与到氧化反应过程，形成不稳定的中间络合物，这些不稳定的中间络合物受热分解并迅速放热，使热流曲线加速上升。温度超过 T_2 后，煤与氧气的反应进入快速氧化阶段（$T_2 \sim T_3$），T_2 为煤的干裂温度，此时煤中水分基本蒸发结束，煤分子的吸氧达到饱和。在该温度阶段，煤结构芳环的侧链、含氧官能团等与氧分子发生碰撞后生成大量的活性基团，这些活性基团不断参与煤氧化反应放出大量的热量，使热流曲线加速上升到 T_3。

1. 应力-温度作用下煤氧化过程阶段特征温度分析

温度超过初始放热温度以后，煤氧化反应产生的热量开始积累，初始放热温度点之后的氧化反应特性反映了煤的自燃性，在缓慢氧化阶段，容易自燃的煤热量积聚相对较快，并迅速进入到快速氧化阶段。同时，特征温度越低，说明煤反应进入下一阶段需要的温度更低，且需要的温度范围也越小。因此，对煤在温度超过初始放热温度以后的热特性分析格外重要。

如图 5-10 所示，通过绘制煤的热流曲线和热流加速度曲线，以分析不同初始温度条件下煤在受到初始应力作用时随温度升高的热特性变化特点，其中，热流加速度代表热流值的上升速度。当热流曲线对应的热流加速度值为 $0\text{J}\cdot\text{s}^{-2}$ 时，代表煤的吸热和放热达到平衡。热流加速度值为 0 的温度点也是煤氧化反应过程的初始放热温度点，大小范围为 $70\sim80$℃。在初始放热温度点之前，煤氧反应以水分蒸发和物理吸附为主，随温度继续升高煤的化学吸附和化学反应逐渐增强，放出大量的热量，使热流曲线加速上升。通过分析得到 40℃初始温度下煤在不同应力下的特征温度 T_1 和 T_2。

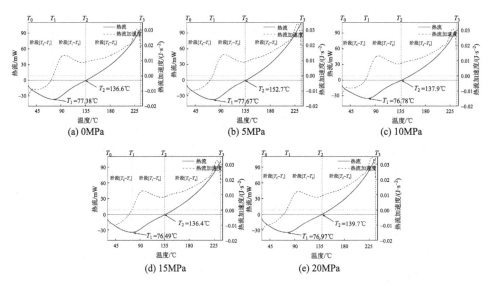

图 5-10　初始温度 40℃时不同应力下煤样热流曲线对应的特征温度

从图 5-10 和表 5-1 可以看出，在初始温度 40℃下，随应力增大煤样的特征温度 T_1 的变化趋势为先增加后减小再增加。与 0MPa 相比，5MPa、10MPa、15MPa 及 20MPa 应力条件下 T_1 分别增加了 0.29℃、–0.6℃、–0.89℃、–0.41℃。说明应力增加到 5MPa 时，煤氧反应首先受到抑制，原因是在初始应力施加的过程中，煤颗粒先逐渐被压实，煤渗透率下降，阻隔了煤与氧气的接触，进而使煤与氧气的反应受到抑制，氧化反应速率减慢，在相同温度作用下，5MPa 应力下煤需要更大的温度区间才能参与到下一阶段的反应；初始应力增加到 10MPa、15MPa 时，煤发生破碎挤压使大孔和中孔断裂，微孔的数量增多，煤的孔隙率增大，导热能力下降，因此煤体逐渐蓄热，同时煤体的破碎也增大了煤与氧气接触的比表面积，加快了煤氧化反应的进程，使初始放热温度提前；初始应力继续增加到 20MPa，煤进一步破碎，产生了大量的小颗粒煤，小颗粒煤受到应力的挤压重新排列，逐渐封堵了原有的煤体空隙，气体的渗透通道减少，从而使煤的氧化反应再次被抑制。由此可见，与其他初始应力条件下的煤样相比，初始应力为 15MPa 时的煤样不仅蓄热条件更好，而且与氧气的接触也比较充分，最有利于煤的氧化反应的进行，因此将 15MPa 定义为拐点应力。煤的特征温度 T_2 与 T_1 的变化规律相似，并且同样在应力为 15MPa 时达到最小值，这是因为在煤氧反应温度超过初始放热温度 T_1 时，氧化反应进入缓慢氧化阶段，化学吸附和化学反应放出的热量逐渐增加，使煤的热流值开始增大，良好的蓄热条件和供氧条件使得初始应力为 15MPa 的煤样热流曲线以较大的加速度逐渐超越其他热流曲线，最早达到特征温度 T_2。

表 5-1　初始温度 40℃时不同应力下煤样的特征温度

特征温度	应力/MPa				
	0	5	10	15	20
T_1/℃	77.38	77.67	76.78	76.49	76.97
T_2/℃	136.59	152.71	137.87	136.4	139.65

初始温度 50℃时，不同应力下煤样的特征温度如图 5-11 和表 5-2 所示。分析发现，此时煤在不同应力下的初始放热温度的变化趋势与初始温度 40℃时明显不同。初始温度为 50℃时，煤样的初始放热温度随着应力的增加呈现"W"形变化趋势，即先减小后增大再减小然后继续增大。初始温度的大小反映了煤开始参与缓慢氧化的最低温度，初始温度越低，说明煤氧化反应越容易进行。可以发现，与 0MPa 相比，随着应力的增加，煤的初始放热温度分别增加了–3.6℃、0.03℃、–0.17℃、0.08℃，除在 5MPa 应力条件下变化比较大外，其他应力条件下煤初始放热温度基本没有变化，说明初始温度 50℃时，低应力（5MPa）条件下煤参与氧化反应不需要很多的热量积累，在较低的温度下就可以进入缓慢氧化阶段。

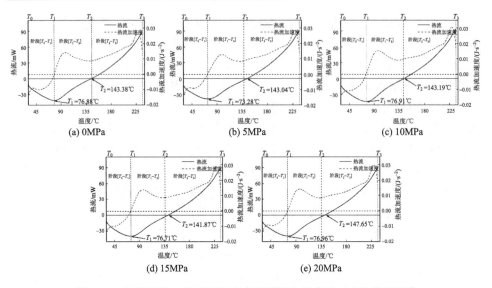

图 5-11　初始温度 50℃时不同应力下煤样热流曲线对应的特征温度

表 5-2　初始温度 50℃时不同应力下煤样的特征温度

特征温度	应力/MPa				
	0	5	10	15	20
T_1/℃	76.88	73.28	76.91	76.71	76.96
T_2/℃	143.38	143.04	143.19	141.87	147.65

15MPa 应力作用下煤的初始放热温度虽然有所下降，但降低幅度非常小，与 10MPa、20MPa 应力时煤的初始放热温度大小基本没有区别，说明 10MPa 和 20MPa 的应力作用对煤氧化反应进程的影响很小。与 0MPa 相比，15MPa 应力之前，煤缓慢氧化阶段的初始放热温度 T_2 随应力的增加呈现出与初始放热温度 T_1 相似的变化规律，即先减小后增大再减小，应力 5MPa、10 MPa、15 MPa 时煤的特征温度 T_2 分别增加了–0.34℃、–0.19℃、–1.51℃，可以看出，应力较大时煤的特征温度 T_2 的变化更明显，说明较高温度时应力越大对煤氧化进程的影响越大，而应力超过 15MPa 以后，煤的特征温度 T_2 随应力增加呈继续增加的趋势，说明此温度条件下，20MPa 应力时煤氧反应需要的时间更长，升温范围更大。

如图 5-12 和表 5-3 所示，初始温度 60℃时，煤初始放热温度 T_1 随应力的增加呈现出倾斜的"M"形变化趋势，即先增加后减小，然后增加再减小，与 0MPa 相比，5MPa、10MPa、15MPa、20MPa 时煤的初始放热温度 T_1 分别增加了 0.23℃、–6.47℃、0.78℃、–0.74℃，这反映出应力 15MPa 之前，随应力的增加煤的初始放热温度是先增加后减小的，并在 10MPa 应力下达到最小值，应力增加到 15MPa

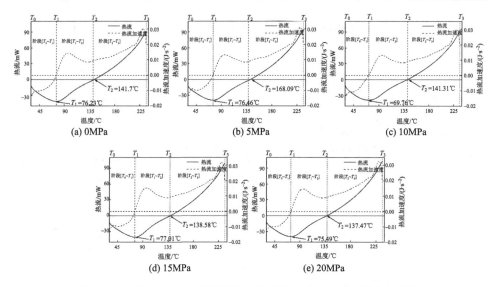

图 5-12　初始温度 60℃时不同应力下煤样热流曲线对应的特征温度

表 5-3　初始温度 60℃时不同应力下煤样的特征温度

特征温度	应力/MPa				
	0	5	10	15	20
T_1/℃	76.23	76.46	69.76	77.01	75.49
T_2/℃	141.7	168.09	141.31	138.58	137.47

煤的初始放热温度开始呈现增加趋势，之后应力继续增大，煤的初始放热温度又开始减小。另外，随应力的增大煤的特征温度 T_2 呈现出先增加后降低的变化规律，且在 20MPa 应力时明显降低并达到最小值，说明在缓慢氧化阶段高应力作用下煤的氧化反应升温过程更快，最早到达下一反应阶段。

从图 5-13 和表 5-4 中可以看出，初始温度 70℃时，随应力增加煤样热流曲线对应的初始放热温度 T_1 呈现出与初始温度 50℃条件下相似的变化趋势，即"W"形波动变化。与 0MPa 相比，应力 5MPa、10MPa、15MPa、20MPa 时分别增加了 0.65℃、0.91℃、1.69℃、2.03℃，可以看出，除 20MPa 时煤的初始放热温度变化比较大以外，其他应力条件下均变化比较小，说明初始温度 70℃时，高应力（20MPa）条件下煤参与氧化反应产热较慢，需要的温升范围更大，进入缓慢氧化阶段较晚。5MPa、10MPa 应力时煤的初始放热温度虽然小幅度增加，但与 0MPa 应力相比，初始放热温度大小基本没有变化，说明 5MPa 和 10MPa 的应力作用对煤氧化反应进程有一定的促进作用，但影响很小。同理，此时 10MPa 应力对煤的氧化反应过程也没有产生太大的影响。随应力的增加，煤在缓慢氧化阶段的特征温度点变化趋势与初始放热温度的变化趋势类似，同样在 5MPa 应力时达到最小值。

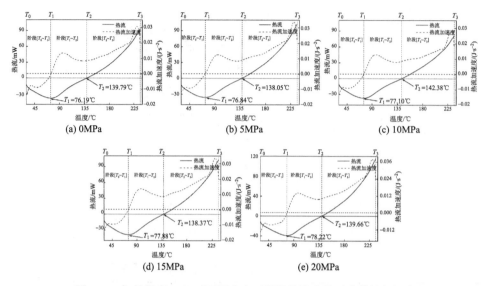

图 5-13　初始温度 70℃时不同应力下煤样热流曲线对应的特征温度

表 5-4　初始温度 70℃时不同应力下煤样的特征温度

特征温度	应力/MPa				
	0	5	10	15	20
T_1/℃	76.19	76.84	77.10	77.88	78.22
T_2/℃	139.79	138.05	142.38	138.37	139.66

从图 5-14 和表 5-5 中可以得出，初始温度 80℃时，煤氧化反应过程初始放热温度 T_1 的变化趋势与初始温度 40℃时相同，随应力的增加，煤初始放热温度先增大后减小然后继续增大，并在 15MPa 时达到最小值，说明 15MPa 应力下在初始氧化阶段的进程比较快，升温速率较高，在较低的温度下即可进入缓慢氧化阶段。此初始温度条件下，煤的特征温度 T_2 在 15MPa 应力之前随应力的增加先增大，随后开始减小。从表 5-5 可以看出，与 0MPa 相比，5MPa、10MPa、15MPa、20MPa 应力时煤氧化反应的特征温度 T_2 分别增加了 0.44℃、4.41℃、0.01℃、–3.40℃。可以发现，15MPa 应力对煤在缓慢氧化阶段的反应产生的影响比较小，10MPa 应力时煤的特征温度 T_2 明显增大，说明此应力下煤氧化反应升温比较慢，需要的温度范围更大，而 20MPa 应力下则相反。

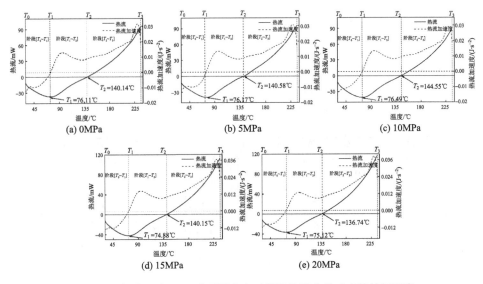

图 5-14　初始温度 80℃时不同应力下煤样热流曲线对应的特征温度

表 5-5　初始温度 80℃时不同应力下煤样的特征温度

特征温度	应力/MPa				
	0	5	10	15	20
T_1/℃	76.11	76.17	76.49	74.88	75.12
T_2/℃	140.14	140.58	144.55	140.15	136.74

综合以上分析，绘制出不同应力下煤随初始温度升高其特征温度 T_1 的变化曲线，如图 5-15 所示。可以看出，0MPa 应力（无应力状态）时，煤的特征温度 T_1 随初始温度的升高整体呈现下降趋势，且在初始温度 80℃时下降到最小值。说明初始温度的升高加快了煤氧化反应的进程，缩短了煤在缓慢氧化阶段的反应时间。5MPa 应力时，煤的特征温度 T_1 随初始温度的升高整体呈现出先下降后上升的变化趋势，且在初始温度 50℃时下降到最低，随着初始温度继续升高，煤的特征温度 T_1 波动上升。应力增加到 10MPa 时，煤的特征温度 T_1 随初始温度的升高整体也呈先降低后升高的变化，并在初始温度 60℃时下降到最小值。应力达到 15MPa 时，特征温度 T_1 随初始温度的升高呈倾斜的倒 "V" 形变化趋势，且在初始温度 60℃时达到最大值，随后开始降低。应力增加到 20MPa，煤的特征温度 T_1 在初始温度 70℃之前呈左倾的 "V" 形变化，即先减小再增大，并在初始温度 60℃时达到极小值拐点，初始温度继续升高超过 70℃以后，煤的特征温度 T_1 又开始减小。

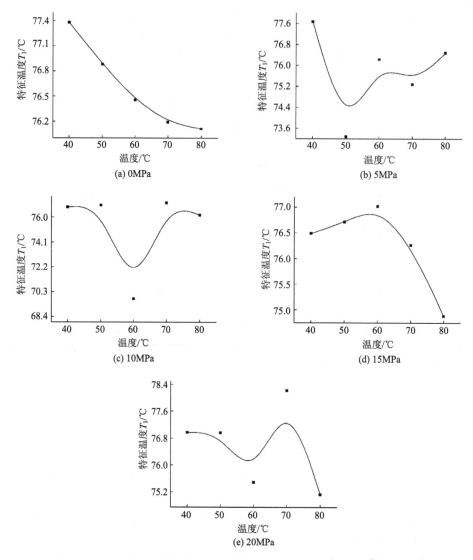

图 5-15　不同应力下煤氧化过程中特征温度 T_1 随初始温度升高的变化图

由此可以总结出，0MPa（无应力作用）时，煤氧化反应的特征温度 T_1 随初始温度的升高逐渐降低；5MPa 和 10MPa 应力时，均呈现倾斜的 "V" 形变化趋势，初始放热温度的极小值点对应的温度分别为 50℃ 和 60℃；15MPa 应力时，T_1 随初始温度的升高呈倒 "V" 形变化趋势，10MPa 应力下的极小值点变成 15MPa 应力时的极大值点；应力继续增加，初始温度小于 70℃ 时，呈现出与 10MPa 应力时相似的变化趋势，且在初始温度 60℃ 达到极小值，随后先升高后降低。

2. 应力-温度作用对煤氧化放热量的影响分析

煤氧反应进程超过初始放热温度点以后，煤分子表面活性结构开始活化并参与反应，煤氧化反应在合适的温度下已经能够自动蓄热升温，此时化学吸附和化学反应速率开始上升，活性官能团开始参与反应形成中间络合物和次级活性基团。这些中间络合物结构不稳定，容易受热发生分解，释放出较多的热量，使煤体开始氧化蓄热并加速升温，增加了煤自燃的危险性。同时，温度继续升高，煤分子活性结构及官能团侧链、桥键、芳环等结构断裂，迅速释放出大量的热量，使煤热流值呈指数型增长，由此可以看出，对煤在初始放热温度点以后的放热量的分析也很重要。因此，使用 C600 软件对实验数据进行处理，得到煤在程序升温过程中热量积累的变化值，同时，绘制出应力一定时，不同初始温度下煤氧化升温过程的放热量积累的变化曲线，如图 5-16 所示。

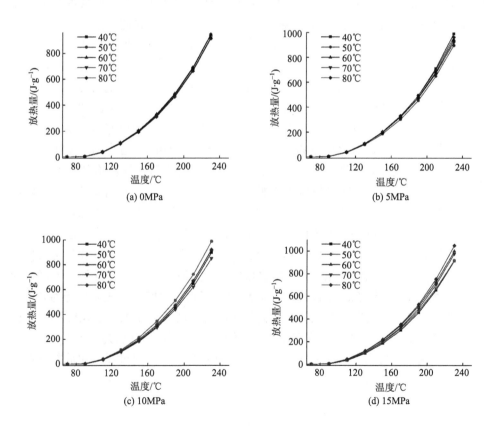

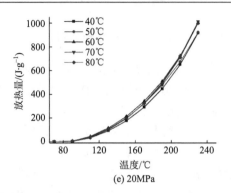

图 5-16　不同初始温度时煤在不同应力下随温度升高的氧化放热量积累图

　　可以看出，不同初始温度作用下，各煤样随温度升高的热量积累变化趋势相似，均呈现出指数型增长的趋势。煤在缓慢氧化阶段和快速氧化阶段的热量变化与煤的变质程度有很大的关系，煤的变质程度越高，或者说越稳定，氧化反应过程需要吸收的热量就越多，原因是变质程度高的煤其表面活性结构比较稳定，其活化需要的温度更高且吸热量更大，导致煤放热量的降低。0MPa 应力时，随着温度的升高，不同初始温度下煤的放热量积累曲线差别不大，说明初始温度对煤在缓慢氧化阶段和快速氧化阶段的反应过程影响很小。随着应力的增加，不同初始温度下煤的放热量积累曲线逐渐表现出一定的差异性。为更好地反映各煤样在缓慢氧化阶段和快速氧化阶段的热量积累变化规律，绘制了应力超过 0MPa 之后煤的总放热量变化趋势图，如图 5-17 所示。5MPa 应力时，与初始温度 40℃情况下相比，50℃、60℃、70℃和 80℃初始温度下煤的放热量均有所降低，且初始温度为 50℃时煤氧化总放热量最小。初始温度小于 70℃时，煤的总放热量随初始温度的升高整体呈先减小后增大的变化趋势，且在初始温度 50℃时煤的总放热量达到最小值。10MPa、15MPa 时，这两种应力条件下煤的总放热量变化趋势类似，均先增加再减小然后继续增加，且总放热量的极大值拐点分别为 50℃和 60℃。应力继续增加超过 15MPa 以后，煤的总放热量随初始温度增加的变化趋势为先增大后减小，此时极大值拐点对应的初始放热温度为 70℃。10MPa、15MPa 和 20MPa 应力下煤氧化放热量的极大值拐点对应的初始放热温度分别为 50℃、60℃和 70℃，这说明高应力（≥10MPa）下，随着应力的增加，促进煤氧化放热量增加的初始温度范围增大。

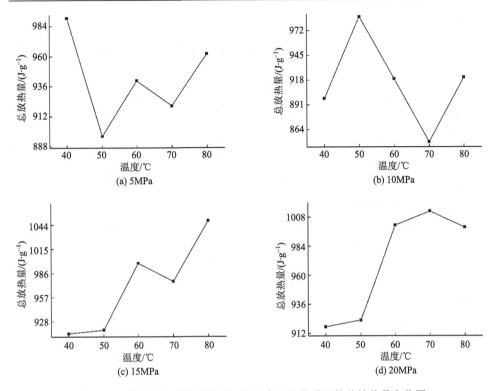

图 5-17　不同应力时煤在不同初始温度下氧化升温的总放热量变化图

5.4　应力-温度作用下煤的微观结构特征分析

煤低温氧化过程中表现出的各种宏观特征与其微观结构特征有着密切的联系。本节通过对不同应力和不同温度下煤氧化处理后的红外光谱图进行研究，然后对比分析不同应力和不同温度下煤的微观结构特性，对于研究应力-温度作用下煤氧化反应过程的影响规律具有重要意义，也可用于验证前面章节所开展实验结果的准确性。

5.4.1　应力-温度作用下煤官能团测试结果

煤参与氧化反应时，煤分子表面的活性官能团与氧分子发生反应，消耗旧的官能团和产生新的官能团，同时释放出热量。煤红外光谱吸收谱峰的位置和强度的变化反映了煤分子中官能团的种类和含量变化，当煤表面活性官能团与一定浓度的氧分子接触，并在适宜的条件下发生反应，会造成其种类和含量发生变化，最终导致煤的吸收光谱发生改变。因此，对煤红外光谱图的分析尤为重要。

　　图 5-18 和图 5-19 分别为煤样在不同应力和温度下氧化处理后的红外光谱图。

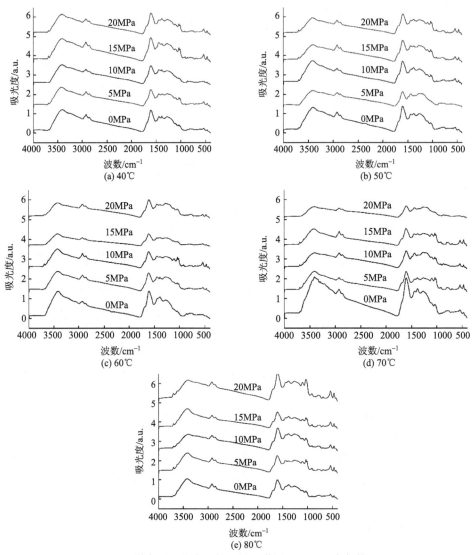

图 5-18　煤在不同应力下的红外光谱图（不同温度条件下）

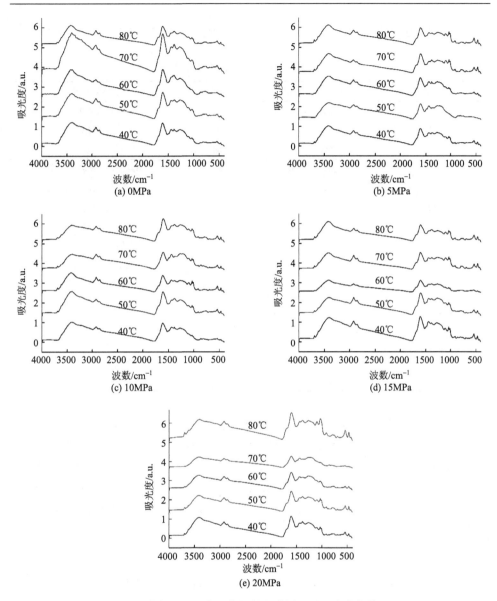

图 5-19　煤在不同温度下的红外光谱图（不同应力条件下）

5.4.2　煤中主要官能团分析

综合前人在红外光谱分析方面的研究成果，得到煤分子表面官能团对应的谱峰位置分布，如表 5-6 所示。由图 5-18 和图 5-19 可以看出，煤在不同的应力和温度下氧化处理后，其红外光谱图的谱峰强度和谱峰位置等产生了一定的差异，表明了不同应力-温度作用下的煤样其含有的官能团的种类和数量有一定的差异。

表 5-6　官能团特征峰归属表

光谱峰类型	谱峰位置/cm⁻¹	官能团种类	官能团归属
羟基	3697~3625	—OH	游离羟基
	3624~3613	—OH	缔合羟基
	3550~3200	—OH	分子间氢键
脂肪族碳氢化合物	2975~2950	—CH₃	甲基的不对称拉伸运动
	2940~2915	—CH₂	亚甲基的不对称拉伸运动
	2870~2845	—CH₂	亚甲基的对称拉伸运动
	1470~1430	—CH₃	甲基变形振动
	1380~1370	—CH₃	甲基变形振动
芳香族化合物	3085~3030	Ar—CH	芳香族—CH 拉伸运动
	1625~1575	C=C	芳香环的 C=C 拉伸运动
	900~700	Ar—CH	芳香族—CH 面外拉伸运动
含氧官能团	1790~1715	C=O	羰基拉伸运动
	1715~1690	—COOH	羧基拉伸运动
	1270~1230	Ar—O—C	芳香族氧化物拉伸运动
	1210~1015	C—O—C	脂肪族醚拉伸运动

　　煤分子的结构非常复杂，其红外光谱图中官能团的谱峰范围具有一定的叠加性，因此对煤样的红外光谱进行分峰拟合，以分离叠加的谱峰。红外谱图主要存在羟基官能团、脂肪烃结构、含氧官能团、芳香烃结构 4 种类型的吸收峰，本节仅对主要特征谱峰进行分析，对 5MPa 应力和 40℃温度作用下煤的红外光谱进行分峰拟合，拟合效果图如图 5-20 所示，其他煤样的红外光谱图拟合方法相同。

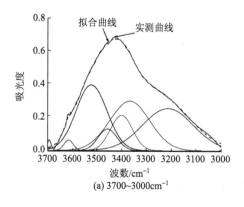

(a) 3700~3000cm⁻¹

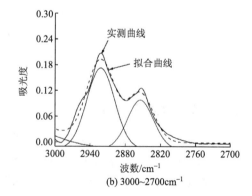

(b) 3000~2700cm⁻¹

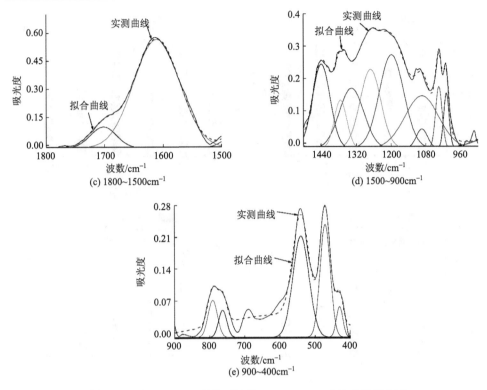

图 5-20　5MPa、40℃条件下波段 3700~400cm^{-1} 的分峰拟合图

5.4.3　应力-温度作用下煤中官能团的演变规律分析

1. 羟基

羟基在煤氧反应过程中活性非常高，羟基对煤氧化过程的影响很大。在煤氧化反应的初始阶段羟基就开始参与反应而被消耗，同时其他官能团在参与反应的过程中也会生成羟基，造成了羟基官能团含量的波动变化。在 3697~3625cm^{-1} 处的吸收峰归属于游离—OH；在 3624~3613cm^{-1} 处的吸收峰归属于缔合—OH；3550~3200cm^{-1} 处的吸收峰归属于分子间—OH。图 5-21 为不同温度下煤受不同应力加载作用时其分子表面羟基的含量变化规律。

由图 5-21（a）可以发现，波段 3697~3625cm^{-1} 处游离—OH 和 3624~3613cm^{-1} 处的吸收峰面积非常小，而 3550~3200cm^{-1} 处分子间—OH 的吸收峰面积较大，且与煤中羟基总含量的变化趋势一致。说明煤分子中的羟基官能团以分子间羟基为主。

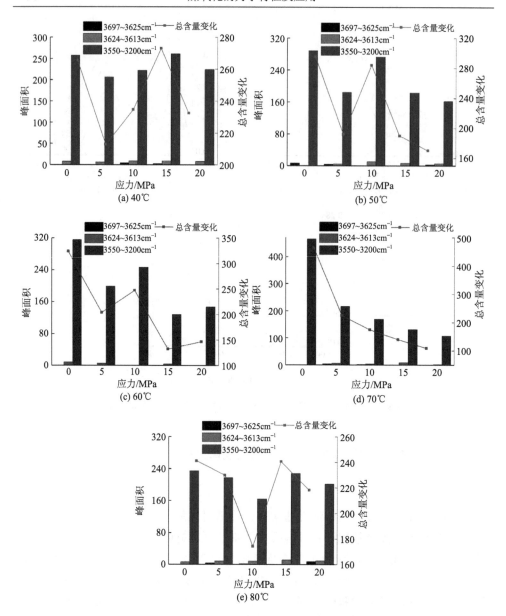

图 5-21　不同温度时煤在不同应力下的羟基含量变化图

　　40℃时，煤中羟基官能团含量呈先降低后升高再继续降低的变化趋势。当应力增加到 5MPa 时，煤颗粒之间的缝隙被压缩，渗透率大幅度下降，降低了气体的流动性，导致煤的蓄热能力增强，煤温逐渐升高，煤分子中游离羟基开始参与到氧化过程中使其含量迅速下降。当应力增加到 10MPa 和 15MPa 时，煤颗粒在应力的作用下相互挤压，逐渐发生破碎，渗透率继续下降，蓄热条件更好，在羟基被消耗的同时，煤分子的脂肪烃侧链也在氧分子的攻击下不断参与反应，从而生成大量的羟基官能团，使羟基官能团的总含量在 15MPa 时达到最大值。随着应力继续增大，煤颗粒可能发生二次破碎，此时的煤颗粒较小，在应力的作用下重新排列，封堵了渗流通道，氧分子很难渗入煤内部孔隙和裂隙，从而抑制了煤与氧气的反应。因此，煤分子结构的脂肪烃侧链与氧气的反应能力减弱，导致羟基官能团的产量降低，羟基官能团的消耗量逐渐超过羟基的产生量，所以应力超过 15MPa 后羟基官能团的含量开始下降。

由图 5-21（b）和（c）可以发现，当温度升高到 50℃和 60℃时，煤中羟基官能团的含量在 0～15MPa 呈现出相似的变化规律，即先降低后升高再降低。煤羟基官能团含量在应力为 10MPa 时达到峰值，说明此时煤氧反应剧烈，煤分子的活性较高。温度对煤中羟基含量的变化有着很大的影响，温度升高时煤羟基含量峰值对应的应力点由 15MPa 提前到 10MPa。这是因为温度的升高加快了煤中水分的蒸发和气体的解析，大量孔隙空出导致煤体坍塌的速度加快，因此小颗粒煤越来越多，增加了煤氧接触的比表面积，使煤氧反应进程加速，最终羟基峰值对应的应力点提前。当温度为 60℃时，煤中羟基官能团含量在应力超过 15MPa 后表现出上升的趋势，这可能是由于温度的升高加速了煤中水分的蒸发，煤中原有孔隙空出，增大了煤分子与氧气的接触面积，加速了煤的氧化，从而导致羟基官能团的增加。

由图 5-21（d）可以发现，70℃时，煤中羟基官能团的含量随应力的增大逐渐降低，且降低趋势逐渐变缓。70℃为煤氧反应的临界温度，应力的增大使渗透率持续下降，为煤氧反应提供了良好的蓄热条件，此时煤中大量官能团被活化并开始参与到煤氧反应过程中，羟基官能团具有较高的活性，因此在此温度下持续被消耗导致含量降低。而应力增大过程中，渗透率的持续降低也使煤与氧气的接触逐渐变得困难，最终使羟基官能团的生成被抑制，所以降低趋势变缓。

由图 5-21（e）可以发现，温度超过 70℃以后，羟基官能团含量又继续表现出与 40℃时相似的变化趋势，此时羟基官能团含量最小值和最大值对应的应力点分别为 10MPa 和 15MPa，说明温度的升高降低了煤氧反应对应力的敏感性，使羟基官能团含量的最小值点向后延迟。总的来说，温度小于 70℃时，随着应力的增大，温度的升高使煤中羟基含量的峰值点提前，温度超过 70℃以后，羟基含量的最小值点出现延迟。

从图 5-22（a）可以看出，0MPa（无应力状态）时，煤体处于松散状态，此时羟基官能团总含量随温度的升高先增加后减少，其最大值在温度为 70℃时出现，温度超过 70℃以后，其总含量开始下降。原因是温度的升高加快了煤颗粒间气体的流动，使煤与氧分子充分接触并发生反应，加快了羟基官能团的生成，造成羟基官能团总量不断增加。温度达到 70℃时，大量的活性官能团被活化并参与氧化反应，且羟基官能团活性较高，在蓄热良好的情况下，一旦与氧气接触就迅速反应，导致羟基官能团的大量消耗。

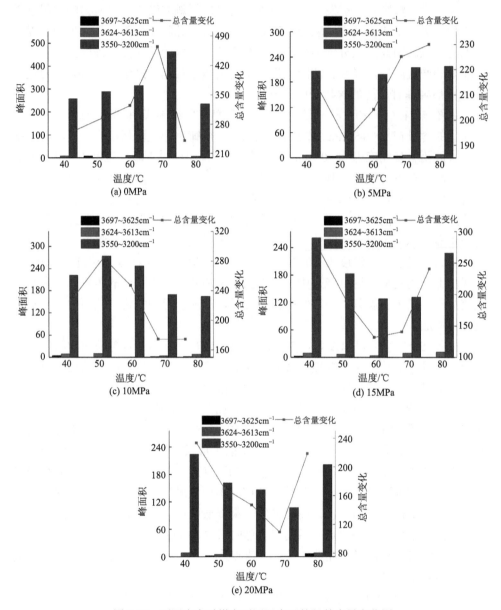

图 5-22　不同应力时煤在不同温度下的羟基含量变化图

从图 5-22（b）可以看出，应力由 0MPa 增加到 5MPa 时，随温度的升高羟基官能团总含量表现出先减小后增大的变化趋势，与 0MPa 时变化趋势相反。原因是松散的煤颗粒在应力的作用下被压实，气体宏观渗透通道的减少抑制了氧气的扩散，煤氧反应受到抑制导致羟基官能团产量降低，而渗透率的下降也使煤体具有良好的蓄热条件，煤温不断升高使氧化速率不断加快，羟基官能团消耗量增加，其消耗量大于产生量，因此羟基总含量下降。温度超过 50℃ 以后，水分蒸发速率不断加快，被其占有的孔隙不断空出，有利于氧分子的扩散，因此煤氧化反应速率不断加快，这导致煤分子侧链与氧气碰撞频率增加，生成羟基官能团开始增加。

从图 5-22（c）可以看出，应力从 5MPa 增加到 10MPa 时，羟基官能团含量变化规律与 0MPa 应力时相似，表现为先增大后减小的变化趋势，在温度 50℃ 时羟基官能团含量最大，此后不断下降。原因是当应力增加到 10MPa，煤颗粒由压实状态开始发生破碎，氧分子不断渗入煤的孔隙和裂隙，煤氧化速率随着温度的升高不断加快，羟基官能团的生成量不断增大。随着温度继续升高，水分的蒸发使煤的强度不断降低，在应力的作用下煤的孔隙和裂隙不断发育从而加快了煤的破碎过程，煤与氧气反应速率加快的同时也导致系统供氧不足，最终造成羟基官能团的生成量小于消耗量，羟基官能团含量下降。温度超过 70℃ 时，系统供氧不足既使羟基的消耗减弱，又削弱了煤分子官能团侧链与氧分子反应生成羟基的强度，因此此后羟基官能团的含量基本维持不变。

从图 5-22（d）和（e）可以看出，应力分别增加到 15MPa 和 20MPa 时，煤中羟基官能团总含量的变化趋势相似，均为先减小后增大，且其最小值对应的温度点分别为 60℃ 和 70℃。这是因为应力增加到 15MPa 以后，破碎的煤体受应力作用再次被压实，气流渗透通道的迅速减少导致煤氧反应处于缺氧状态，羟基官能团的生成量迅速下降，使其含量降低。此外，随着水分不断蒸发，温度的升高也会使煤的可塑性增强，煤的孔隙和裂隙受到应力作用不断发育贯通，氧气不断渗入并攻击脂肪烃侧链，最终羟基官能团含量不断上升。此外，随着应力的增加，羟基官能团最小值对应的温度点由 60℃ 变为 70℃，说明应力超过 15MPa 以后，应力继续增加会降低煤氧反应对温度的敏感性，使羟基官能团含量的最小值点向后延迟。

综上可以看出，应力为 0MPa 和 10MPa 时，煤体均处于较松散状态，不同的是应力为 10MPa 对应的煤颗粒粒径较小。当应力从 0MPa 增加到 10MPa 时，温度的升高对煤氧反应先促进后抑制，羟基官能团含量的最大值点从 70℃ 降低到 50℃，说明煤体处于较松散状态时，小颗粒煤与氧气接触面积更大，在应力-温度的共同作用下更易与氧气反应，在较低的温度下即可达到羟基官能团含量的最大值点。

5MPa、15MPa 和 20MPa 应力下，煤颗粒基本处于压实状态，煤样粒径大小关系为 5MPa＞15MPa＞20MPa，煤的粒径是逐渐减小的。此时温度的升高对煤氧反应均表现出先抑制后促进，应力从 5MPa 增加到 15MPa 再增加到 20MPa 时，羟基官能团含量的最小值点从 50℃升高到 60℃和 70℃。这说明煤体处于基本压实状态下时，煤颗粒越小，气体渗透通道被封堵得越严重，氧气的渗透难度越大，最终导致小颗粒煤与氧气反应时需要更高的温度条件，这正是羟基官能团含量最小值对应的温度点从 50℃逐渐升高到 60℃和 70℃的原因。

2. 芳香烃

3085～3030cm^{-1} 峰值区间归属于芳香族—CH 拉伸运动；1650～1712cm^{-1} 峰值区间属于芳香环的 C═C 拉伸运动；900～700cm^{-1} 峰值区间归属于芳香族—CH 面外拉伸运动。

从图 5-23 可以看出，芳香烃结构的三种特征峰在不同的温度条件下随应力增大呈现出不同的变化趋势。不同温度下煤中吸收峰位置在 3085～3030cm^{-1} 的—CH 芳香烃官能团含量一直都比较低且变化不大，原因是煤分子中的芳香烃结构稳定，与氧分子接触不易被破坏，其含量处于不断波动变化中。吸收峰位置在 1650～

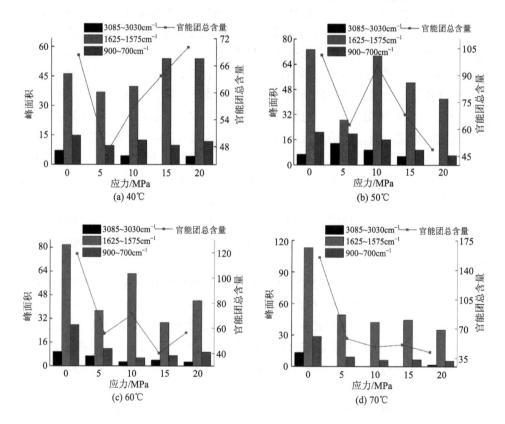

(a) 40℃　　　　　　　　　　　　　　(b) 50℃

(c) 60℃　　　　　　　　　　　　　　(d) 70℃

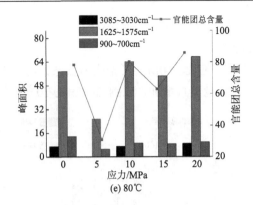

图 5-23　不同温度时煤在不同应力下的芳香烃含量变化图

$1712cm^{-1}$ 的 C=C 芳香烃官能团含量非常高,其变化趋势与芳香烃官能团总含量变化趋势一致。这是因为 C=C 是煤分子的核心结构,其稳定性高,不易被破坏,因此在煤结构中含量较高。煤氧反应过程中,脂肪烃侧链的氧化会导致煤芳香烃结构含量的增加。

由图 5-23(a)可以发现,40℃温度条件下,应力从 0MPa 增加到 5MPa 时,煤中 C=C 官能团总含量首先表现出降低的趋势,并在 5MPa 应力时达到最小值,随后开始增加。原因是 5MPa 应力下煤颗粒被压实造成渗透率迅速降低,煤蓄热条件良好,加快了芳香烃结构的发育,但渗透率的迅速下降也使空气渗入煤体更加困难,从而抑制了脂肪烃侧链的氧化,使 C=C 官能团的生成量降低。应力超过 5MPa 后,煤颗粒逐渐破碎,空气渗入煤体内部加快了反应进程,此时脂肪烃侧链不断被氧化,导致 C=C 官能团含量增加。随应力继续增大,煤颗粒越来越小,气体渗透通道被封堵,煤氧化反应受到抑制,因此 C=C 官能团含量生成速率变缓直至下降。

温度升高到 50℃和 60℃[图 5-23(b)和(c)]时,在应力达到 15MPa 之前,煤中 C=C 官能团总含量均先下降后上升然后继续下降。这表明温度升高到 60℃时,应力的增加使煤颗粒压实状态和破碎状态改变的同时,煤的氧化能力也在不断发生改变,造成了 C=C 官能团总含量的上升和下降。与 50℃相比,60℃下煤样对应的 C=C 官能团的总含量在应力超过 15MPa 开始呈现上升趋势,说明此温度下煤与氧气的反应能力仍然在继续增强。

70℃时,水分蒸发速率加快,煤孔隙和裂隙在应力的作用下开始发育、贯通,使气体的运移通道增加,加速了煤的氧化。此外,在此温度条件下,参与氧化反应的活性官能团数量增加,由此释放出的大量热量加速了煤体的坍塌,最终造成煤分子芳香烃结构的破坏,使 C=C 官能团总含量下降[图 5-23(d)]。

由图 5-23(e)可以看出,温度超过 70℃以后,低应力(0MPa、5MPa)下

C═C 官能团总含量降低，而应力增加到 10MPa、15MPa 和 20MPa 时煤中 C═C
官能团含量开始波动上升。

从图 5-24 可以看出，应力为 0MPa（无应力状态）时，温度的升高促进了芳
香烃官能团的生成，其含量一直增加，直到温度超过 70℃开始下降。应力增加到

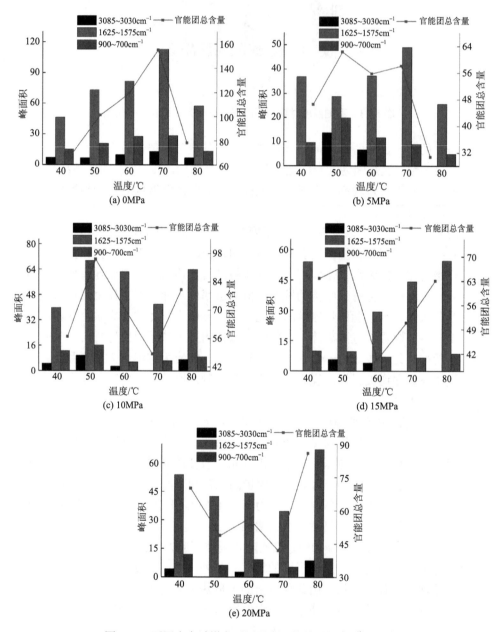

图 5-24　不同应力时煤在不同温度下的芳香烃含量变化图

5MPa，此时煤中芳香烃官能团总含量的整体变化趋势与初始应力为 0MPa 时相似，即先增加后减少。应力增加到 10MPa 和 15MPa 时，这两种应力下煤中芳香烃官能团总含量的变化类似，随温度升高均先增加后减小然后再增加，而应力从 10MPa 增加到 15MPa 的过程中，煤中芳香烃官能团总含量的最小值对应的温度从 70℃变成 60℃。应力继续增加到 20MPa，煤中芳香烃官能团总含量变化与 5MPa 时的趋势相反，即整体呈现先减小后增大的趋势，且在 60℃时有增加的波动趋势。

3. 脂肪烃

$2975\sim2915cm^{-1}$ 峰值区间归属于甲基和亚甲基的不对称拉伸运动；$2870\sim2845cm^{-1}$ 峰值区间归属于亚甲基（—CH_2）的对称拉伸运动；$1470\sim1430cm^{-1}$ 峰值区间归属于甲基（—CH_3）变形振动；$1380\sim1370cm^{-1}$ 峰值区间为甲基（—CH_3）变形振动。

从图 5-25（a）和（b）可以明显看出，随着应力的增加，40℃、50℃时煤结构中甲基和亚甲基的不对称拉伸运动峰面积、亚甲基的对称拉伸运动峰面积及脂肪烃官能团总含量均呈现先降低后升高然后降低的趋势。应力小于 10MPa 时，脂肪烃官能团总含量整体呈下降趋势，应力超过 10MPa 以后，其总含量开始增加。原因是应力超过 10MPa 时，煤颗粒在应力的作用下破碎并逐渐参与氧化过程，由于煤分子的脂肪烃长链在初始阶段较多，煤分子脂肪烃长链随应力的增大及煤氧化程度的加深而逐渐发生断裂，使甲基和亚甲基不对称拉伸运动峰面积及亚甲基的对称拉伸运动峰面积增加，脂肪烃官能团的总含量增大。应力进一步增加时，煤与氧气接触困难，氧化受到抑制，甲基和亚甲基的消耗速率逐渐高于生成速率，最终脂肪烃官能团的总含量开始下降。60℃和 70℃下煤中脂肪烃官能团总含量变化整体呈下降趋势，二者分别在 15MPa 和 20MPa 条件下达到最小值[图 5-25（c）和（d）]。温度继续升高，脂肪烃官能团总含量呈现出"W"形变化趋势，在应力超过 15MPa 后，脂肪烃官能团总含量继续增加[图 5-25（e）]。

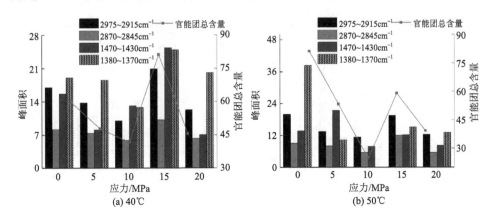

(a) 40℃　(b) 50℃

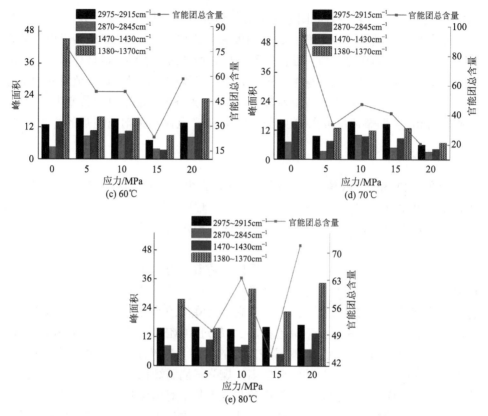

图 5-25　不同温度时煤在不同应力下的脂肪烃含量变化图

从图 5-26 可以看出，0MPa 时，随温度的升高，煤结构中甲基和亚甲基的不对称拉伸运动峰面积、亚甲基的对称拉伸运动峰面积及脂肪烃官能团总含量均整体呈现出先升高后降低的趋势，脂肪烃官能团总含量在 70℃时最大。应力为 5MPa时，脂肪烃官能团总含量先增大后减小再增大，呈现出波形变化规律。应力增加到

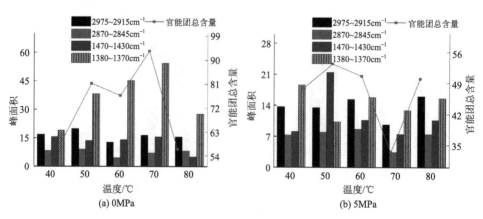

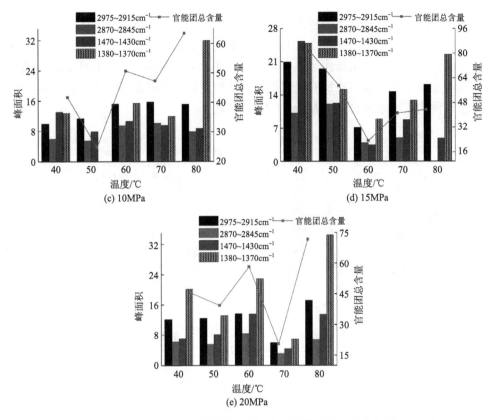

图 5-26 不同应力时煤在不同温度下的脂肪烃含量变化图

10MPa 和 15MPa 以后，随温度升高，煤脂肪烃官能团总含量表现出先降低后升高的趋势。应力继续增大，煤脂肪烃官能团总含量随温度升高继续波动变化。说明在一定的应力条件下，温度的升高影响了煤的氧化，促使甲基和亚甲基含量发生变化，但不同应力条件下温度对煤氧化进程的影响并不是一直促进或者一直抑制的。

4. 含氧官能团

$1790 \sim 1715 \mathrm{cm}^{-1}$ 峰值区间归属于醛、酮、酸、醌类羰基（C=O）拉伸运动；$1715 \sim 1690 \mathrm{cm}^{-1}$ 峰值区间归属于羧基（—COOH）拉伸运动；$1270 \sim 1230 \mathrm{cm}^{-1}$ 峰值区间归属于 Ar—O—C 芳香族氧化物拉伸运动；$1210 \sim 1015 \mathrm{cm}^{-1}$ 峰值区间归属于 C—O—C 脂肪族醚拉伸运动。

由图 5-27 可以看出，在不同的温度下，应力作用对煤样氧化后含氧官能团的总含量变化影响不同。煤中 $1210 \sim 1015 \mathrm{cm}^{-1}$ 脂肪族醚拉伸运动峰面积较大，与含氧官能团总含量变化趋势较一致。温度小于 50℃时，随着应力的增大，煤分子中的含氧官能团总含量整体上表现为先降低后升高，呈 "V" 形变化。60℃时，随应力增大，煤中含氧官能团总含量的变化逐渐复杂，其先分别在 5MPa 和 15MPa 时出现两次含量降低，并在 15MPa 应力条件下降低到最小。温度升高到 70℃ 和 80℃ 以后，这两种温度条件下煤中含氧官能团总含量整体上分别表现为递减趋势和递增趋势，即呈现出相反的变化趋势。此外，在这两种温度条件下，含氧官能团总含量均在初始应力为 10MPa 时达到峰值拐点。

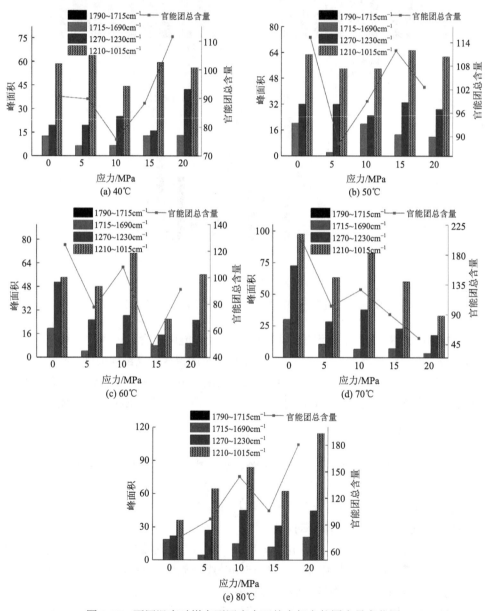

图 5-27　不同温度时煤在不同应力下的含氧官能团含量变化图

从图 5-28（a）中可以看出，0MPa 时，温度升高到 70℃以前，含氧官能团的总含量随温度升高而不断增加，说明无应力作用条件下，温度作用促进了煤分子中含氧官能团的生成，而温度继续升高到 70℃以后，含氧官能团加速消耗，造成其含量迅速下降。应力增加到 5MPa 时，煤中含氧官能团总含量整体上先降低后

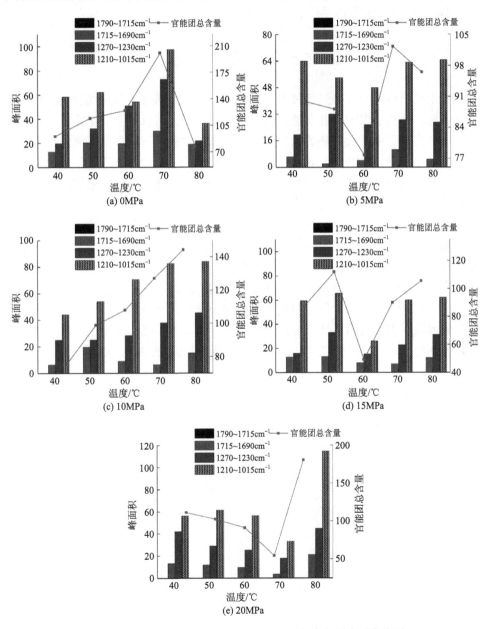

图 5-28　不同应力时煤在不同温度下的含氧官能团含量变化图

升高[图 5-28（b）]。应力为 10MPa 时，煤中含氧官能团总含量随温度升高始终上升，说明此应力状态下，温度升高促进了含氧官能团的产生，使其含量加速积累[图 5-28（c）]。初始应力增加到 15MPa 和 20MPa 时，煤含氧官能团总含量的增长趋势整体呈"V"形变化，这两种应力条件下，其最小值分别出现在 60℃和 70℃条件下[图 5-28（d）和（e）]。

5.5　本 章 小 结

本章采用傅里叶红外光谱技术，通过对不同应力-温度下氧化煤样的红外光谱进行研究，分析了煤中主要官能团的变化规律，得到了以下主要结论。

（1）煤分子中缔合羟基的含量较高，在低应力条件下就参与了氧化反应，造成其含量的下降。0MPa 和 10MPa 应力下，煤分子在 40℃时就开始生成大量的羟基，而 5MPa、15MPa 和 20MPa 应力作用下，煤分子开始生成羟基官能团的温度逐渐升高，即煤需要的活化温度升高。

（2）分析发现，温度为 70℃时，随着应力的增大，煤分子结构中羟基、芳香烃、脂肪烃及含氧官能团的含量整体上均下降。说明此温度条件下，应力的作用使煤暴露出大量的活性位点，与氧气接触迅速参与了反应，消耗了大量的活性基团，进而造成煤分子结构中多种官能团含量的降低。

（3）10MPa 应力下，随温度的升高，煤分子中的含氧官能团含量持续升高，煤的破碎暴露出大量的活性位点，而温度的升高降低了煤的强度，加剧了煤的破碎，这两种因素共同导致煤中含氧官能团含量的持续增加。

第6章 不同应力下遗煤二次氧化自燃特性研究

为了研究不同应力作用下遗煤二次氧化的自燃特性,分别对从山西朔州取回的煤样进行预加载,从而获得相应的不同应力的煤样。基于此,本章分别从氧化特性及热特性两方面来研究其自燃特性,针对不同初始应力下遗煤在升温氧化过程中氧气的消耗量、指标性气体的产生量进行其氧化特性规律的研究,以及不同初始应力下遗煤在热释放过程中特征温度、放热量、活化能等方面进行其热特性规律的研究。

6.1 不同应力条件下遗煤二次氧化指标性气体衍生规律

以从山西朔州取回的煤样为研究对象,分别对试验用样施加 0~15MPa 的应力(梯度为 3MPa),然后进行程序升温实验,采集不同温度时产生的气体,并用气相色谱仪进行分析。煤在低温氧化过程中,与氧的复合作用包括物理吸附、化学吸附和氧化反应,且每个阶段气体产生的数量及种类有所不同。从实验数据中可以看出 CO、CO_2 是煤氧化反应生成的主要气体,并且 CO 贯穿整个氧化反应,所以通常作为煤自燃的指标性气体。另外,O_2 作为煤氧复合反应必不可缺的物质,对于煤氧反应起着至关重要的作用,因此 O_2 浓度的变化不可忽视,所以为了获得不同应力条件下遗煤二次氧化指标性气体的衍生规律,主要从耗氧速率、指标性气体浓度等方面进行分析研究。

1. 耗氧速率分析

氧气是煤氧化自燃的三要素之一,在煤自燃过程中扮演着重要的角色,氧气浓度的高低对煤氧复合反应的快慢有着直接的影响。在程序升温氧化实验中,进出口的浓度差代表着氧气的消耗量,出口浓度越低表明氧气消耗量越大,煤氧复合反应越剧烈。通过对煤样室出气口中氧气浓度的测定,计算出煤样耗氧速率,得到不同应力条件下遗煤二次氧化耗氧速率随温度升高的变化规律,计算公式见式(5-1)。

氧化升温过程中,在应力作用下,随着温度的升高,出口气体流量开始逐渐降低。在氧化升温初期,温度较低,煤氧反应进行比较缓慢,消耗氧气较少,同时出口气流量下降也较为缓慢;当温度升高时,煤氧反应逐渐变得剧烈,煤氧反应消耗了大量的氧气,此时出气口的流量迅速降低,达到某一温度后再继续升温,出气口的流量变化变得微弱,记录此温度(160℃),超过此温度后出口气体流量基本为零，此时出口气体已经不足以保证气相色谱分析的正确性，因此在本节中气体分析只考虑 160℃之前的结果。

在不同应力条件下遗煤二次氧化的程序升温实验过程中，耗氧速率随温度的变化规律如图 6-1 所示。

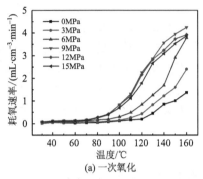
(a) 一次氧化

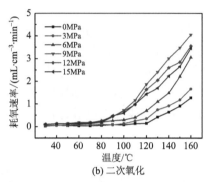
(b) 二次氧化

图 6-1   不同应力下耗氧速率随温度的变化规律

从图 6-1 中可以得出，氧化升温初期，耗氧速率随着温度的升高只有微弱的改变，且不同应力在前期均使耗氧速率增加。从氧气浓度来看，一次氧化前期耗氧速率较低，氧气的消耗量较少，随着温度的升高，煤氧反应进入后期，氧气浓度迅速降低，氧气的消耗量快速增加；相对于一次氧化，二次氧化前期的氧气浓度低，氧气的消耗量大，而后期的氧气浓度高，氧气消耗量小。二次氧化过程中煤样氧气浓度的变化情况同一次氧化有着相同的趋势，二次氧化前期的氧气浓度低于一次氧化，后期的氧气浓度高于一次氧化。

耗氧速率是一种能够表征煤氧化性强弱的特征参数。由图 6-1 可知，当煤温在 80℃之前，耗氧速率的变化不大。在一次氧化过程中，高应力（9～15MPa）在 80℃时耗氧速率开始增加，而低应力在 100℃左右时开始增加；二次氧化在氧化反应的初期耗氧速率大于一次氧化，但其临界温度相对于一次氧化有所提前，在氧化反应的后期，二次氧化的耗氧速率明显小于一次氧化。在一次氧化过程中，9MPa 的耗氧速率最大，当应力低于 9MPa 时，随着应力的增加耗氧速率开始逐渐加强，当应力超过 9MPa 时，随着应力的增加耗氧速率开始减弱，所以随着应力的增加耗氧速率呈先增加后降低的变化趋势；在二次氧化过程中，耗氧速率同一次氧化有着相同的变化趋势。

造成这种现象的原因是：在氧化反应的前期，煤样的蓄热环境温度较低，煤氧反应进行得比较缓慢，此时以物理吸附为主，耗氧速率较低；随着温度的升高，煤氧化学反应占据主导地位，煤氧反应开始变得剧烈，因此耗氧速率呈指数上升。当应力增加时，煤体的破碎程度变大，煤颗粒之间的空隙率增加，所以煤样在反应初期吸附氧气的能力变强，当煤氧反应进入后期，煤氧发生化学反应消耗大量氧气，低应力（0～9MPa）的煤样颗粒受应力作用破碎，和氧气的接触面积变大，更容易发生氧化反应，而高应力（9～15MPa）的煤样，煤颗粒破碎形成更小的颗粒，这些更小的颗粒填充了大颗粒之间的空隙，随着应力的增加，破碎煤体经历着破碎-压实的过程，所以随着应力的增加耗氧速率呈现先增加后降低的变化趋势。煤体经过氧化后，其煤质变得疏松，水分含量减少，原本水分占据的空间现在变成孔隙，增大了和氧气接触的比表面积，所以二次氧化初期的耗氧速率大于一次氧化；一次氧化同时也消耗了大量的活性基团，使得活性官能团数量减少，因此二次氧化后期的耗氧速率低于一次氧化。

2. CO、CO₂ 气体浓度分析

煤氧化反应主要的宏观特征是产生热量和释放气体。其中，产生的 CO 气体大多是煤氧化和裂解产生的，煤体本身赋存的极少；CO_2 气体除了氧化和裂解产生外，煤中原本存在的氧化物受热分解时也会释放，故 CO_2 气体量较大，在初始反应阶段即可检测出。因此，在煤的氧化反应过程当中通常将 CO 和 CO_2 作为指标性气体。

随着温度的升高，CO、CO_2 快速释放，通过采集的数据可绘制出 CO、CO_2 浓度随温度变化的情况，如图 6-2 和图 6-3 所示。

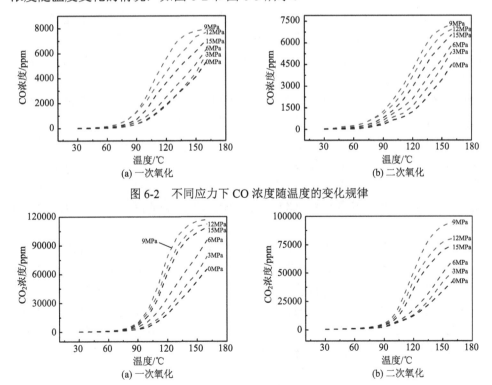

图 6-2　不同应力下 CO 浓度随温度的变化规律

图 6-3　不同应力下 CO_2 浓度随温度的变化规律

由图 6-2 可知，一次氧化过程中，不同应力处理下煤样氧化生成 CO 的量随温度升高而逐渐增多，氧化反应前期，在 70℃之前 CO 浓度增加缓慢，基本呈线性增加；在 70℃之后 CO 浓度迅速增加，在反应的后期呈指数型增长。二次氧化所产生的 CO 和一次氧化呈现相同的变化趋势，但相比于一次氧化 CO 浓度拐点由 70℃前移至 60℃。

由实验结果分析，一次氧化时不同应力处理后的煤样，其氧化产生的 CO 随应力的递增呈现先增大后减小的变化规律，9MPa 时 CO 的产生量最大，但后期增长的趋势减弱，二次氧化呈现相同的变化趋势。一次氧化的 CO 浓度前期低于二次氧化的 CO 浓度，但一次氧化后期的 CO 浓度大于二次氧化。造成这种现象的原因是：随应力的增加，煤体经历一个破碎到压实的过程，在低应力（小于9MPa）时，应力越大破碎程度越高，其与氧气接触的比表面积就越大，煤氧复合反应进行得就越彻底。在高应力（大于 9MPa）时，应力越大，破碎的颗粒形成更小的粒径，填充在较大粒径之间，这时再受到应力作用，填实的破碎煤体被逐渐压实，与氧气的接触面积减小，氧化反应减弱。此时，随应力的递增，CO 浓度呈现先增大后减小的变化趋势，9MPa 时，CO 浓度最高，但后期增长的趋势减弱，因为 9MPa 时反应更加剧烈，需要消耗更多的氧气，而氧气的含量已经不足以支撑此时剧烈的氧化反应，所以 CO 增长势头有所减慢。而一次氧化消耗了大量的活性基团，活性基团含量减少，但同时一次氧化使煤质变得疏松，消耗了煤体中的水分，增加了煤体和氧气接触的比表面积，所以二次氧化前期的 CO 浓度高于一次氧化，后期却低于一次氧化。

煤体本身就赋存一部分的 CO_2 气体，所以在实验开始初期就能检测到 CO_2。从图 6-3 可以看出，一次氧化和二次氧化在不同应力下 CO_2 浓度随温度的变化均呈现逐渐增大的趋势，在氧化初期（80℃之前），CO_2 浓度变化不大，呈线性增长；温度升高到 80℃之后，CO_2 浓度迅速增加，呈指数型增长。在一次氧化过程中，随应力的增加，CO_2 浓度呈先增加后降低的变化趋势，二次氧化和一次氧化呈相同的变化趋势，但二次氧化中 CO_2 浓度变化由慢到快的温度拐点相对滞后，在90℃。

由图 6-3 可知，在一次氧化过程中，CO_2 浓度随应力的增加呈先增大后降低的变化规律，二次氧化也呈此变化规律，一次氧化前期的 CO_2 浓度小于二次氧化，但一次氧化后期 CO_2 的浓度大于二次氧化，且均是在 9MPa 时浓度最高，表现出低应力促进、高应力相对抑制的现象。其原因是：在低应力（小于 9MPa）时，煤样颗粒被破碎程度增加，此时煤体的空隙率相对减小，这样煤样的导热系数相对增加，再加上煤体破碎增大了与氧接触的比表面积，煤氧反应变得相对容易；当应力为 9MPa 时，其氧化反应的剧烈程度达到最高，CO_2 的浓度最高，但后期的增长趋势减慢，因为 9MPa 下反应最为剧烈，需要消耗更多的氧气，而氧气的含量已经相对不足，所以后期 CO_2 增长趋势有所减缓；当应力继续增加时，因被破碎得更小的煤颗粒填补空隙，煤样几乎被压实，其与氧气的接触面积减小，煤氧化反应减弱，CO_2 的生成量相对减少。因为一次氧化消耗了煤分子中大量活性基团，羧基、脂肪烃的含量降低，所以一次氧化生成的 CO_2 高于二次氧化，但一次氧化也疏松了煤质，为二次氧化前期反应提供了和氧气的接触面积，让二次氧化前期生成的 CO_2 高于一次氧化。

6.2　不同应力条件下遗煤二次氧化热特性研究

6.2.1　不同应力条件下遗煤低温氧化热过程随温度变化规律

我们称单位时间内通过某一横截面的热量为热流。将热流数据对时间做微分求得 dHF，即热释放加速度。对不同应力下的煤样做升温速率为 $1℃·min^{-1}$ 的氧化放热测试，可以得到如图 6-4 和图 6-5 所示的热流曲线和 dHF 图。

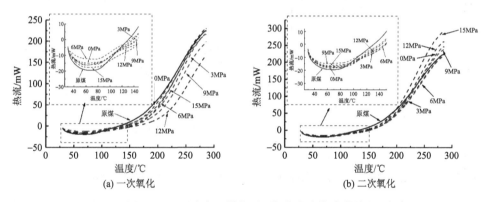

图 6-4　不同应力下煤体不同氧化程度热流曲线

通过对实验数据的研究分析，不同氧化程度下不同应力的煤样在低温氧化过程中的热流值具有相同的变化趋势。在升温的初始阶段热流值均降低，原煤的吸热量最大，在一次氧化中 6MPa 时吸热最少；而在二次氧化中 9MPa 时吸热量最少，这是因为在煤低温氧化初期，水分蒸发会吸收热量，而放出的热量是由煤物理吸附作用所产生的，放热相对较小，因此这个阶段的热流值为负值。随着温度的升高，化学吸附作用逐渐增强，其放出的热量要大于物理吸附作用，所以热流值逐渐上升，在放热过程中，一次氧化中 12MPa 时放热最小，二次氧化中 6MPa 时放热最小。当温度达到 280℃ 左右时，热流达到最大值，在氧化过程中煤分子中的各种官能团的消耗与形成影响了热流的走势。

不同应力条件下的煤样 dHF 曲线变化规律整体相同，如图 6-5 所示，随着氧化程度和应力的增加，dHF 到达最高值时的温度大致相同，均在 250℃左右。但可以明显地看出，在前期吸热阶段一次氧化中 6MPa 的 dHF 最大，二次氧化中9MPa 的 dHF 最大；在后期放热过程中一次氧化和二次氧化均呈现先减小后增加的大致趋势，一次氧化中 12MPa 的 dHF 最小，0MPa 的 dHF 最大；二次氧化中3MPa 的 dHF 最小，15MPa 的 dHF 最大；且无论是一次氧化还是二次氧化，应力作用都明显地增加了 dHF 的最大值，且均大于原煤。原因是随着应力的增加，煤体的破碎程度增加，比表面积增大，煤分子裂隙发育更为明显，其化学键、官能团等受到应力的作用而发生断裂，暴露出了更多的活性官能团，从而加速了煤氧复合反应，宏观表现为热释放加速度最值均大于原煤的最大值。

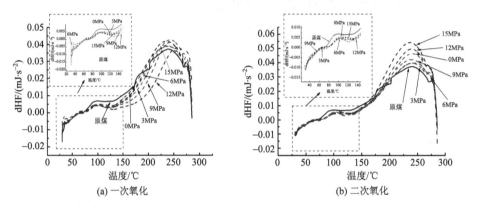

图 6-5　不同应力下煤体不同氧化程度 dHF 图

6.2.2　不同应力条件下遗煤低温氧化热过程随温度变化的分段特征

通过对煤低温氧化过程热流曲线的研究分析，在 30～300℃温度区间内，找到了 2 个特征温度点，从而将热流曲线分为 3 个阶段，如图 6-6 所示，分别为原煤、一次氧化和二次氧化煤样的分段特征。T_0 为实验的起始温度点，随着反应的进行，热流随温度的升高逐渐降低到最小值 T_1，此时 dHF 为零，放热速率和吸热速率达到一致，所以 T_1 是反应的初始放热温度点。在 T_0 到 T_1 之间是煤样低温氧化的吸热阶段，因为煤中含有水分，在升温的初始阶段，煤中的水分会蒸发而吸收大量的热量，所以在反应初期热流值呈现下降的趋势，相对应的宏观表现为吸热，为煤低温氧化的吸热阶段。当温度大于 T_1 时，煤样的放热速率开始逐渐大于吸热速率，热流曲线呈上升趋势。随着热流曲线的上升，热流值逐渐增大，当热流值达到零时，到达第二个特征温度点 T_2，T_2 之前以吸热为主，宏观表现为吸热阶段，T_2 之后放热速率大于零，放热量大于吸热量，主要表现为放热，宏观表现为放热阶段。所以 T_2 作为吸热阶段和放热阶段的临界温度，为第二个特征温度点。

在 $T_1 \sim T_2$ 阶段 dHF 值比较小，整体吸热大于放热，煤低温氧化比较缓慢，为缓慢氧化阶段。经过 T_2 后热流值增长较快，到达 250℃左右，热释放加速度达到最大值，之后加速度变小，热流的增长变缓慢，但热流值维持在较高的数值，最终到达终止温度 T_3，$T_2 \sim T_3$ 为加速氧化阶段。

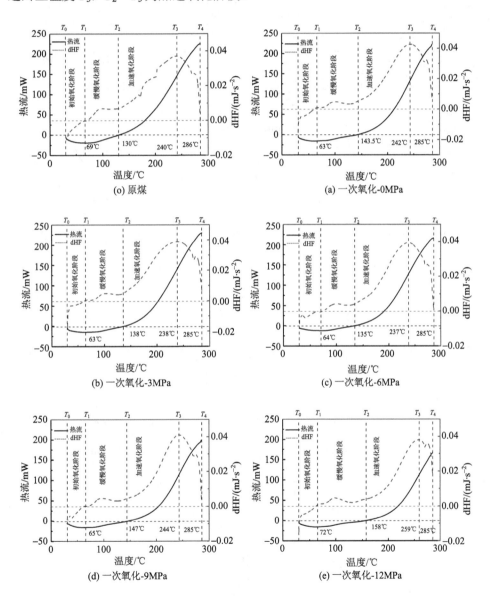

(o) 原煤

(a) 一次氧化-0MPa

(b) 一次氧化-3MPa

(c) 一次氧化-6MPa

(d) 一次氧化-9MPa

(e) 一次氧化-12MPa

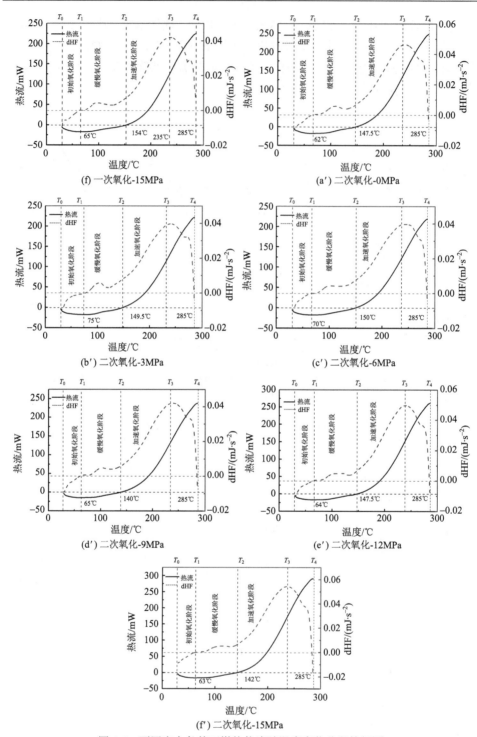

图 6-6　不同应力条件下煤体热流随温度变化分段特征图

对相同应力下的原煤[图 6-6（o）]、一次氧化煤样[图 6-6（a）～（f）]、二次氧化煤样[图 6-6（a'）～（f'）]下热流和热释放加速度进行分析，得到各个特征温度点如表 6-1 所示。随着氧化程度的增加，初始放热温度点 T_1 相对于原煤有向前推移的趋势，二次氧化相对于一次氧化初始放热温度点 T_1 向前推移，说明一次氧化能使煤反应更加充分，从而使特征温度点 T_1 相较原煤提前，这是由于一次氧化过程中水分蒸发，使得二次氧化煤样中水分含量降低，而水分蒸发使吸热作用降低，水分蒸发之后，煤样的孔隙增加进而和氧气的接触面积增大，加快了煤氧复合反应，证明在低温氧化期间氧化过后更利于热量的积累。相较于原煤临界温度 T_2 随着氧化程度的加深而有所滞后，二次氧化相对于一次氧化也呈滞后现象，整体呈现出增长趋势，说明在没有外力作用的情况下，随着氧化过程的进行，煤的低温氧化临界温度呈现出增长趋势，即临界温度点 T_2 向后推移。这是因为二次氧化过程中需要断裂煤分子内部的烷基侧键、桥键、含氧官能团等化学键，以及活连接性官能团的化学键，这些键的断裂需要更高的热量积累。因此，一旦达到这个热量阈值，煤的氧化反应会加速，反应更加彻底，从而释放出更多的热量。

表 6-1　不同应力下煤氧化反应的特征温度点

煤样	T_1/℃	T_2/℃	一次氧化/MPa	T_1/℃	T_2/℃	二次氧化/MPa	T_1/℃	T_2/℃
原煤	69	130	0	63	143.5	0	62	147.5
			3	63	138	3	75	149.5
			6	64	135	6	70	150
			9	65	147	9	65	140
			12	72	158	12	64	147.5
			15	65	154	15	63	142

在相同的氧化程度下，对不同应力情况下的热流和热释放加速度进行分析，得到各个特征温度点如表 6-1 所示。随着应力的增加，在一次氧化时初始放热温度点 T_1 大致呈现先增加后降低的趋势，造成该趋势的原因是煤体受到应力的作用，煤体的孔隙结构发生变化，孔隙率增加，更多的活性官能团暴露在空气中，应力越大煤体的破碎程度越高，孔隙的发育更加完善，煤氧反应也更快，初始放热温度就会前移。但不是应力越大煤样氧化效果就越强，当应力到达一定程度后，随着应力的变化许多大孔、中孔、小孔不同程度地遭到破坏，微孔数量增加，造成氧的吸附减弱，当破坏程度很高，但对于实验的煤量 1kg，通氧量 100mL·min^{-1} 相对较小，造成氧气含量不足，从而使煤样发生大量热解，形成相抑制的表现，所以整体表现为先增加后降低的趋势。

在二次氧化时初始放热温度点 T_1 大致呈现先增加后降低的趋势，但最大值相较于一次氧化的 12MPa 提前到了 3MPa。原因是氧化过的煤体再次氧化时，当应力很小时，一次氧化过程中水分蒸发，使得二次氧化煤样中水分含量降低，而水分蒸发使吸热作用降低，水分蒸发之后，煤样的孔隙增加，进而和氧气的接触面积增大，加快了煤氧复合反应，随着应力的增加，煤体的孔隙结构发生变化，孔隙率增加，更多的活性官能团暴露在空气中，一次氧化就会反应掉煤分子表面大量的活性基团，所以需要更多的热量达到初始放热温度点。但在高应力情况下，因为一次氧化煤样的热解占据主要部分，再次通入氧气时，迅速地发生氧化反应，所以二次氧化在低应力时初始放热温度点后移，而高应力前移。此外，应力与氧化能力非线性正相关，而是氧化能力随应力变化呈"驼峰"状变化。

6.2.3 不同应力条件下遗煤低温氧化放热量随温度的变化特征

对热流曲线做积分可得煤氧化的放热量。从实验结果可以得到煤样从 30℃ 到 300℃ 放热量的变化曲线，如图 6-7 所示。

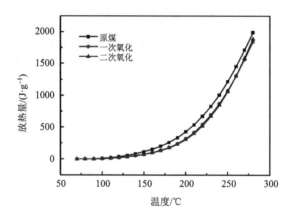

图 6-7　不同氧化程度下放热量随温度的变化

通过对不同氧化程度下煤样的研究分析，放热量的增长趋势大致相同，都是由慢到快。这是由于在温度较低时，煤样主要靠物理吸附和化学吸附产生热量，由吸附而产生的热量相对于氧化反应来说较小，并且在低温时，煤体因为刚开始升温，不能迅速地使所有的煤样均匀受热，而随着温度的升高，氧化反应开始进行，煤样受热也更加均匀，导致煤样放热量增长速率呈现逐渐上升的趋势。

不同应力下煤样放热量随温度的变化情况如图 6-8 所示，在一次氧化的过程中，随着应力的增加，放热累积量呈先减小后增加的趋势，并在 12MPa 这一应力下达到最低。这是由于随着应力的增加，煤体在孔隙体积压缩的同时，颗粒间发生错位、滑动，甚至发生断裂等，进一步破碎，使大颗粒变成小颗粒，而小颗粒煤体受应力作用孔隙结构发生变化。应力越大煤样的破碎程度越大，裂隙发育越完全，参加煤氧反应的煤分子也随之增加，但由于实验煤样为 1kg，而空气通入量是 100mL·min^{-1}，造成氧气不够充分而发生煤的热解反应，煤在热解过程中消耗大量的热量，所以放热量随应力的增加而减小，到 12MPa 时达到最低值，当应力再增加时，煤样的孔隙可能遭受破坏被压实，大孔、中孔、小孔的数量减少，在有限的空气通入量中放热量相对增大，所以整体表现为放热量随应力的增加先减小后增大，呈"勺子"状。而在二次氧化中，由于一次氧化消耗了煤分子中大量的水分，而且氧气可能不够充足，当二次氧化再次通入氧气时，煤分子中的活性基团会迅速和氧结合，发生煤氧复合反应，低应力时由于一次氧化消耗掉部分活性基团，所以二次氧化的放热量在低应力下呈减小的趋势，在 6MPa 时成为转折点，在 6MPa 之后，煤样的破碎程度足够大，而由于一次氧化在高应力时已发生热解反应吸收过部分热量，再次在同样的氧气通量情况下，煤与氧气迅速反应，并释放大量的热量。所以二次氧化的放热量随应力的增加呈先减小后增加的趋势，但相比一次氧化放热量最低点 12MPa，二次氧化的放热量最低点前移到 6MPa，变化趋势呈"对钩"状。

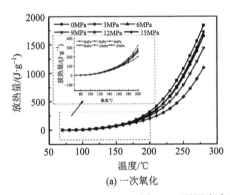 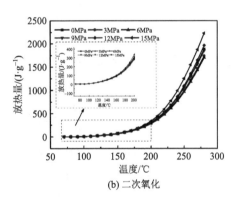

(a) 一次氧化　　　　　　　　　　　　(b) 二次氧化

图 6-8　不同应力下放热量随温度的变化

6.2.4　不同应力条件下遗煤二次氧化热分析动力学

目前在热分析领域常用的动力学方法中，化学反应速率可以用式（6-1）表示：

$$\frac{\mathrm{d}x}{\mathrm{d}t} = k(T)f(x) \tag{6-1}$$

式中，x 为化学反应转化率；t 为时间，s；$k(T)$ 为反应速率常数，s^{-1}；T 为热力学温度，K；$f(x)$ 为动力学函数。

由阿伦尼乌斯（Arrhenius）公式可知：

$$k(T) = A\exp\left(\frac{-E_a}{RT}\right) \tag{6-2}$$

式中，A 为指前因子，s^{-1}；E_a 为反应活化能，$kJ \cdot mol^{-1}$；T 为热力学温度，K；R 为气体常数，取 $8.314 J \cdot K^{-1} \cdot mol^{-1}$。

假设反应符合反应级数模型，则 $f(x)$ 可表示为

$$f(x) = (1-x)^n \tag{6-3}$$

式中，n 为反应级数。

将式（6-2）和式（6-3）代入式（6-1），得

$$\frac{\mathrm{d}x}{\mathrm{d}t} = A\exp\left(\frac{-E_a}{RT}\right)(1-x)^n \tag{6-4}$$

化学反应转化率 x 为

$$x = \frac{M_0 - M}{M_0} \tag{6-5}$$

式中，M_0 为反应物的初始质量，g；M 为反应物在任意时刻的质量，g。将式（6-5）代入式（6-4），得

$$-\frac{\mathrm{d}M}{M\mathrm{d}t} = A\exp\left(\frac{-E_a}{RT}\right)\left(\frac{M}{M_0}\right)^n \tag{6-6}$$

用 ΔH 表示单位反应物的反应放热量，单位为 $J \cdot g^{-1}$，则体系的反应放热速率为

$$\frac{\mathrm{d}H}{\mathrm{d}t} = \Delta H M_0 A\exp\left(\frac{-E_a}{RT}\right)\left(\frac{M}{M_0}\right)^n \tag{6-7}$$

在反应初期的化学反应速率较低，体系对反应物的消耗量较少，因此近似认为样品质量保持不变。式（6-7）简化后得到化学反应放热速率关系式为

$$\frac{\mathrm{d}H}{\mathrm{d}t} = \Delta H M_0 A\exp\left(\frac{-E_a}{RT}\right) \tag{6-8}$$

将式（6-8）两边取对数得

$$\ln\left(\frac{\mathrm{d}H/\mathrm{d}t}{\Delta H M_0}\right) = \ln A - \frac{E_a}{RT} \tag{6-9}$$

令 $y = \ln\left(\dfrac{\mathrm{d}H/Et}{\Delta H M_0}\right)$，$x = \dfrac{1}{T}$，$k = \dfrac{-E_a}{R}$，$b = \ln A$，可得直线：

$$y = kx + b \tag{6-10}$$

式中，k 为斜率；b 为截距。

将实验采集的温度、热流和放热量等数据代入式（6-9）并做 y 与 x 的关系图，再经线性回归处理，如图 6-9 所示。每组煤样的线性拟合相关系数 r^2 均大于 0.9，表明 y 与 x 具有较好的线性关系。由直线的斜率 k 求得反应物的活化能 E_a，由截

距 b 求得反应物的指前因子 A。

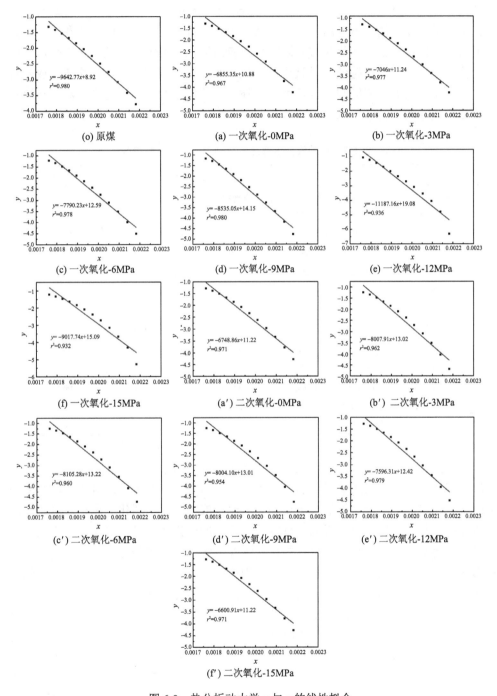

图 6-9　热分析动力学 y 与 x 的线性拟合

通过对煤氧化反应放热过程进行动力学分析，得到原煤[图 6-9（o）]、一次氧化煤样[图 6-9（a）~（f）]、二次氧化煤样[图 6-9（a′）~（f′）]拟合曲线，各个特征温度点如表 6-1 所示，同时获得了如表 6-2 所示的不同氧化和不同应力下煤样的拟合参数和活化能 E_a。煤氧化反应的活化能可定量表征煤在氧化过程中的反应速率，活化能越低，煤氧化反应越易发生且反应速率越快，伴随的放热特性越明显，煤的自燃倾向性也越大。此外，对活化能的分析还能进一步和热流及放热量规律相互验证。

表 6-2　不同应力下煤热分析动力学拟合方程参数

煤样	拟合曲线	k	b	r^2	$E_a/$（kJ·mol^{-1}）
原煤	$y=-9642.77x+8.92$	−9642.77	8.92	0.980	80.17
一次 0MPa	$y=-6855.35x+10.88$	−6855.35	10.88	0.967	57.00
一次 3MPa	$y=-7046.00x+11.24$	−7046.00	11.24	0.977	58.58
一次 6MPa	$y=-7790.23x+12.59$	−7790.23	12.59	0.978	64.76
一次 9MPa	$y=-8535.05x+14.15$	−8535.05	14.15	0.980	70.96
一次 12MPa	$y=-11187.16x+19.08$	−11187.16	19.08	0.936	93.01
一次 15MPa	$y=-9017.74x+15.09$	−9017.74	15.09	0.932	74.97
二次 0MPa	$y=-6748.86x+11.22$	−6748.86	11.22	0.971	56.11
二次 3MPa	$y=-8007.91x+13.02$	−8007.91	13.02	0.962	66.58
二次 6MPa	$y=-8105.28x+13.22$	−8105.28	13.22	0.960	67.39
二次 9MPa	$y=-8004.10x+13.01$	−8004.10	13.01	0.954	66.55
二次 12MPa	$y=-7596.31x+12.42$	−7596.31	12.42	0.979	63.16
二次 15MPa	$y=-6600.91x+11.22$	−6600.91	11.22	0.971	54.88

对活化能进行分析研究可知，随着氧化程度的增加，二次氧化的活化能＜一次氧化的活化能＜原煤的活化能，因为其活化能表示煤氧复合反应能够进行所需的最低能量，并且活化能的大小反映了氧化反应的速度，活化能越小，达到反应所需的能量就越低，煤氧反应就越容易进行，所以说经过氧化的煤样，再次氧化时会更容易氧化。原因是：经过氧化的煤样，煤中原有水分蒸发，其原本水分占据的空间暴露出来，和氧接触的比表面积增加，加速了煤氧复合反应。当氧化程度相同而施加不同应力时，一次氧化和二次氧化活化能均呈现先增大后减小的趋势，但相对于一次氧化的大幅度波动，二次氧化的波动幅度较小。其中，一次氧化在 12MPa 时活化能达到最大，为 93.01kJ·mol^{-1}，二次氧化相对前移至 6MPa 达到最大值，为 67.39kJ·mol^{-1}；在一次氧化时，随着应力的增加，煤的孔隙更为发育，煤分子中的活性官能团增多，煤氧更容易发生复合反应，但空气的通入量相对较低，随着孔隙发育的增加会造成氧气含量不足，大部分煤分子发生热解反应，

不同的官能团活性不同，剩余官能团要达到反应活性需要较高的能量，而再次氧化时，拥有了更多的热量，而且部分煤分子已发生热解反应，吸收了部分能量，当再次遇到相对充足的氧气时，能迅速发生煤氧复合反应。一次氧化的平均活化能为 $69.88kJ\cdot mol^{-1}$，二次氧化的平均活化能为 $62.45kJ\cdot mol^{-1}$，均低于原煤的 $80.17kJ\cdot mol^{-1}$，验证了氧化后的煤样再次氧化时更易氧化。

6.3　本章小结

本章通过对不同应力条件下的煤样进行程序升温实验和热释放实验，分析其耗氧速率、指标性气体及热特性的特征参数，得出了以下主要结论。

（1）一次氧化和二次氧化随应力的变化过程中其耗氧速率、CO 和 CO_2 浓度均随温度的升高而增加，且呈指数型增长；其与应力非线性正相关，随应力增加呈先增加后降低的变化规律，在 9MPa 时其氧化性最强。反应初期二次氧化的耗氧速率、CO 和 CO_2 浓度大于一次氧化，在氧化反应后期均小于一次氧化。

（2）随应力的增加初始放热温度呈先增大后减小的变化规律，呈"驼峰"状，且二次氧化的拐点提前；随应力的递增，放热量表现出先减小后增加的波动，一次氧化和二次氧化分别呈"勺子"和"对钩"状；随应力的增加活化能呈先增大后减小的变化，且二次氧化的平均活化能小于一次氧化的平均活化能。

（3）不同应力条件下遗煤二次氧化在前期均耗氧多，产生的指标性气体多，初始放热温度相比于一次氧化提前，活化能小于一次氧化，使得二次氧化的煤体更易氧化，更易自燃。

第7章 基于氧化损伤和热损伤的煤体力学特性变化规律

煤体作为一种多孔介质，在煤层开采后，在氧气、温度等外部环境的作用下发生不同程度的氧化，与原煤相比，经过煤氧复合作用后的煤体内部发生损伤，其力学特性发生变化。研究氧化煤体的力学特性对于实际围岩开挖、支护和围岩运移等具有重要的意义，是一项急需开展的基础性研究工作。研究不同氧化程度煤体的力学性质变化规律，可更加有效地解决工程中的实际问题。本章通过考察河南义马煤的特征温度，对原煤进行氧化预处理，利用岩石力学实验机全面系统地分析氧化煤体的力学特性演化规律。

7.1 实验条件及实验过程

煤样试件加工需经过钻芯、切割、打磨等一系列工艺。制样完毕后，对试样进行编号，编号完毕后放入真空干燥箱待下一步实验使用。试样的编号说明如下。

不同应力作用卸荷煤氧化特性实验，取 11 个 Φ50mm×100mm 煤样，编号采用"加载"的拼音缩写+数字的方式，其编号为 JZ-1～JZ-11。不同氧化程度煤的力学实验，需要 Φ50mm×100mm 煤样 60 个、Φ50mm×50mm 煤样 20 个，编号采用实验名称拼音缩写+氧化程度+数字的方式，其中单轴压缩实验的编号分别为 DZ-30-1～DZ-30-4、DZ-70-1～DZ-70-4、DZ-135-1～DZ-135-4、DZ-200-1～DZ-200-4 和 DZ-265-1～DZ-265-4，三轴压缩实验的编号分别为 SZ-30-1～SZ-30-3、SZ-70-1～SZ-70-3、SZ-135-1～SZ-135-3、SZ-200-1～SZ-200-3 和 SZ-265-1～SZ-265-3，巴西劈裂实验的编号分别为 BX-30-1～BX-30-4、BX-70-1～BX-70-4、BX-135-1～BX-135-4、BX-200-1～BX-200-4 和 BX-265-1～BX-265-4。

根据煤样的特征温度测试可知，由于取样的随机性和煤样的离散性，每个特征点温度都不一样，但相差不大。为了便于实验结果的对比，在每个特征点的两次测量温度间，任意选择温度值作为不同氧化程度煤的设定温度，最终选择的煤体氧化温度为 70℃、135℃、200℃和 265℃。将真空干燥箱中待氧化煤样按照以上温度梯度采用程序升温装置进行氧化处理，煤样氧化前后应记录实验煤样的质量、高度、直径和波速等参数。该系统釜体尺寸高 150mm，直径 60mm。釜体内每次能氧化一个 Φ50mm×100mm 煤样或两个 Φ50mm×50mm 煤样，升温氧化时将煤样试件置于煤样罐内。为了使测试煤样均匀氧化，且确保煤样在拆卸过程中避免机械碰撞，在煤样外用石棉将煤样均匀包住，尽量使石棉均匀填充煤样与罐体壁间的空隙。煤样按要求放置完毕后，将煤样罐置于程序控温箱内，然后连接好进气气路、出气气路，检查气路的气密性。设定程序升温的终止温度，同时开始通入空气，流量为 50mL·min^{-1}，当达到终止温度后，恒温 270min，然后终止加热，关闭气路，降温后，用保鲜膜密封煤样，待实验使用。其中，实验的终止温度分别为 70℃、135℃、200℃和 265℃。为了便于分析不同氧化程度煤体的各项参数，设置一组未氧化煤样（30℃条件下不进行恒温氧化处理）进行对比。

本章的主要研究目的是通过实验获得深部煤体的氧化特征和力学特性，进而为理论分析和数值模拟提供基础依据。实验流程如下所示。

（1）现场采集煤样，对煤样进行加工，共加工 Φ50mm×100mm 原煤实验煤样 60 个、Φ50mm×50mm 原煤实验煤样 20 个，并将煤样编号，编号方式如前所述，然后将煤样放入真空干燥箱中，待实验使用。

（2）利用程序升温和热重测试，获得义马煤的特征温度，结合义马煤的应力特征，分别对原煤试样进行氧化处理和预加载处理。

（3）利用不同应力处理后的煤样，开展不同应力卸荷煤氧化特性测试和孔隙参数测试，测试仪器包括 C600 微量热仪、程序升温设备和低场核磁共振仪。

（4）利用不同氧化处理后的煤样，开展氧化煤体的力学实验，实验内容主要包括单轴压缩、三轴压缩、巴西劈裂和冲击倾向参数测试。测试仪器主要为 RMT-150C 岩石力学试验系统。该实验是为获得不同氧化程度煤体的泊松比、弹性模量、抗压强度、应力-应变关系及破坏特征。主要实验步骤如下。①取编号为 DZ-30-1～DZ-30-4、DZ-70-1～DZ-70-4、DZ-135-1～DZ-135-4、DZ-200-1～DZ-200-4 和 DZ-265-1～DZ-265-4 的氧化煤样进行单轴压缩实验；安装试样并加装垂直位移计和径向位移计；实验过程中采用位移传感器记录实验位移。②应力加载：当施加轴向应力时，轴向变形速度为 0.002mm·s^{-1}，监测实验全过程数据，自动采集载荷与变形值，传感器采集应力及变形数据，采集频率是每秒 1 个，达到峰值破坏强度后的设定值即停止实验。实验机卸载更换试样，进行破坏后的试样拍照及记录描述。

7.2　氧化煤体单轴压缩实验结果

不同氧化程度的煤经过单轴压缩实验后，其抗压强度 R_C、弹性模量 E_T、泊松比 μ、压缩阶段最大应变 ε_0、峰值应变 ε_c、初始弹性模量 E_0 和割线模量 E_{50} 等力学参数如表 7-1 所示。

表 7-1　不同氧化程度煤体力学参数

煤样	R_C/MPa	E_T/GPa	μ	$\varepsilon_0/10^{-3}$	$\varepsilon_c/10^{-3}$	E_{50}/GPa	E_0/GPa
DZ-30-1	20.01	2.96	0.48	1.011	9.15	2.268	0.762
DZ-30-2	14.66	3.31	0.38	0.549	5.37	2.536	0.657
DZ-30-3	15.08	4.698	0.27	2.021	7.109	1.707	0.477
DZ-30-4	15.7	4.148	0.34	2.212	7.449	1.696	0.538
均值	16.36	3.78	0.37	1.45	7.27	2.05	0.61
DZ-70-1	15.27	2.49	0.36	2.866	8.912	1.42	0.328
DZ-70-2	15.58	2.51	0.21	2.552	8.54	1.478	0.368
DZ-70-3	14.22	2.22	0.34	4.242	10.298	1.05	0.3
DZ-70-4	13.29	2.15	0.37	3.658	9.304	1.129	0.269
均值	14.59	2.34	0.32	3.33	9.26	1.27	0.32
DZ-135-1	21.81	2.23	0.31	4.381	13.382	1.26	0.284
DZ-135-2	13.76	1.49	0.41	9.186	17.141	0.554	0.118
DZ-135-3	2.54	0.3	0.24	3.571	10.935	0.204	0.18
DZ-135-4	11.69	1.51	0.22	5.237	12.371	0.741	0.126
均值	12.45	1.38	0.30	5.59	13.46	0.69	0.18
DZ-200-1	10.22	1.273	0.35	7.272	14.575	0.484	0.12
DZ-200-2	4.3	0.39	0.21	8.285	18.49	0.171	0.1
DZ-200-3	7.03	0.839	0.29	6.913	13.415	0.4	0.113
DZ-200-4	7.7	0.732	0.2	6.913	16.003	0.421	0.16
均值	7.31	0.81	0.26	7.35	15.62	0.37	0.12
DZ-265-1	6.06	0.54	0.3	11.325	20.257	0.205	0.11
DZ-265-2	4.8	0.43	0.25	9.026	23.506	0.192	0.09
DZ-265-3	4.92	0.34	0.21	11.976	23.412	0.158	0.08
DZ-265-4	0.6	—	—	4.877	10.620	—	0.05
均值	4.10	0.44	0.25	9.30	19.45	0.19	0.08

7.2.1　氧化煤体单轴压缩应力-应变曲线

图 7-1 分别展示了原煤和经历了 70℃、135℃、200℃和 265℃的氧化煤的单轴压缩实验全应力-应变曲线。可以看出，原煤和经历了不同氧化处理的煤样，其应力-应变曲线基本都存在四个阶段，即压密阶段、线弹性阶段、屈服阶段和破坏阶段。在压密阶段，曲线呈上凹形，煤体应变随着应力增加而增加，此阶段煤体内本身固有的孔隙和裂隙在载荷作用下发生闭合。随着氧化程度的增加，压密阶段越长，说明随着氧化程度的加深，煤体内部的孔隙和裂隙也变多。在线弹性阶

段，伴随着小裂隙的产生-闭合-再产生-再闭合，直至裂隙贯通。

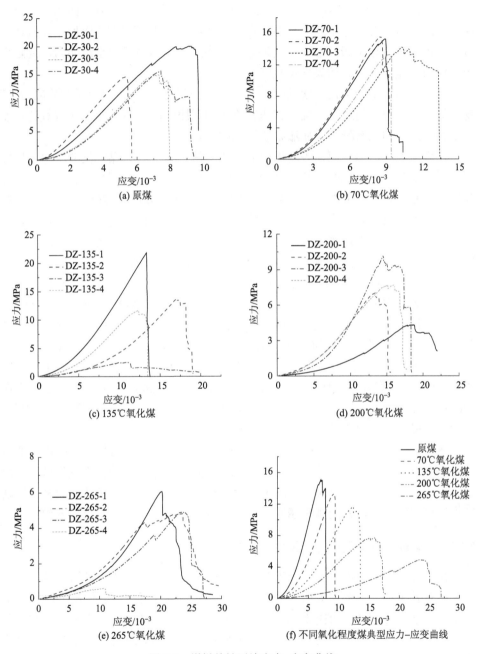

图 7-1　煤样单轴压缩应力-应变曲线

通过图 7-1（f）可得出随着氧化程度的增加，线弹性阶段的斜率呈减小趋势；在屈服阶段，随着应变的增加，应力的增幅降低，表现为应力-应变曲线已偏离线性，新裂隙与固有裂隙不断增长并贯通，煤体结构发生不可逆的变形；在破坏阶段，煤体内部裂隙贯通，形成宏观裂隙，应力达到煤体的极限承载能力，并随变形增加而迅速跌落，煤体失去承载能力。

综上所述，不同氧化程度的煤，其应力-应变曲线明显不同。原煤的应力-应变曲线表现出较好的线性特征，其压密阶段和屈服阶段并不明显，随着氧化程度的增加，煤样的压密阶段和屈服阶段更加明显。

在峰值附近，部分煤体表现出明显的"多峰效应"。原煤中仅 DZ-30-1 煤样表现出多峰效应；70℃氧化煤体中，仅 DZ-70-3 煤样表现出多峰效应；135℃氧化煤体中，DZ-135-2 和 DZ-135-4 煤样表现出多峰效应；200℃和 265℃氧化煤体中，各煤样均表现出多峰效应。因此，在峰值区域，随着氧化程度的增加，多峰效应越明显。这主要是由煤体本身缺陷和氧化损伤决定的。随着氧化程度加深，裂隙更加发育，在破坏阶段之前，主要表现为节理裂隙的闭合、扩展、再闭合。由于节理间岩桥的存在，节理每次贯穿岩桥就会表现出一个峰值，直至裂隙贯穿试样。

随着氧化程度的加深，其峰后应力跌落形式不同。原煤中，仅 DZ-30-4 煤样表现为阶梯式跌落；70℃氧化煤中，仅 DZ-70-1 煤体在破坏阶段表现为阶梯式跌落；135℃氧化煤体中，仅有 DZ-135-2 煤体在破坏阶段表现为阶梯式跌落，而 DZ-135-3 煤体的应力-应变曲线异常，可能是煤体中存在较大缺陷造成的；200℃氧化煤中，4 个煤样在破坏阶段均表现为阶梯式跌落；265℃氧化煤中，已不存在瞬时跌落和阶梯式跌落现象，表现为明显的峰后残余强度，塑性明显增强。因此，在破坏阶段随氧化程度的增加，应力跌落现象逐渐弱化或消失。

图 7-1（f）为从各组实验煤样中，选择力学参数接近组内平均值的煤样的应力-应变曲线。通过对比分析，得出随着氧化程度的增加，峰值强度逐渐降低，峰值应变逐渐变大，压密阶段应变逐渐变大，线弹性阶段的斜率（弹性模量）逐渐变小，峰值区域多峰效应越来越明显，峰后阶梯式跌落明显，残余强度增强。

7.2.2　氧化煤体单轴压缩力学特性

抗压强度、弹性模量、割线模量、初始弹性模量、泊松比等是衡量煤体力学特征的重要参数。本章主要研究的参数有抗压强度 R_c、弹性模量 E_T、割线模量 E_{50}、初始弹性模量 E_0、泊松比 μ、峰值应变 ε_c 和压密阶段最大应变 ε_0。对同一氧化条件下的力学参数计算均值，如表 7-1 所示，即得出煤体力学参数与不同氧化程度煤体的变化关系，如图 7-2、图 7-3 所示。

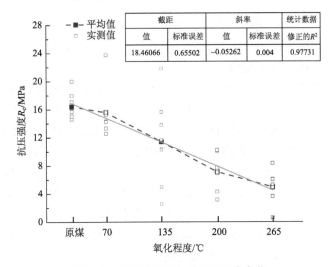

图 7-2　不同氧化程度煤抗压强度变化

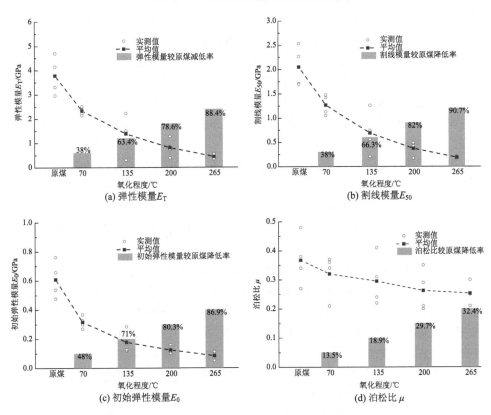

(a) 弹性模量 E_T

(b) 割线模量 E_{50}

(c) 初始弹性模量 E_0

(d) 泊松比 μ

图 7-3　氧化程度与单轴压缩变形参数关系

　　煤样经历了不同氧化处理后，其单轴抗压强度如图 7-2 所示。由于煤样各向异性，其抗压强度表现出一定的离散，但整体而言，随着氧化程度的增加，单轴抗压强度基本呈线性降低趋势。

　　原煤的单轴抗压强度为 14.66～20.01MPa，平均值为 16.36MPa；70℃氧化煤抗压强度为 13.29～15.58MPa，平均值为 14.59MPa；135℃氧化煤抗压强度为 2.54～21.81MPa，表现出较高的离散性，平均值为 12.45MPa；200℃氧化煤抗压强度为 4.3～10.22MPa，平均值为 7.31MPa；265℃氧化煤抗压强度为 0.6～6.06MPa，平均值为 4.10MPa。进一步分析 70～265℃氧化煤较原煤抗压强度分别降低了 10.82%、23.90%、55.32%、74.94%，其弱化系数分别为 0.89、0.76、0.45、0.25。从原煤到 70℃氧化煤，抗压强度的降低不明显，且存在一个煤样的抗压强度值大于原煤强度。从 70～200℃氧化煤抗压强度降低幅度增大，且基本呈线性。在 200℃达到拐点，200～265℃的氧化煤抗压强度降低趋势有所减缓。

　　煤体的单轴压缩过程可概括为煤体原始裂隙的闭合和新裂隙的产生、再闭合，直至裂隙贯通，并发生破坏。因此，应力-应变曲线并非线性的。在应力-应变曲线中，根据不同的定义，可获得初始弹性模量 E_0、割线模量 E_{50} 和弹性模量 E_T。

　　弹性模量 E_T，一般指应力-应变曲线线弹性阶段曲线的斜率，它反映了煤体基本物理成分抵抗变形的性能。由图 7-3（a）可知，随着氧化程度的增加，煤样的弹性模量逐渐变小。从原煤到 70℃氧化煤，弹性模量 E_T 平均值降低了 38%，降幅较明显，135℃、200℃、265℃氧化煤样弹性模量下降逐渐趋缓，较原煤分别降低了 63.4%、78.6%和 88.4%。

　　割线模量 E_{50} 是应力-应变曲线上对应于 $R_c/2$ 处点与原点连线的斜率，其反映了煤体的实际变形性状，代表煤体作为弹塑性体的变形特性。由图 7-3（b）可知，随着氧化程度的增加，煤样的割线模量平均值逐渐变小，其变化趋势与弹性模量基本一致，70℃、135℃、200℃、265℃氧化煤割线模量较原煤分别降低了 38%、66.3%、82%和 90.7%。

　　初始弹性模量 E_0 为加载初期非线性变形阶段应力-应变曲线在原点处的切线斜率，它反映了变形的初始阶段岩石中微裂隙被压密闭合时抵抗变形的能力。由图 7-3（c）可知，随着氧化程度的增加，煤样的初始弹性模量平均值逐渐变小，其变化趋势与弹性模量、割线模量基本一致，70℃、135℃、200℃、265℃氧化煤初始弹性模量较原煤分别降低了 48%、71%、80.3%和 86.9%。

　　泊松比 μ 为煤体在单轴压缩过程中，横向应变与纵向应变的比值。该值只适用于线弹性阶段，一旦煤体进入屈服阶段或破坏阶段后，泊松比即失效。由图 7-3（d）可以得出，实验煤样的泊松比具有较大的离散性，泊松比基本在 0.2～0.4。随着氧化程度的增加，煤样的泊松比平均值整体呈下降趋势，但下降不明显，值大小基本在 0.3 左右。70℃、135℃、200℃和 265℃氧化煤泊松比较原煤分别降低了 13.5%、18.9%、29.7%和 32.4%。

　　根据以上分析，煤体氧化后，不仅对抗压强度影响很大，而且对其他变形参数也有一定的影响。在本章中把氧化煤体在单轴压缩条件下的变形参数平均值与原煤的比值定义为氧化煤体变形参数降低系数。经计算分别得出了弹性模量降低系数 K_T、割线模量降低系数 K_{50}、初始弹性模量降低系数 K_0、泊松比降低系数 K_μ 及抗压强度软化系数 K_c，如表 7-2 所示。

表 7-2　不同氧化煤体强度软化系数与变形参数降低系数

煤样	K_T	K_{50}	K_0	K_μ	K_c
70℃氧化煤	0.62	0.62	0.52	0.87	0.89
135℃氧化煤	0.37	0.34	0.29	0.82	0.76
200℃氧化煤	0.22	0.18	0.22	0.71	0.45
265℃氧化煤	0.1	0.1	0.14	0.68	0.25

　　煤样强度软化系数和变形参数降低系数越小，表明氧化对煤样的弱化作用越明显。通过图 7-4 可以得出，随着氧化程度的增加，煤样强度软化系数和变形参数降低系数整体降低。当氧化温度为 70℃时，煤体的氧化程度较低，煤体中的高强度成分含量高，因此抗压强度软化系数和变形参数降低系数比较大，但随着氧化程度的加深，煤体中的高强度矿物含量逐渐降低，抗压强度软化系数和变形参数降低系数逐渐降低。由图 7-4 可得出，氧化对煤体抗压强度的影响最明显，其软化系数从 0.89 降低至 0.25；弹性模量、割线模量和初始弹性模量受氧化影响后的减小趋势基本一致；泊松比受氧化的影响不大。

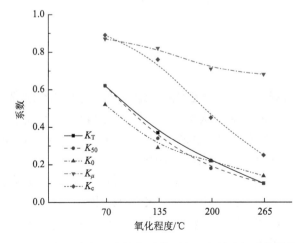

图 7-4　氧化程度与强度软化系数、变形参数降低系数的关系

7.2.3 氧化煤体单轴压缩应变特性

峰值应变、压缩阶段最大应变可以反映煤体变形过程中孔裂隙的演化规律。不同氧化程度煤的应变参数如表 7-1 所示。

峰值应变是煤体达到抗压强度时的应变值，它是表征煤体塑性情况的主要依据。峰值应变越大，试件的塑性越强；峰值应变越小，脆性越强。原煤和 70℃、135℃、200℃、265℃氧化煤的峰值应变平均值分别为 $7.27×10^{-3}$、$9.264×10^{-3}$、$13.457×10^{-3}$、$15.621×10^{-3}$ 和 $19.449×10^{-3}$。70℃、135℃、200℃、265℃氧化煤峰值应变较原煤分别增长了约 27.43%、85.10%、114.87%、167.52%。由图 7-5 分析得出，随着氧化程度的增加，峰值应变基本呈线性增长，说明煤体经过氧化后塑性增强，且氧化程度越高，塑性越强。这主要是由于氧化改变了煤体内部的孔隙结构，打破了煤体的完整性，从而表现出塑性特征。

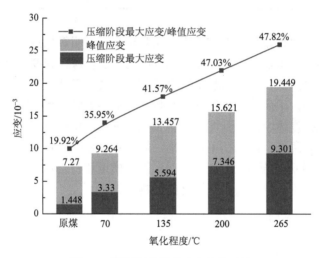

图 7-5　不同氧化煤体应变参数对比

为了进一步解释氧化对煤体造成的损伤，通过分析压缩阶段最大应变，即可得到氧化对孔隙结构的影响。压缩阶段的最大应变越大，说明氧化对煤体损伤越大，煤体内的孔隙结构越发育。原煤和 70℃、135℃、200℃、265℃氧化煤的压缩阶段最大应变平均值分别为 $1.448×10^{-3}$、$3.33×10^{-3}$、$5.594×10^{-3}$、$7.346×10^{-3}$ 和 $9.301×10^{-3}$。70℃、135℃、200℃、265℃氧化煤压缩阶段最大应变较原煤分别增长了约 129.97%、286.33%、407.32%、542.33%。由图 7-5 分析得出，随着氧化程度的加深，煤样的压缩阶段最大轴应变逐渐变大，压密阶段逐渐变长。

图 7-5 还显示了压缩阶段最大应变与峰值应变的比值关系。通过图 7-5 可以得出，随着煤体氧化程度的增加，压缩阶段最大应变与峰值应变的比值越来越大，

基本呈线性增加趋势，当氧化程度达到 265℃后，其比值基本接近 50%，进一步说明氧化可使煤孔隙结构更发育。在煤样的压缩破坏过程中，更多的是实验机对孔隙闭合的做功，而峰值应变与压缩阶段最大应变的差值并没有发生很大变化，这主要是由于氧化后煤基质的强度决定的。

7.2.4　氧化煤体单轴压缩破坏特征

煤岩的抗压强度本质并不是试样内部压应力作用的结果，从煤样的破坏形式分析，本质上是剪应力和拉应力作用的结果。煤样在单轴压缩条件下，主要有三种破坏形式，分别为"对顶锥"形破坏、轴向劈裂破坏和斜剪破坏。

由图 7-6 可以得出，随着氧化程度加深，单轴压缩条件下煤样的破坏形式更为复杂。从图 7-6 中可以看出，煤样的破坏形式多为轴向劈裂破坏，并伴有少量的斜剪破坏。随着氧化程度的加深，煤样的破坏形式越复杂，破坏后的整体性越差，脱落的碎煤及煤粉越多，"起皮"现象越加明显。

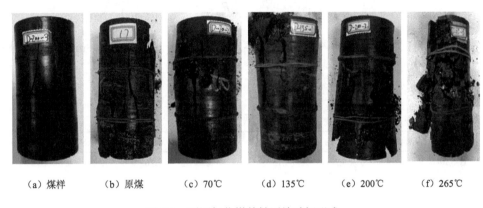

　（a）煤样　　　（b）原煤　　　（c）70℃　　　（d）135℃　　　（e）200℃　　　（f）265℃

图 7-6　不同氧化煤单轴压缩破坏形式

图 7-6（a）为破坏前原煤，图 7-6（b）为破坏后原煤，可以看出煤样呈明显的轴向劈裂破坏，且端部边缘也发生了破坏，破坏后煤样较完整。图 7-6（c）为 70℃氧化煤，基本呈轴向劈裂破坏，在煤样中上部发生了部分斜剪破坏，并在破裂面上存在少许碎煤，破坏后煤样整体性较好。图 7-6（d）为 135℃氧化煤，煤样端部发生破坏，并伴随轴向劈裂破坏，且破裂面存在部分碎煤，单轴压缩后煤样整体性较好。图 7-6（e）为 200℃氧化煤，主要为斜剪破坏。单轴压缩过程中，破坏后煤样整体性较差。另外，煤样氧化后，靠近表层的煤体氧化充分，导致煤样内外部氧化不均匀，因此在单轴压缩情况下，靠近边缘的煤体更容易破坏，产生"起皮"现象。图 7-6（f）为 265℃氧化煤，因氧化程度较深，其破坏形式复杂，已不成整体状，且在破裂面上存在较多碎煤。

7.3　氧化煤体巴西劈裂实验结果及分析

7.3.1　氧化煤体巴西劈裂实验结果

在工程实际中的煤体大都处于受压或者受拉的状态，而煤体大都表现为脆性特征，因此对于煤体的抗拉强度的研究具有十分重要的意义。本节对不同氧化程度的煤样进行巴西劈裂实验，通过对实验结果的分析研究氧化作用对煤体抗拉强度、破坏特征的影响规律。取编号为 BX-30-1～BX-30-4、BX-70-1～BX-70-4、BX-135-1～BX-135-4、BX-200-1～BX-200-4 和 BX-265-1～BX-265-4 氧化煤样进行巴西劈裂实验。沿试件的径向通过一对细钢条施加线状载荷，由弹性理论可知，受径向压力作用的圆柱体中在侧向直径平面上作用着几乎等值的拉应力，试件便在侧向拉应力作用下呈劈裂破坏。根据弹性力学，岩石试件劈裂破坏时侧向的极限拉应力 σ_t 可由式（7-1）给出：

$$\sigma_t = \frac{2P}{\pi DL} \tag{7-1}$$

式中，P 为试件破坏时的最大载荷，kN；D 为圆柱状试件的直径，mm；L 为圆柱状试件的长度，mm。

巴西劈裂实验结果如表 7-3 所示。

表 7-3　巴西劈裂实验结果

煤样	直径/mm	高度/mm	破坏载荷/kN	峰值变形/mm	斜率	抗拉强度/MPa	均值/MPa
BX-30-1	49.7	50.2	4.75	0.496	2.76	1.213	
BX-30-2	50.2	49.8	3.67	0.586	1.95	0.935	
BX-30-3	50.1	49.9	2.454	0.487	1.47	0.625	0.818
BX-30-4	50.1	49.5	1.948	0.40	1.4	0.5	
BX-70-1	49.6	50.3	1.718	0.503	1.33	0.439	
BX-70-2	49.5	50.2	2.508	0.431	1.73	0.643	
BX-70-3	50.3	49.7	2.776	0.357	2.31	0.707	0.603
BX-70-4	49.9	49.5	2.412	0.375	1.82	0.622	
BX-135-1	50	50.2	1.454	0.3	1.31	0.369	
BX-135-2	49.9	49.9	1.564	0.518	0.81	0.4	
BX-135-3	50.3	49.6	2.052	0.451	1.39	0.524	0.451
BX-135-4	49.7	49.7	1.978	0.433	1.42	0.510	
BX-200-1	49.6	49.9	0.816	0.351	0.61	0.21	
BX-200-2	50.5	49.7	0.444	0.369	0.46	0.113	
BX-200-3	49.7	49.6	0.908	0.724	0.36	0.235	0.176
BX-200-4	50.3	49.9	0.576	0.827	0.17	0.146	

续表

煤样	直径/mm	高度/mm	破坏载荷/kN	峰值变形/mm	斜率	抗拉强度/MPa	均值/MPa
BX-265-1	50..3	49.6	0.834	0.341	0.58	0.21	
BX-265-2	49.2	49.7	0.718	0.575	0.39	0.187	0.144
BX-265-3	49.8	48.8	0.138	0.417	—	0.036	
BX-265-4	50.3	50.4	—	—	—	—	

7.3.2　氧化煤体巴西劈裂应力-变形曲线

图 7-7 为不同氧化程度煤的应力-位移曲线，通过曲线可以得出，在曲线的初始阶段呈上凹形，说明在此阶段，实验机的线载荷对煤样存在局部的压缩过程，但随着氧化程度的增加，压密阶段越来越不明显。由图 7-7 可以看出原煤、70℃和 135℃氧化煤存在较明显的压密阶段，而 200℃和 265℃氧化煤已无明显的压密阶段。这是由于随着氧化程度的增加，煤体内部损伤严重，晶体间的连接力减弱，而接触点轻微压缩后，即导致煤体产生拉伸破坏。压密阶段之后，曲线呈线性增加，且峰值前并无明显的屈服阶段。

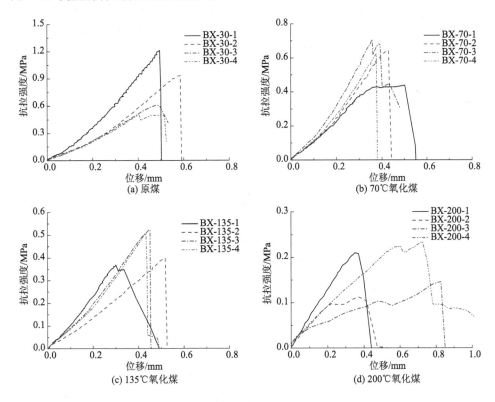

(a) 原煤　　　(b) 70℃氧化煤

(c) 135℃氧化煤　　　(d) 200℃氧化煤

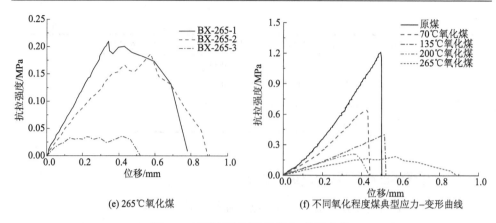

(e) 265℃氧化煤　　　　(f) 不同氧化程度煤典型应力–变形曲线

图 7-7　不同氧化程度煤应力-位移曲线

由图 7-7 可知,随着氧化程度的增加,应力-位移曲线弹性阶段斜率逐渐降低。原煤的斜率为 1.4～2.76,平均值为 1.895;70℃氧化煤的斜率为 1.33～2.31,平均值为 1.798;135℃氧化煤的斜率为 0.81～1.42,平均值为 1.232;200℃氧化煤的斜率为 0.17～0.61,平均值为 0.4;265℃氧化煤的斜率为 0.39～0.58,平均值为 0.485。进一步分析得出 70～265℃氧化煤斜率较原煤分别减小了 5.15%、34.96%、78.89%、74.41%。从图 7-8 可以看出从原煤到 200℃氧化煤的斜率随氧化程度减小,265℃时其斜率与 200℃氧化煤相比,未发生较大变化。

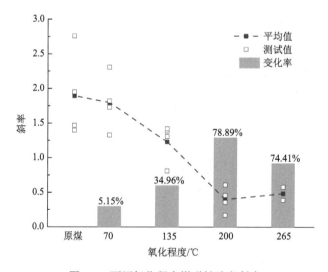

图 7-8　不同氧化程度煤弹性阶段斜率

通过图 7-7 应力-位移曲线可知,随着氧化程度的增加,煤样试件峰值的形状不同,原煤中除 BX-30-4 试样,其他测试煤样的峰值为"尖峰"状。在 70℃和

135℃氧化煤试件中，BX-70-2、BX-70-4、BX-135-2、BX-135-3 和 BX-135-4 煤样为"尖峰"状，而 BX-70-1、BX-70-3 和 BX-135-1 煤样的峰值形状呈明显的"多峰"状或"平台"状；200℃和 265℃氧化煤试件的峰值形状已不存在"尖峰"状，基本为"多峰"状或"圆弧"状。可见随着煤样氧化程度的加深，煤样试件峰值"尖峰"状逐渐消失，逐渐呈"多峰"或"圆弧"状。

　　通过图 7-7 中的应力-位移曲线，可以看出原煤破坏后，应力呈瞬间垂直跌落，原煤体发生脆性破坏；70℃和 135℃氧化煤的应力-位移曲线，可以看出煤体破坏后，BX-70-2、BX-70-4、BX-135-2、BX-135-3 和 BX-135-4 煤试样的应力瞬时跌落，而 BX-70-1、BX-70-3 和 BX-135-1 煤试样的峰后应力呈一定斜率下降，开始缓慢跌落，这主要是煤体受氧化的影响，其脆性降低，塑性增强导致的，但煤体本身的离散性造成相同氧化程度煤的峰后跌落形式出现差异；200℃和 265℃氧化煤由于受氧化程度影响较深，峰后跌落基本一致，都呈一定坡度缓慢下降，且随着氧化程度增加，峰后应力跌落坡度越小。说明随着氧化程度的增加，煤体逐渐由脆性破坏变为塑性破坏，且随着氧化程度的加深，峰后的残余强度也越明显。

　　峰值变形为实验时煤样破坏过程中压力机的垂直行程。由图 7-9 可知随着氧化程度的加深，巴西劈裂实验时，煤的峰值变形量并不存在规律性变化。原煤至 265℃氧化煤的峰值变形平均值分别为 0.492mm、0.417mm、0.426mm、0.568mm、0.444mm。

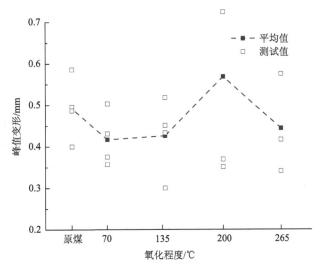

图 7-9　不同氧化程度煤峰值变形量

　　由图 7-10 可知，随着氧化程度的加深，抗拉强度逐渐降低。原煤的抗拉强度为 0.5～1.213MPa，平均值为 0.818MPa；70℃氧化煤抗拉强度为 0.439～0.707MPa，平均值为 0.603MPa；135℃氧化煤抗拉强度为 0.369～0.524MPa，平均值为 0.451MPa；200℃氧化煤抗拉强度为 0.113～0.235MPa，平均值为 0.176MPa；265℃氧化煤抗拉强度为 0.036～0.21MPa，平均值为 0.144MPa。进一步分析得出 70～265℃氧化煤抗拉强度较原煤降低了 26.28%、44.87%、78.48%、82.40%。可以得出抗拉强度受氧化作用影响较大，随着氧化程度的增加，抗拉强度逐渐降低。200℃氧化煤以后，抗拉强度随氧化程度的降低开始趋缓，265℃氧化煤的抗拉强度与 200℃氧化煤的抗拉强度基本一致。

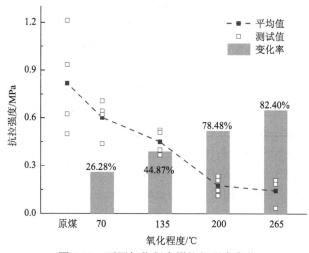

图 7-10　不同氧化程度煤抗拉强度变化

7.3.3　氧化煤体巴西劈裂破坏特征

从不同氧化程度煤组中挑选典型的破坏试样进行对比分析，得到了如图 7-11 所示的不同氧化程度煤巴西劈裂实验后的破坏形态。可以看出，随着煤样氧化程度的加深，煤样破坏的形式越来越复杂。随着氧化程度的加深，煤样的破坏形态呈现为"对称—不对称—对称—完全破坏"的规律，其中原煤的破坏面基本沿直径产生，70℃和 135℃氧化煤部分煤样的破坏面距离直径位置较远，往往与中性面存在一定距离，这是 70℃氧化煤和 135℃氧化煤氧化不完全导致的。200℃氧化煤受氧化程度较高，因此，有呈对称形式的破坏。265℃氧化煤由于氧化温度最高，煤体强度较低，巴西劈裂后呈破碎状，完整度较低。

综上得出如下基本规律：随着煤体氧化程度的增加，应力曲线中的压密阶段越来越不明显，弹性阶段斜率逐渐变小，峰值由"尖峰"状变为"多峰"或"圆弧"状，峰后应力下降由垂直跌落逐渐变为缓慢跌落，抗拉强度逐渐降低，破坏形式呈现为"对称—不对称—对称—完全破坏"的规律。

　　(a) 原煤　　　(b) 70℃氧化煤　(c) 135℃氧化煤　　(d) 200℃氧化煤　　(e) 265℃氧化煤

图 7-11　巴西劈裂拉伸破坏形态

7.4　氧化煤体三轴压缩实验结果及分析

7.4.1　氧化煤体三轴压缩实验结果

　　该实验是为了获得不同氧化程度煤体的内摩擦角、黏聚力及全应力-应变曲线。实验步骤如下所示。

　　（1）取编号为 SZ-30-1～SZ-30-3、SZ-70-1～SZ-70-3、SZ-135-1～SZ-135-3、SZ-200-1～SZ-200-3 和 SZ-265-1～SZ-265-3 的氧化煤样进行三轴压缩实验。将氧化煤置入实验腔体内，然后将实验腔体置于实验台上，进行加载，加载速率为 $0.05\text{MPa}\cdot\text{s}^{-1}$，实验中的围压恒定，相同氧化程度煤试样的围压分别取 5MPa、15MPa 和 25MPa。

　　（2）采集系统自动采集荷载和变形值，分别设置轴压和围压相同的加载速度，同时达到围压设定值后，围压停止加载，继续加载轴压直到试样破坏；随后停止实验，进行卸载。先卸载轴向应力到"0"，后卸载围压至"0"，取出试样。

　　根据实验的应力-应变曲线，记录不同氧化程度煤的峰值强度、弹性模量、压缩阶段最大应变和峰值应变，如表 7-4 所示。根据文献，结合实验结果，由式（7-2）、式（7-3）计算不同氧化程度的内摩擦角和黏聚力。

$$\varphi=\arcsin\left(\frac{K-1}{K+1}\right) \tag{7-2}$$

$$c=\frac{Q(1-\sin\varphi)}{2\cos\varphi} \tag{7-3}$$

式中，Q、K 为材料强度参数；φ 为内摩擦角，（°）；c 为黏聚力，MPa。

　　基于莫尔-库仑（Mohr-Coulomb）准则，分别对原煤至 265℃氧化煤的峰值强度和围压进行线性拟合，其中 K 值为拟合直线的斜率，Q 值为拟合直线在 y 轴上的截距。因此，通过图 7-12 可知，原煤至 265℃氧化煤的 K 值分别为 1.53、1.51、2.94、3.33、5.27，Q 值分别为 36.93、42.26、35.13、32.32、14.7。根据式（7-2）、式（7-3）计算得出不同氧化程度煤的内摩擦角和黏聚力，如表 7-4 所示。

表 7-4 常规三轴压缩实验中不同氧化煤体力学参数

氧化程度	煤样	围压/MPa	峰值强度/MPa	弹性模量/GPa	压缩阶段最大应变/10^{-3}	峰值应变/10^{-3}	黏聚力/MPa	内摩擦角/(°)
原煤	SZ-30-1	5	49.089	3.51	2.801	18.970		
	SZ-30-2	15	57.785	3.86	1.301	13.697	14.93	12.1
	SZ-30-3	25	80.633	3.85	2.3	21.171		
70℃	SZ-70-1	5	54.802	2.60	7.634	27.453		
	SZ-70-2	15	58.946	1.79	4.911	29.564	17.2	11.7
	SZ-70-3	25	83.008	3.545	4.104	22.712		
135℃	SZ-135-1	5	42.773	1.768	9.398	30.943		
	SZ-135-2	15	93.382	2.595	7.606	44.282	10.24	29.5
	SZ-135-3	25	101.601	2.823	3.5	36.794		
200℃	SZ-200-1	5	43.999	1.689	14.171	39.851		
	SZ-200-2	15	92.193	2.379	13.373	53.897	8.56	32.6
	SZ-200-3	25	110.59	2.79	12	50		
265℃	SZ-265-1	5	40.32	1.31	13.602	39.65		
	SZ-265-2	15	95.266	2.215	12.564	65.269	3.2	42.9
	SZ-265-3	25	145.77	2.501	11.657	80.417		

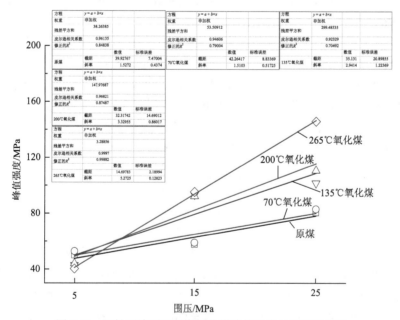

图 7-12 三轴压缩不同程度氧化煤峰值强度与围压的关系

7.4.2　氧化煤体三轴压缩应力–应变曲线特征

　　图 7-13 为不同氧化程度煤体在三轴加载实验的全过程应力–应变曲线。可以看出,煤样在三轴压缩过程中均存在压密、弹性、屈服和破坏四个阶段。

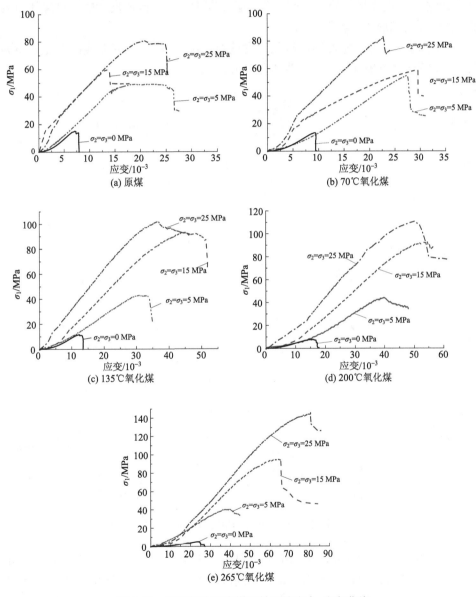

图 7-13　不同氧化程度煤三轴压缩应力–应变曲线

由不同氧化程度下的常规三轴实验结果可以看出,在压密阶段曲线呈上凹形,随着围压的增加,压密阶段逐渐变短,弹性阶段的斜率逐渐变大,屈服阶段逐渐明显,峰值前存在明显的塑性变形,峰值强度逐渐增加,峰值应变逐渐变大,峰后应力由瞬时跌落逐渐成为"台阶"或"斜坡"状变化。相同氧化程度下随着围压的增加,弹性模量、峰值强度、残余强度变大,说明围压增加能促进煤体内裂隙的闭合,抑制裂隙滑移。

当围压一定时,随着煤体氧化程度逐渐加深,应力-应变曲线的变化规律如图 7-14 所示,单轴压缩可以认为围压为 0MPa。

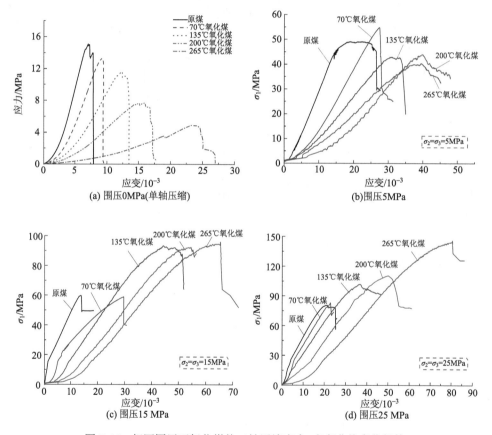

图 7-14　相同围压下氧化煤体三轴压缩应力-应变曲线变化规律

通过图 7-14 可以得出,在相同围压下,随着氧化程度的增加,压密阶段逐渐变长,弹性阶段斜率逐渐变小,说明相同围压下,随着氧化程度的增加,弹性模量逐渐降低。相同围压下,氧化煤体的峰值存在如下规律:围压为 0MPa 时,煤体的峰值强度随着氧化程度的增加而降低;围压为 5MPa 时,煤体的峰值强度随着氧化程度的增加呈降低趋势，但其降低趋势并不明显，峰值强度基本在 50MPa 左右；围压为 15MPa 和 25MPa 时，煤体的峰值强度随着氧化程度的增加而变大。

7.4.3　氧化煤体三轴实验力学参数变化规律

通过三轴压缩应力-应变曲线可以得到很多力学参数，如峰值强度、弹性模量、峰值应变、黏聚力、内摩擦角等，本节主要分析氧化煤体三轴下的强度特征、内摩擦角和黏聚力。在相同氧化程度下或相同围压下，煤体的力学参数都存在不同的变化规律。

1. 氧化煤体峰值强度变化规律

1) 相同氧化程度条件下

由图 7-15 可以看出，原煤的峰值强度从围压为 0MPa 时的 15.08MPa 到围压为 25MPa 时的 80.663MPa，增加了 4.35 倍；70℃氧化煤的峰值强度从围压为 0MPa 时的 13.29MPa 增加到围压为 25MPa 时的 83.008MPa，增加了 5.25 倍；135℃氧化煤的峰值强度从围压为 0MPa 时的 11.69MPa 增加到围压为 25MPa 时的 101.601MPa，增加了 7.69 倍；200℃氧化煤的峰值强度从围压为 0MPa 时的 7.7MPa 增加到围压为 25MPa 时的 110.59MPa，增加了 13.36 倍；265℃氧化煤的峰值强度从围压为 0MPa 时的 4.92MPa 增加到围压为 25MPa 时的 145.77MPa，增加了 28.62 倍。随着围压的增加，氧化程度越高的煤，其峰值变化率越大。

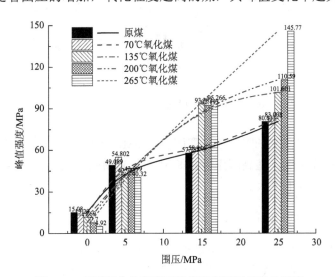

图 7-15　相同氧化的程度下峰值强度随围压变化规律

2）相同围压条件下

由图 7-16 可以看出，相同围压下，随着煤体氧化程度的增加，峰值强度呈现的变化规律不同。由图 7-16 可以得出，当围压为 0MPa 即单轴压缩时，原煤到 265℃氧化煤，其峰值强度从 15.08MPa 降低至 4.92MPa，降低了 67.37%；当围压为 5MPa 时，原煤到 265℃氧化煤，其峰值强度从 49.09MPa 降低至 40.32MPa，降低了 17.87%，峰值强度变化不大，其峰值下降幅度小于围压为 0MPa 时的下降幅度；当围压为 15MPa 时，原煤到 265℃氧化煤，其峰值强度从 57.79MPa 增加至 95.27MPa，增加了 64.86%；当围压为 25MPa 时，原煤到 265℃氧化煤，其峰值强度从 80.63MPa 增加至 145.77MPa，增加了 80.79%，其峰值增加幅度大于围压为 15MPa 时的峰值增加幅度。

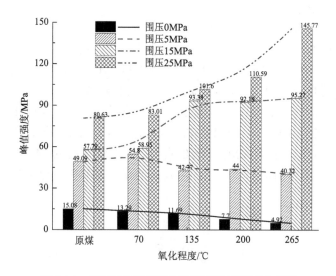

图 7-16　相同围压下峰值强度随氧化程度变化规律

通过分析得出，在低围压下，即围压为 0MPa 和 5MPa 时，峰值强度随着氧化程度的加深而降低；在高围压下，即围压为 15MPa 和 25MPa 时，峰值强度随着氧化程度的增加而变大。

2. 氧化煤体弹性模量变化规律

由图 7-17 可知，相同氧化程度的煤，随着围压的增加，弹性模量存在规律性变化，表现为原煤和 70℃氧化煤的弹性模量随着围压的增加无明显规律性；135～265℃氧化煤的弹性模量随着围压的升高而变大，其中 135℃氧化煤的弹性模量由围压为 0MPa 时的 1.51GPa 增加到围压为 25MPa 时的 2.823GPa，增加了 0.87 倍；

200℃氧化煤的弹性模量由围压为 0MPa 时的 0.732GPa 增加到围压为 25MPa 时的 2.79GPa，增加了 2.81 倍；265℃氧化煤的弹性模量由围压为 0MPa 时的 0.34GPa 增加到围压为 25MPa 时的 2.501GPa，增加了 6.36 倍。氧化程度越高，弹性模量增加的幅度越大。

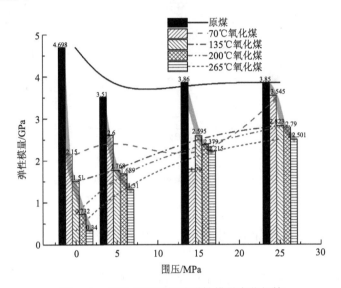

图 7-17　氧化煤三轴压缩弹性模量变化规律

由图 7-17 还可得出，在相同围压下，随着氧化程度增加弹性模量均逐渐降低。其中，围压为 0MPa 时的弹性模量降低幅度最大，从原煤的 4.698GPa 降至 265℃氧化煤的 0.34GPa，降低幅度为 92.76%；围压为 5MPa 时的弹性模量从原煤的 3.51GPa 降至 265℃氧化煤的 1.31GPa，降低幅度为 62.68%；围压为 15MPa 时的弹性模量从原煤的 3.86GPa 降至 265℃氧化煤的 2.215GPa，降低幅度为 42.62%；围压为 25MPa 时的弹性模量降低幅度最小，从原煤的 3.85GPa 降至 265℃氧化煤的 2.501GPa，降低幅度为 35.04%。

3. 氧化煤体黏聚力和内摩擦角变化规律

由表 7-4 可知，随着氧化程度的增加，内摩擦角由原煤的 12.1°增加至 265℃氧化煤的 42.9°，其内摩擦角随着氧化程度的加深而逐渐变大；黏聚力由原煤的 14.93MPa 减小至 265℃氧化煤的 3.2MPa，其黏聚力随着氧化程度的加深而逐渐变小，黏聚力和内摩擦角随煤体氧化程度变化规律如图 7-18 所示。

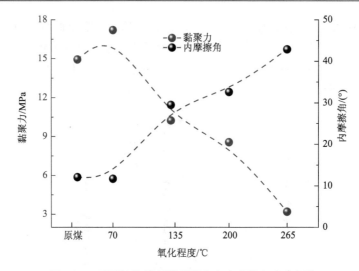

图 7-18　不同氧化程度煤黏聚力和内摩擦角变化规律

7.5　氧化煤体力学变化及能量耗散研究

煤作为一种多孔介质，在实际开采时，因为外部环境和内部结构的原因，会在氧气、温度等多种因素作用下发生不同程度的氧化反应，经过氧化后的煤其力学性质也会发生相应的改变。研究氧化煤的力学性质对于实际开采、指导工程设计具有重要的意义，因此开展氧化煤力学性质的相关研究能够解决实际工作中遇见的问题，更好地保障人民群众的生命财产安全。本章首先对实验煤样进行不同程度的氧化处理，其次开展单轴压缩力学实验，研究不同氧化煤的力学特性演化规律。

7.5.1　不同氧化煤力学参数变化规律

本节利用 RMT-150C 岩石力学试验系统，通过实验可以获得峰值应力、峰值应变、弹性模量、割线模量、泊松比等力学参数，根据参数绘制氧化煤的应力-应变曲线及相关的力学参数曲线，以上物理参数是用来分析岩石类实验材料力学性质的重要手段。

1. 不同氧化煤应力-应变曲线变化规律

通过开展单轴压缩实验，可以得出不同氧化煤的应力、应变、压缩阶段最大应变、泊松比、弹性模量等基础物理参数，与此同时，还可以分析被破坏后煤样的破坏特征，得出相关规律，主要实验步骤如下：

（1）取编号为原煤-1～原煤-3、80℃-1～80℃-3、120℃-1～120℃-3、160℃-1～160℃-3 和 200℃-1～200℃-3 的氧化煤样进行单轴压缩实验，同时设置调整垂直位移计和径向位移计，通过位移传感器对实验参数进行实时记录。

（2）进行应力加载，在进行实验时，设置轴向应力的变形速度为 0.002mm·s^{-1}，对实验过程进行全程监测，同时设置相关参数，采集频率是每秒 1 个，当煤样被破坏后立即停止实验，并对被破坏的煤样进行拍照处理及收集。

经过单轴压缩试验的原煤和不同氧化煤，其应力-应变曲线基本都存在 4 个阶段，即压密阶段、线弹性阶段、屈服阶段和破坏阶段，具体如图 7-19 所示（以原煤-1 为例，原煤为氧化程度，1 为实验煤样编号）。岩石材料的全应力-应变曲线对于研究岩石峰值应力、峰值应变、弹性模量及变形模量等力学特性至关重要。通过这些研究，可以更准确地确定煤样的参数，进而更好地探究不同氧化程度煤的力学特性变化规律。根据实验所得的应力-应变曲线，可将煤样从开始受力到被破坏的变形过程分为 4 个阶段：煤样原始空隙压密阶段、煤样线弹性变形阶段、煤样塑性屈服阶段和煤样破坏阶段。本试验中不同氧化煤从加载到破坏也经历了这样 4 个阶段。

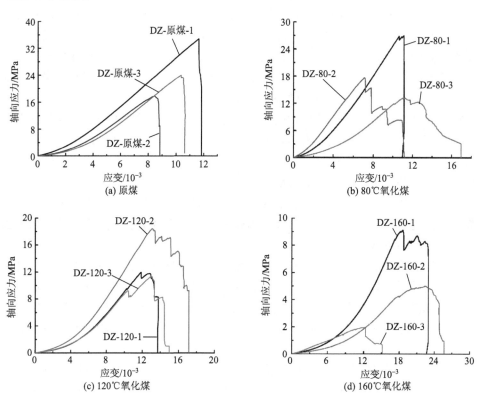

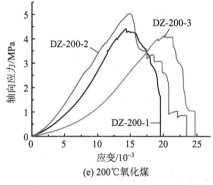
(e) 200℃氧化煤

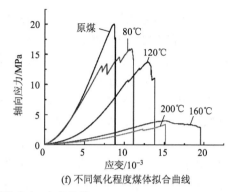
(f) 不同氧化程度煤体拟合曲线

图 7-19　煤样单轴压缩应力-应变曲线

煤样原始空隙压密阶段：随着轴向应力的增大，试件中原有张开性结构面或微裂隙逐渐闭合，岩石被压密，体应变增大，试件体积变小，应力-应变曲线表现为下凹的曲线，原因是岩石内的细微裂隙受压闭合造成的。此阶段较低的应力具有较大的压缩性，试件体积随荷载增大而减小。

煤样线弹性变形阶段：该阶段中岩石内的裂隙已经压缩完毕。随着轴向应力的增大，轴向应变近似线性增大，应力-应变曲线的斜率基本保持不变，两者关系近似服从胡克定律。在此阶段，随着轴向荷载的增大，微裂隙面之间的相互错动受到裂隙面闭合之后的摩擦力的抑制，故在该阶段试件的变形以弹性变形为主。随着荷载的继续增加，岩石内部颗粒之间进一步发生集中和挤密，并在岩样内部进一步扩展裂隙，导致更多的微细观裂隙。

煤样塑性屈服阶段：随着轴向应力的进一步增大，试件内部出现新的细微裂隙逐渐汇合贯通，从而发生破坏。在此阶段，岩石单轴强度达到最大值。该点是岩石从弹性材料变为塑性材料的转折点，称为屈服点。在这一阶段，微破裂的发展发生了质的变化，破裂不断发展，直至试件完全破坏。

煤样破坏阶段：试件所承载的应力达到峰值应力之后，其内部出现众多宏观裂纹。因为岩石内部结构遭到破坏，承载能力迅速下降甚至降为零，故完全失去承载力而不能承载。

不同氧化煤的压密阶段呈现不同程度的凹形并且弯曲程度逐渐增大。这是由于氧化处理导致煤样开裂、体积膨胀且随着氧化程度的提高而逐渐明显，加载时煤体内部微空隙结构逐渐闭合导致的。此时，煤体结构向刚度较大的密实结构逐渐转变。相较于原煤压缩阶段最大应变 1.518×10^{-3}，其他实验组分别增加了40.0%、168.3%、353.2%、491.6%。

在线弹性阶段，仅 200℃部分煤样出现轻微波动，其余不同氧化煤样应力-应变曲线均呈线性，并且稳定上升。此时，煤样的应力-应变关系近似于线性增长，其斜率为初始弹性模量，且随着氧化程度升高，斜率降低。此阶段原煤的平均斜率为

3.5523，80℃、120℃、160℃、200℃氧化煤则为 3.2314、1.5436、0.42352、0.31241，分别降低 9.0%、56.5%、88.1%、91.2%，随着氧化程度升高，斜率不断减小。

在屈服阶段，随着氧化程度的升高，除 DZ-原煤-1、DZ-原煤-2、DZ-80-2、DZ-80-3 外，其余煤样均出现"多峰效应"。DZ-160-3 峰值较低，可能是煤存在较大缺陷。随着氧化程度的增加，多峰效应越明显，主要是煤样内部结构遭受损坏和氧化损伤导致的。随着加载应力的增大，煤样裂隙进一步加速发展、闭合进而互相连通，随着应力达到峰值，形成宏观破坏面，煤样破坏。

在破坏阶段，随着氧化程度的升高，其峰后应力跌落形式不同。3 个原煤均出现瞬间跌落现象，在 80℃氧化煤样中，DZ-80-1 出现瞬间跌落现象，其余均为阶梯式跌落。120℃和 160℃氧化煤均出现阶梯式跌落，在 200℃氧化煤中，峰后曲线呈缓慢下滑趋势，未出现明显跌落趋势，塑性明显增强。随着氧化程度提高，跌落现象弱化甚至消失。

根据图 7-19（f）不同氧化程度煤拟合曲线可以看出，随着氧化程度的增加，峰值强度逐渐降低，峰值应变逐渐变大，压密阶段应变逐渐变大，线弹性阶段的斜率（初始弹性模量）逐渐变小，峰值区域多峰效应越来越明显，峰后台阶跌落明显，残余强度增强。

2. 不同氧化煤力学特征变化规律

峰值应力 σ_c、弹性模量 E_T、割线模量 E_{50}、泊松比 μ、峰值应变 ε_c 和压缩阶段最大应变 ε_0 是衡量力学特性的参数，对同一条件下煤体的力学参数计算均值，可得出不同氧化煤的力学特征随氧化程度变化的规律，如表 7-5 所示。

表 7-5　不同氧化煤力学参数

煤样	σ_c /MPa	E_T/GPa	E_{50}/GPa	μ	ε_c /10^{-3}	ε_0 /10^{-3}
DZ-原煤-1	34.803	3.351	3.625	0.40	11.645	1.692
DZ-原煤-2	17.821	2.861	3.332	0.38	8.421	1.327
DZ-原煤-3	23.987	3.191	3.070	0.35	10.354	1.536
均值	25.537	3.194	3.342	0.38	10.14	1.518
DZ-80-1	26.954	3.115	2.878	0.35	11.097	2.392
DZ-80-2	17.626	2.975	3.302	0.38	10.131	1.573
DZ-80-3	13.199	1.683	1.869	0.34	11.251	1.998
均值	19.260	2.591	2.683	0.36	10.83	1.988
DZ-120-1	11.991	1.503	2.121	0.35	11.860	4.021
DZ-120-2	18.440	2.008	1.590	0.30	13.104	4.435
DZ-120-3	11.421	1.454	1.701	0.32	12.982	3.762
均值	13.951	1.655	1.804	0.32	15.288	4.073

续表

煤样	σ_c /MPa	E_T/GPa	E_{50}/GPa	μ	ε_c /10^{-3}	ε_0 /10^{-3}
DZ-160-1	1.951	0.174	0.982	0.27	12.122	3.693
DZ-160-2	9.120	0.794	0.445	0.30	7.125	2.736
DZ-160-3	4.995	0.396	0.179	0.26	22.384	9.821
均值	5.355	0.455	0.982	0.28	17.700	6.88
DZ-200-1	4.416	0.418	0.466	0.28	14.314	11.625
DZ-200-2	5.026	0.414	0.383	0.22	14.920	8.372
DZ-200-3	4.141	0.304	0.391	0.25	20.021	6.932
均值	4.528	0.379	0.322	0.25	16.478	8.981

　　根据表 7-5 中不同氧化煤力学参数，绘制峰值应力 σ_c、峰值应变 ε_c、弹性模量 E_T、泊松比 μ 随氧化程度变化的曲线并进行分析，详见图 7-20 所示。

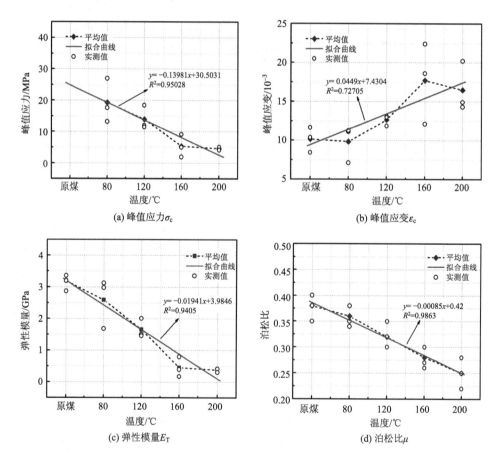

(a) 峰值应力 σ_c

(b) 峰值应变 ε_c

(c) 弹性模量 E_T

(d) 泊松比 μ

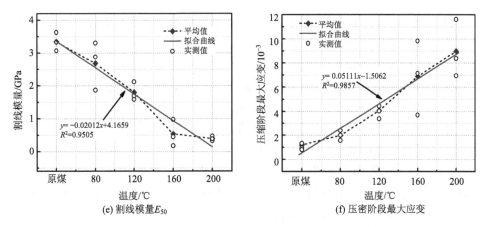

图 7-20 煤力学参数随氧化温度变化曲线

图 7-20（a）为单轴压缩下峰值应力 σ_c 随氧化温度的变化曲线，可知峰值应力 σ_c 具有一定程度的离散性，这是因为煤的各向异性。峰值应力与氧化温度关系曲线的拟合公式为 $y=-0.13981x+30.5031$（$R^2=0.95028$）。煤体在试验范围内峰值应力随着温度升高而降低，变化规律明显，这是因为煤样内部结构遭到破坏，导致煤整体强度降低。80℃氧化煤峰值应力为 19.260MPa、120℃氧化煤峰值应力为 13.951MPa，相对于原煤 25.537MPa 的降幅为 24.6%和 45.4%。160℃和 200℃氧化煤峰值应力继续减小，降低为 5.355MPa 和 4.528MPa，相对于原煤降幅为 79.0% 和 82.3%，该阶段曲线降幅相对于其他阶段较小，表明煤样损伤程度相似。

图 7-20（b）为单轴压缩下峰值应变 ε_c 随氧化温度的变化曲线，可以看出，峰值应变与氧化温度关系曲线的拟合公式为 $y=0.0449x+7.4304$（$R^2=0.72705$），峰值应变随着氧化温度升高，整体趋于增大。80℃氧化煤仅比原煤的 10.14×10^{-3} 增加了 6.8%，峰值应变在 120℃氧化煤之前增加幅度较小。160℃氧化煤、200℃氧化煤峰值应变分别为 17.7×10^{-3}、16.478×10^{-3}，比原煤增加了 74.6%和 62.5%，变化更为明显。这是因为随着温度的逐渐升高，煤体内水分逐渐减少，氧化损伤逐渐增强，同时塑性越来越强，脆性越来越弱。

图 7-20（c）为单轴压缩下的弹性模量 E_T 随氧化温度的变化曲线，弹性模量 E_T 反映的是煤抵抗变形能力的大小。可以得出，弹性模量随氧化温度的变化近似为线性关系，其拟合曲线为 $y=-0.01941x+3.9846$（$R^2=0.9405$）。随着氧化程度加深，煤样的弹性模量逐渐减小，相较于原煤的 3.194GPa，弹性模量均值降低至 2.591GPa、1.655GPa、0.455GPa、0.379GPa，降幅为 18.9%、48.2%、85.8%、88.1%。这是因为当温度升高时，煤样内部孔隙发生增大或者减小，进而产生拉应力或者压应力。当应力达到一程度时，就会产生裂纹，裂纹扩展加宽后，煤样变形。

图 7-20（d）为单轴压缩下的泊松比 μ 随氧化温度的变化曲线，其线性拟合方程为 $y=-0.00085x+0.42$（$R^2=0.9863$）。泊松比 μ 表示煤样在受压时，横向正应变与轴向正应变的绝对值的比值。随着氧化程度的增加，泊松比均值整体呈下降趋势，但下降不明显。80℃、120℃、160℃、200℃氧化煤体的泊松比分别相较于原煤下降了 5.3%、15.8%、26.3%、34.2%。

图 7-20（e）为单轴压缩下的割线模量 E_{50} 随氧化温度的变化曲线。可以得出，割线模量随氧化温度的变化近似为线性关系，其拟合曲线为 $y=-0.02012x+4.1659$（$R^2=0.9505$）。随着氧化程度加深，煤样的割线模量逐渐减小，相较于原煤的 3.342GPa，割线模量均值降低至 2.683GPa、1.804GPa、0.982GPa、0.322 GPa，降幅为 19.72%、46.0%、70.6%、90.4%。

图 7-20（f）为单轴压缩下的压缩阶段最大应变 ε_0 随氧化温度的变化曲线，压缩阶段最大应变 ε_0 反映的是煤抵抗变形能力的大小。可以得出，压缩阶段最大应变随氧化温度的变化近似为线性关系，其拟合曲线为 $y=0.05111x-1.5062$（$R^2=0.9857$）。随着氧化程度加深，煤样的弹性模量逐渐减小，相较于原煤的 1.518×10^{-3}，压密阶段最大应变均值增加至 1.988×10^{-3}、4.073×10^{-3}、6.88×10^{-3}、8.987×10^{-3}，增幅为 31.0%、168.3%、353.2%、491.6%。

本书把单轴压缩条件下不同氧化煤力学参数的均值与原煤的比值定义为煤体力学参数弱化系数，经过计算可以得出弹性模量弱化系数 D_T、割线模量弱化系数 D_{50}、泊松比弱化系数 D_μ、峰值应力弱化系数 D_σ，如表 7-6 所示。

表 7-6　煤体力学参数弱化系数

煤体	D_T	D_{50}	D_μ	D_σ
80℃氧化煤	0.86	0.80	0.95	0.75
120℃氧化煤	0.42	0.54	0.84	0.55
160℃氧化煤	0.28	0.16	0.74	0.21
200℃氧化煤	0.12	0.12	0.66	0.18

图 7-21 为不同氧化煤力学参数弱化系数，表示煤样弱化程度。可以看出，随着温度的升高，氧化程度逐渐加深，煤样弱化系数呈不同程度的降低。这是因为随着氧化程度的加深，煤样中的高强度矿物含量逐渐降低。此外，氧化对煤样弹性模量的影响最明显，其弱化系数从 0.86 降低至 0.12；峰值应力、割线模量受氧化影响后的减小趋势基本一致；泊松比受氧化的影响较小，弱化系数从 0.95 下降至 0.66。

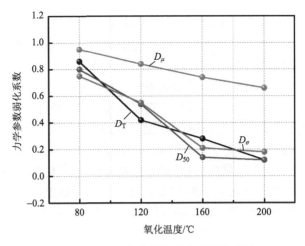

图 7-21　不同氧化煤力学参数弱化系数

3. 氧化煤体单轴压缩应变特性

峰值应变、压缩阶段最大应变可用来反映在外力作用下，岩石发生的长度和体积的相对变化，也可以反映煤体变形过程中孔裂隙的演化规律。不同氧化程度煤的应变参数对比如图 7-22 所示。

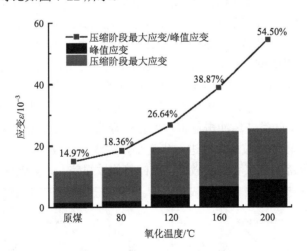

图 7-22　不同氧化煤体应变参数对比

峰值应变是煤体达到抗压强度时的应变值，它是表征煤体塑性情况的主要依据。峰值应变越大，试件的塑性越强；峰值应变越小，脆性越强。原煤和 80℃、120℃、160℃、200℃氧化煤的峰值应变平均值分别为 $10.14×10^{-3}$、$10.83×10^{-3}$、$15.288×10^{-3}$、$17.700×10^{-3}$、$16.478×10^{-3}$，较原煤的增长幅度为 6.8%、50.8%、74.6%、

62.5%，随着氧化程度的增加，峰值应变基本呈线性增长，说明煤体经过氧化后塑性增强，且氧化程度越高，塑性越强。这主要是由于氧化改变了煤体内部的孔隙结构，打破了煤体的完整性，从而表现出塑性特征。

为了进一步解释氧化对煤体造成的损伤，通过分析压缩阶段最大应变来反映氧化对孔隙结构的影响。压缩阶段最大应变越大，说明氧化对煤体损伤越大，煤体内的孔隙结构越发育。原煤、80℃氧化煤、120℃氧化煤、160℃氧化煤、200℃氧化煤的压缩阶段最大应变平均值分别为 1.988×10^{-3}、4.073×10^{-3}、6.88×10^{-3}、8.987×10^{-3}。原煤、80℃氧化煤、120℃氧化煤、160℃氧化煤、200℃氧化煤压缩阶段最大应变较原煤分别增长了约 31.0%、168.3%、353.2%、491.6%。由图 7-22 分析可知，随着氧化程度的加深，煤样的压缩阶段最大应变逐渐变大，压密阶段逐渐变长。

7.5.2 不同氧化煤力学破坏特征变化规律

为分析不同氧化煤的破坏特征，分别从各组煤样中选择一个力学参数接近平均值的煤样，对应力-应变曲线进行分段处理（Ⅰ是压密阶段，Ⅱ是线弹性阶段，Ⅲ是屈服阶段，Ⅳ是破坏阶段），得出线弹性阶段应力-应变拟合方程；对比煤体破坏前后，分析煤样破坏特征。

由图 7-23 可知，煤样初始弹性模量随着氧化程度增加而降低，煤样氧化程度不同导致煤样受力后破坏形式不同，大体可分为三类：单剪型、共轭剪切型和破碎型。原煤和 80℃氧化煤表现出单剪型破坏特征，表现为裂隙单一存在，破裂宽度较大，破坏后煤体整体性较好。此类破坏发生时将出现煤体快速涌出，震感强烈。120℃和 160℃氧化煤具有共轭剪切型破坏特征，表现为煤样的裂纹不再单一存在，在多条破坏带上存在共轭破裂，破裂尺寸略有减小，裂纹数目进一步增加，煤样整体性变差。此类破坏冲击危害程度相对减弱。200℃氧化煤具有破碎型破坏特征，煤样破裂较多，破裂尺寸进一步变小，裂纹数目较多，受载破坏具有均匀性，并且煤样脱落的散煤和煤粉较多，煤样整体性很差。此类破坏冲击伤害较弱。

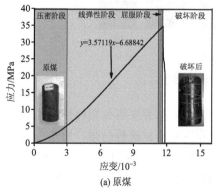

(a) 原煤

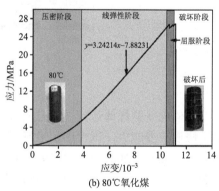

(b) 80℃氧化煤

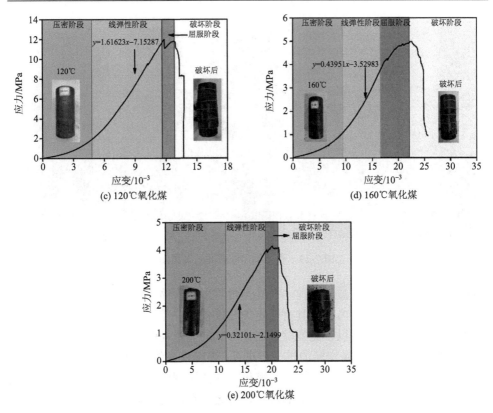

图 7-23　不同氧化煤破坏前后的应力-应变曲线

图 7-24 为不同氧化煤破坏后对比图。由图 7-24 可知，不同煤样表面裂隙和裂隙面积随氧化程度增大而发生改变。80℃氧化煤裂隙面积增加的比例小，破坏后煤样裂纹较深且无细煤出现。120℃和 160℃氧化煤裂隙增加的比例进一步增加，此时煤样破坏后表面裂纹较多，存在细煤。200℃氧化煤裂隙增多且进一步加深，煤样破坏后破碎程度较大。

7.5.3　不同氧化煤能量耗散规律

在实验中，氧化煤之所以会发生破坏，本质上是由于能量的驱动作用，氧化煤的能量耗散规律贯穿于整个力学实验过程。从能量耗散的角度出发，研究不同氧化煤的能量耗散规律，有利于分析不同氧化程度煤的破坏过程，为工程设计提供参考。

以单轴压缩实验为例，可以得出氧化煤在不同应力-应变阶段的能量演化规律。在煤样的压密阶段，随着压缩机开始做功，输入的能量开始增加，与此同时弹性能也随之增加，煤样内部此时存在着固有的裂隙和缺陷，在压缩过程中相互

原煤   80℃   120℃   160℃   200℃

图 7-24   不同氧化煤破坏后对比图

摩擦，其中一部分能量被消耗掉。在线弹性阶段，压缩机不断做功，此时做功转变为弹性能集聚在煤样内部，具有一定的线性规律。随着压缩机的进一步做功，其中的一部分能量开始以表面裂隙及其他形式的能量耗散掉，这时压缩机仍然基本上转化为弹性能。随着实验的进一步进行，煤样内部的裂隙进一步发展而贯通，此时弹性能集聚能力减弱，耗散占压缩机做功的比例还是增加。在峰后阶段，此时煤样开始裂化，变成大小不均的块状，将之前存储的能量释放出来，转化为煤样的动能、声能及其他形式的能量。我们可以通过能量-应变图得出，在峰值应变前，煤样主要变现为能量集聚，而峰值应变后主要变现为能量释放。

假设煤在加载过程中不与外界进行热交换，且忽略实验过程中的其他能耗，仅认为压缩机对煤样做工的总能量转化为存储在煤样内部的弹性能和耗散能，即

$$U = U^{d} + U^{e} \tag{7-4}$$

式中，U 为总能量，$kJ \cdot m^{-3}$；U^{d} 为耗散能，$kJ \cdot m^{-3}$；U^{e} 为弹性应变能，$kJ \cdot m^{-3}$。

图 7-25 可以用来表示总能量、弹性能、耗散能之间的转化关系，该关系可通过煤的应力-应变曲线按照公式计算出来，并且具有规律性。为了更好地分析氧化煤的能量耗散规律，分别从不同氧化煤样中选取一个煤样进行分析，图 7-25 显示了压缩机做功后，不同氧化程度煤体内部弹性能和耗散能的转化关系。

依据岩石能量转化理论可知，单轴压缩条件下，试验机对煤样所做的功为

$$U = \int \sigma_1 d\varepsilon_1 = \sum_{i=0}^{n} \frac{1}{2} \left(\varepsilon_{1,i+1} - \varepsilon_{1,i} \right) \left(\sigma_{1,i} - \sigma_{1,i+1} \right) \tag{7-5}$$

$$U^{e} = \frac{1}{2} \sigma_1 \varepsilon_1^{c} = \frac{\sigma_1^2}{2E_0} \tag{7-6}$$

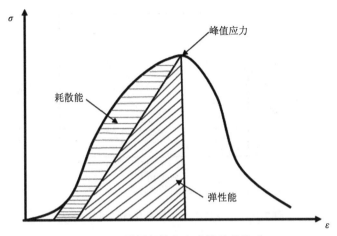

图 7-25　煤样耗散能和弹性能的关系

$$U^d = U - U^e \qquad\qquad (7\text{-}7)$$

式中，$\varepsilon_{1,i}$ 为轴向应变；$\sigma_{1,i}$ 为轴向应力；E_0 为初始弹性模量，MPa（根据图 7-23 中的拟合方程斜率可得出不同氧化煤的初始弹性模量）。

总能量、弹性能、耗散能随应变变化曲线如图 7-26 所示。

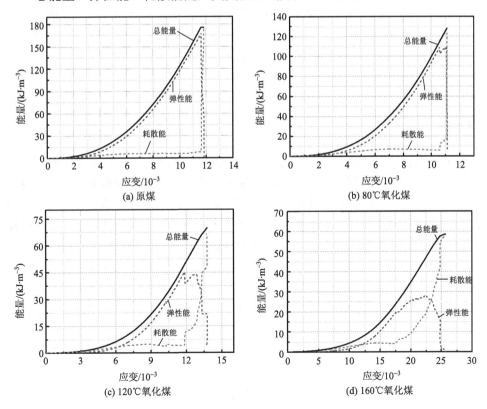

(a) 原煤

(b) 80℃氧化煤

(c) 120℃氧化煤

(d) 160℃氧化煤

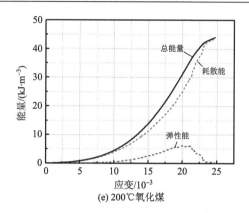

(e) 200℃氧化煤

图 7-26　单轴压缩下不同氧化煤能量转化规律

根据式（7-5）～式（7-7），可以得出不同氧化程度煤的能量耗散规律，具体变化规律如图 7-26 所示。压缩机对煤体做功，其中大部分的能量转化为弹性能储存在煤体内部，煤样在破坏前，煤体内部逐渐开始发生孔隙的闭合—扩展—再闭合，耗散能呈缓慢增长趋势，煤样在峰值点（ε_c）时，煤体内储存的弹性能达到最大值，此时煤样处于极限平衡状态，此时输入微小的能量就会导致煤发生破坏，煤体失稳，进而造成弹性能突然释放。而在弹性能突然释放的瞬间，耗散能快速大幅增长，转化为煤体裂隙的表面能、煤块飞出的动能、声波等能量。煤体内部积聚的弹性能越多，破坏时耗散能释放越多。在冲击地压矿井中，则表现为对巷道支护、设备等的破坏力增强。进一步分析可知原煤在加载时，压缩机的输入能量基本全部转化为煤体的弹性能，随着氧化程度的增加，其转化率越来越低，表现为煤体储存弹性的能力逐渐降低，耗散能随着氧化程度的增加逐渐增加。

通过图 7-26 可以得出在不同阶段总能量、弹性能和耗散能之间的转化关系。在压密阶段，耗散能稍大于弹性能，这是因为氧化煤内部原始孔隙结构发生闭合和摩擦作用使煤样内部结构发生了轻微损伤。随着应力的不断增加，弹性能逐渐大于耗散能。此时煤样内部结构已变得较为密实，损伤程度已趋于稳定，无明显的微裂纹萌生和扩展现象。总能量基本都转化为弹性能，能量转化率较高，以能量积聚为主，耗散能基本不变，煤样强度得到充分发挥。弹性能不断积聚并在峰值应变时达到最大。当破坏进一步发生，弹性能急剧下降转化为耗散能，随着氧化程度的加深，转化率逐渐降低。总能量增大速率迅速减小，并趋于零。这是因为氧化煤在峰值应力后产生较大的塑性变形，内部裂纹瞬间扩展贯通，煤样丧失承载能力。

从图 7-27 可以看出，煤样被加载至破坏，总能量输入逐渐减小，表明随着氧化加深，煤样结构损伤程度加剧，所需破坏能量也随之降低，煤样更容易被破坏。此外，能量-应变曲线斜率逐渐降低，说明单位应变内，输入能量变小。

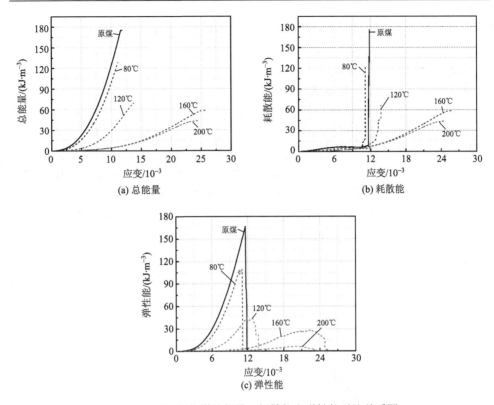

图 7-27　不同氧化煤总能量、耗散能和弹性能对比关系图

　　不同氧化程度煤的耗散能在压密阶段不增加，进入线弹性阶段后缓慢增加。耗散能在达到峰值应变后急剧增加，但随着氧化程度的增大，耗散能的增加速率逐渐变慢。不同煤峰值应变后耗散能增长趋势不同，原煤和 80℃ 氧化煤耗散能基本呈直线急剧增加，同时以其他形式瞬间释放出大量能量。120℃ 氧化煤达到峰值应变后耗散能呈阶梯式上升，160℃、200℃ 氧化煤达到峰值应变后耗散能增加速率变缓且能量释放较缓和。

　　不同氧化煤的弹性能积聚在峰值应变前随氧化程度增加而降低，表明煤抵抗破坏的能力下降。随着氧化程度的增加，弹性能在峰值应变后呈现不同下降趋势，弹性能的释放速率逐渐趋缓。原煤、80℃ 氧化煤弹性能呈直线急剧下降，120℃、160℃ 氧化煤弹性能下降趋势缓和，而 200℃ 氧化煤弹性能趋于平缓。

7.6　氧化煤体冲击倾向特性分析

　　煤的冲击倾向性强弱可采用单轴抗压强度、弹性能量指数、冲击能量指数和动态破坏时间综合衡量，每个冲击倾向性指标又可分为强、弱和无三档，若 4 个参数的测定值发生相互矛盾，综合判定时可用模糊综合评判方法。

为更加高效、准确地测试各项冲击倾向性参数，在《冲击地压测定、监测与防治方法 第 2 部分：煤的冲击倾向性分类及指数的测定方法》（GB/T 25217.2—2010）基础上，对原有参数进行改进，改进后的测试方法如下。

图 7-28 为煤岩在岩石力学实验机上的全应力-应变曲线。图中 $O \sim \varepsilon_1$ 为压密阶段，$\varepsilon_1 \sim \varepsilon_3$ 为线弹性阶段，$\varepsilon_3 \sim \varepsilon_4$ 为屈服阶段，$\varepsilon_4 \sim \varepsilon_5$ 为破坏阶段，ε_1 为加载至 70%～80%的抗压强度后完全卸载的应变。冲击倾向性参数的测试方法为：取一实验煤样，置于实验台，按照位移加载方式，直至煤样破坏，如图 7-28 中的虚线所示，通过该曲线可得出冲击能量指数和抗压强度参数；更换新煤样，按照位移加载方式，加载至 70%～80%的抗压强度后卸载，如图 7-28 中的黑色加粗曲线，卸载后再以应力加载方式，直至煤样破坏，如图 7-28 中的灰色实线所示，通过该加载方式可以得出煤样的弹性应变能和动态破坏时间。图 7-28 中，W_1 为峰值前积聚的总应变能，W_2 为峰值后耗散的应变能，W_3 为加载至 70%～80%抗压强度时所积聚的弹性应变能，W_4 为加载至 70%～80%抗压强度时的塑性应变能。

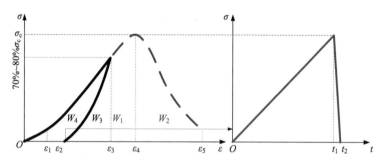

图 7-28　煤岩在岩石力学实验机上的全应力-应变曲线

因此，根据图 7-28 可得冲击能量指数和弹性能量指数如式（7-8）、式（7-9）所示，动态破坏时间对应图 7-28 中 $t_1 \sim t_2$ 段。

$$K_{\mathrm{E}} = \frac{W_1}{W_2} \qquad\qquad (7\text{-}8)$$

$$W_{\mathrm{ET}} = \frac{W_3}{W_4} \qquad\qquad (7\text{-}9)$$

7.6.1　氧化煤体冲击倾向参数实验结果

根据实验测试方案分别对不同氧化程度煤体进行实验处理，得到力学曲线，通过积分的方式计算出各部分面积，并得出氧化煤体各冲击倾向性参数，汇总如表 7-7 所示。

表 7-7　氧化煤冲击倾向性参数汇总

煤样	W_1 /(kg·m⁻³)	W_2 /(kg·m⁻³)	K_E	R_C/MPa	煤样	k	W_3 /(kg·m⁻³)	W_4 /(kg·m⁻³)	W_{ET}	DT/ms	R_C/MPa
DZ-30-1	93.97	10.08	9.314	20.01	DZ-30-5	3.34	19.8	4.62	4.29	208	17.12
DZ-30-2	36.5	3.8	9.582	14.66	DZ-30-6	3.16	38.53	14.66	2.63	140	15.04
DZ-30-3	54.58	11.62	4.698	15.08	DZ-30-7	2.66	19.35	4.36	4.44	149	15.81
DZ-30-4	47.19	21.37	2.208	15.7	DZ-30-8	2.96	31.81	11.79	2.7	130	17.99
均值			6.45	16.36	均值	3.03			3.51	156.75	16.49
DZ-70-1	56.1	6.62	8.475	15.27	DZ-70-5	2.2	18.27	6.21	2.94	210	12.55
DZ-70-2	53.62	8.62	6.22	15.58	DZ-70-6	1.93	31.25	10.61	2.95	327	14.31
DZ-70-3	54.54	39.21	1.39	14.22	DZ-70-7	2.32	66.82	12.82	5.21	76	23.71
DZ-70-4	47.56	3.25	14.64	13.29	DZ-70-8	2.06	36.05	13.21	2.73	274	15.67
均值			7.68	14.59	均值	3.13			3.46	221.75	16.56
DZ-135-1	109.8	4	22	21.81	DZ-135-5	1.31	20.83	19.05	1.09	252	10.41
DZ-135-2	74.1	18.68	3.97	13.76	DZ-135-6	1.07	29.69	17.48	1.7	162	10.25
DZ-135-3	13.14	1.24	10.62	2.54	DZ-135-7	0.91	8.49	4.82	1.76	511	5
DZ-135-4	56.03	12.38	4.52	11.69	DZ-135-8	1.72	39.79	15.97	2.49	140	15.64
均值			10.28	12.45	均值	1.25			1.76	266.25	10.33
DZ-200-1	47.21	31.54	1.5	10.22	DZ-200-5	1.21	30.42	16.93	1.8	214	10.1
DZ-200-2	29.35	18.71	1.57	4.3	DZ-200-6	0.92	18.89	13.36	1.41	350	7.35
DZ-200-3	36.46	10.87	3.35	7.03	DZ-200-7	0.65	5.78	4.92	1.17	180	6.92
DZ-200-4	55.14	8.2	6.73	7.7	DZ-200-8	0.21	2.21	3.74	0.59	405	3.16
均值			3.29	7.31	均值	0.75			1.24	287.25	6.88
DZ-265-1	38.51	17.19	2.24	6.06	DZ-200-5	0.6	17.51	13.43	1.3	126	8.35
DZ-265-2	55.13	12.69	4.34	4.8	DZ-200-6	0.5	14.68	14.91	0.98	368	6.08
DZ-200-3	42.32	10.78	3.93	4.92	DZ-200-7	0.46	6.84	8.47	0.81	166	5.27
DZ-200-4	3.12	0.65	4.83	0.6	DZ-200-8	0.27	5.26	10.36	0.51	432	3.63
均值			3.84	4.1	均值	0.46			0.9	273	5.83

注：k 指平均水平主应力和垂直应力的比值；DT 指动态破坏时间。

7.6.2　氧化煤体冲击倾向性参数分析

1. 氧化煤体抗压强度

图 7-29 中分别为原煤和经历了 70℃、135℃、200℃和 265℃的氧化煤的单轴压缩实验的应力-应变曲线。

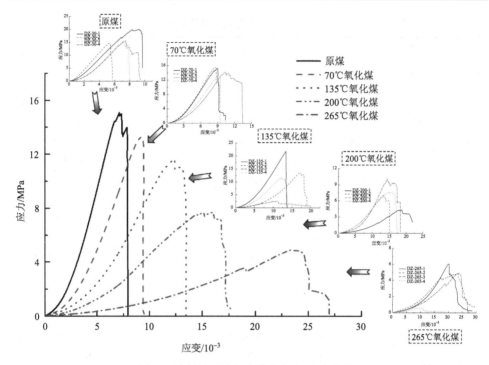

图 7-29　单轴压缩氧化煤体应力-应变曲线

由图 7-30 可知，从原煤到 70℃氧化煤，抗压强度的降低不明显。从 70℃至200℃氧化煤抗压强度降低幅度增大，且基本呈线性变化。在 200℃达到拐点，200~265℃氧化煤的抗压强度降低有所减缓。按照 GB/T 25217.2—2010 的强度划分，得出原煤和 70℃氧化煤属于Ⅲ类强冲击，135℃氧化煤和 200℃氧化煤属于Ⅱ类弱冲击，265℃氧化煤属于Ⅰ类无冲击。

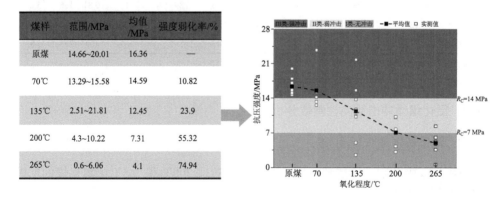

煤样	范围/MPa	均值/MPa	强度弱化率/%
原煤	14.66~20.01	16.36	—
70℃	13.29~15.58	14.59	10.82
135℃	2.51~21.81	12.45	23.9
200℃	4.3~10.22	7.31	55.32
265℃	0.6~6.06	4.1	74.94

图 7-30　不同氧化程度煤抗压强度变化

2. 氧化煤体冲击能量指数

冲击能量指数以位移加载方式对煤样进行轴向加载,其加载应力-应变曲线如图 7-28 中的虚线所示,其值为峰前积聚的应变能 W_1 和峰后破坏消耗变形能 W_2 的比值。图 7-29 为原煤和不同氧化程度煤样的应力-应变曲线,可以得出各组煤样的力学性质表现出较大的离散性。原煤的冲击能量指数为 2.208～9.582,平均值为 6.4505;70℃氧化煤的冲击能量指数为 1.39～14.64,平均值为 7.68;135℃氧化煤的冲击能量指数为 3.97～22,平均值为 10.28;200℃氧化煤的冲击能量指数为 1.5～6.73,平均值为 3.29;265℃氧化煤的冲击能量指数为 2.24～4.83,平均值为 3.84。

通过图 7-31 可以得出,原煤到 135℃氧化煤的冲击能量指数逐渐变大,这主要是由于随着氧化程度增加,煤体孔隙结构发育,压缩机在工作过程中的主要功能是实现材料孔隙的闭合和进一步的扩展,峰前耗散能占压缩机做功的比例增大,因此,该阶段冲击能量指数增加;135～265℃氧化煤的冲击能量指数下降,主要是由于随着氧化程度的进一步加深,煤体的峰后残余强度增加,并存在应力的阶梯跌落,因此冲击能量指数下降。按照 GB/T 25217.2—2010 的冲击能量指数划分得出原煤、70℃氧化煤和 135℃氧化煤属于Ⅲ类强冲击,200℃氧化煤和 265℃氧化煤属于Ⅱ类弱冲击。说明随着煤样氧化程度的增加,煤的冲击能量指数降低。

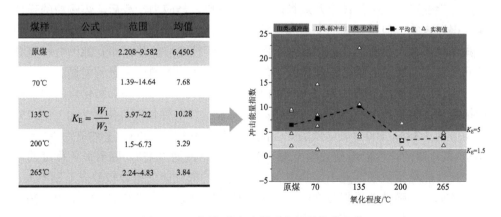

图 7-31　不同氧化程度煤冲击能量指数变化

3. 氧化煤体弹性能量指数

弹性能量指数表征了煤样在破坏前积聚弹性能的能力。图 7-28 中的黑色加粗曲线为煤样弹性能测试的加卸载曲线,图中 W_3 为弹性应变能,W_4 为塑性应变能。

图 7-32 (a) 为原煤和不同氧化程度煤样的应力-应变加卸载曲线。可看出,

原煤、70℃和 265℃氧化煤的曲线较集中，离散程度较低，加载曲线的斜率和卸
载曲线斜率变化不大，而135℃和200℃氧化煤的加卸载曲线离散程度高，这主要
是煤体未充分氧化和煤体自身离散性造成的。

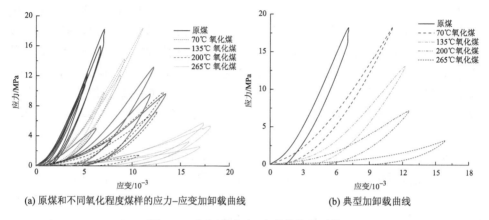

(a) 原煤和不同氧化程度煤样的应力–应变加卸载曲线　　　　　(b) 典型加卸载曲线

图 7-32　加卸载应力–应变曲线及对比

　　为了便于对比分析，从各组中选择一条典型加卸载曲线，如图 7-32（b）所
示。由图 7-32（b）可得出，随着氧化程度的增加，各煤样的加卸载曲线斜率逐
渐变小，煤样积聚弹性能的能力逐渐减弱。煤样在加载过程中的变形包括煤体颗
粒的弹性变形、孔隙的闭合及颗粒间的摩擦滑移。当应力卸载后，煤颗粒的弹性
变形得以恢复，但是孔隙的变形和颗粒间的滑移不能恢复，这样就以残余变形的
形式保持下来，因此，加卸载曲线所围面积为塑性应变能量，即孔隙闭合和煤颗
粒间滑移所消耗的能量，卸载曲线下的面积则为煤颗粒弹性积聚的能量。

　　原煤的弹性能量指数为 2.96～4.148，平均值为 3.779；70℃氧化煤的弹性能
量指数为 2.15～2.51，平均值为 2.343；135℃氧化煤的弹性能量指数为 0.3～2.23，
平均值为 1.383；200℃氧化煤的弹性能量指数为 0.39～1.273，平均值为 0.809；
265℃氧化煤的弹性能量指数为 0.34～0.54，平均值为 0.437。随着氧化程度的增
加，弹性能量指数逐渐变小，其中 70℃氧化煤的弹性能量指数较原煤差别不大，
但 70℃以后，弹性能量指数变化较大。如图 7-33 所示，按照 GB/T 25217.2—2010
的弹性能量指标划分得出原煤和 70℃氧化煤属于Ⅱ类弱冲击，135℃、200℃和
265℃氧化煤属于Ⅰ类无冲击，说明随着氧化程度的加深，煤样的弹性能量指数逐
渐降低。

4. 氧化煤体动态破坏时间

　　动态破坏时间是煤样在单轴压缩状态下以应力加载的方式从极限强度到完全
破坏所经历的时间。图 7-34 中给出了各组煤样的应力–动态破坏时间曲线，原煤

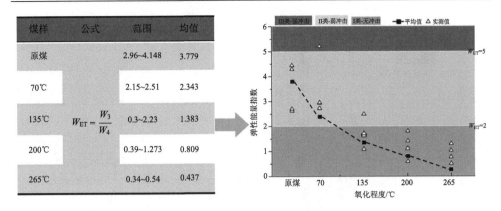

图 7-33　不同氧化程度煤弹性能指数变化

的动态破坏时间为 130～208ms，平均值为 156.75ms；70℃氧化煤的动态破坏时间为 76～327ms，平均值为 221.75ms；135℃氧化煤的动态破坏时间为 140～511ms，平均值为 266.25ms；200℃氧化煤的动态破坏时间为 172～405ms，平均值为 287.25ms；265℃氧化煤的动态破坏时间为 126～432ms，平均值为 273ms。

随着氧化强度的增加，动态破坏时间逐渐变长。如图 7-35 所示，按照 GB/T 25217.2—2010 的动态破坏时间划分得出实验煤样均属于Ⅱ类弱冲击。

7.6.3　氧化煤体冲击倾向性划分

煤的冲击倾向性是利用冲击能量指数、弹性能量指数、动态破坏时间和单轴抗压强度 4 个指数综合评判得出的煤属性。各个参数从不同角度反映了煤体积聚和耗散能量的能力。每个指标分为强、弱、无三档，其分类标准如表 7-8 所示。

由前述分析得出，按照抗压强度指标划分，原煤和 70℃氧化煤属于Ⅲ类强冲击，135℃氧化煤和 200℃氧化煤属于Ⅱ类弱冲击，265℃氧化煤属于Ⅰ类无冲击；按照冲击能量指数划分，原煤、70℃氧化煤和 135℃氧化煤属于Ⅲ类强冲击，200℃氧化煤和 265℃氧化煤属于Ⅱ类弱冲击；按照弹性能量指标划分，原煤和 70℃氧化煤属于Ⅱ类弱冲击，135℃、200℃和 265℃氧化煤属于Ⅰ类无冲击；按照动态破坏时间划分，得出实验煤样均属于Ⅱ类弱冲击。

按照表 7-8 要求，煤的冲击倾向性强弱一般根据测定的 4 个指数进行综合评判。当动态破坏时间、弹性能量指数、冲击能量指数和单轴抗压强度的测定结果不一致时，采用模糊综合评判方法，4 个指数的权重分别为 0.3、0.2、0.2、0.3。然后根据 GB/T 25217.2—2010 中附录 A 冲击倾向性综合评判结果进行比对，如表 7-9 所示。

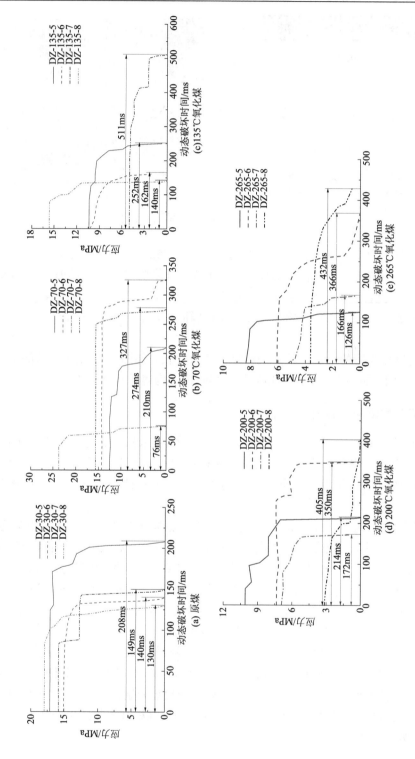

图 7-34 动态破坏时间测试结果

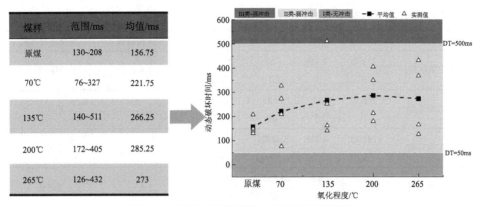

煤样	范围/ms	均值/ms
原煤	130~208	156.75
70℃	76~327	221.75
135℃	140~511	266.25
200℃	172~405	285.25
265℃	126~432	273

图 7-35　不同氧化程度煤动态破坏时间变化

表 7-8　煤冲击倾向分类标准

类别	Ⅰ类	Ⅱ类	Ⅲ类
冲击倾向	无	弱	强
动态破坏时间/ms	DT≤50	50<DT≤500	DT>500
弹性能量指数	$W_{ET}<2$	$2≤W_{ET}<5$	$W_{ET}≥5$
冲击能量指数	$K_E<1.5$	$1.5≤K_E<5$	$K_E≥5$
单轴抗压强度/MPa	$R_C<7$	$7≤R_C<14$	$R_C≥14$

表 7-9　冲击倾向性综合评判结果（部分）

序号	动态破坏时间	弹性能量指数	冲击能量指数	单轴压缩强度	综合评判结果
37	2	2	1	1	*
47	2	3	1	2	2
50	2	3	2	2	2
51	2	3	2	3	*

注：表中综合评判结果：1 指强冲击倾向；2 指弱冲击倾向；3 指无冲击倾向；"综合评判结果"列内用"*"标出时，采用对每个测试值与该指标所在类别临近界定值进行比较的方法综合判断冲击倾向性。

　　根据表 7-9 得出不同氧化程度煤的冲击倾向性评判结果，如表 7-10 所示。通过模糊评价法得出综合评判指数逐渐变大，表明随着氧化程度的增加，冲击倾向性逐渐减弱。通过指标划分，原煤和 70℃氧化煤为强冲击，135℃、200℃氧化煤为弱冲击，265℃氧化煤为无冲击。

表 7-10　不同氧化程度煤体冲击倾向性

煤体	DT/ms	W_{ET}	K_E	R_C/MPa	综合评判指数	综合评判结果
原煤	156.75	3.515	6.451	16.428	1.5	强冲击
	Ⅱ	Ⅱ	Ⅲ	Ⅲ		

续表

煤体	DT/ms	W_{ET}	K_E	R_C/MPa	综合评判指数	综合评判结果
70℃氧化煤	221.75 II	3.458 II	7.68 III	15.579 III	1.5	强冲击
135℃氧化煤	266.25 II	1.76 I	10.28 III	11.39 II	2	弱冲击
200℃氧化煤	287.25 II	1.243 I	3.288 II	7.108 II	2	弱冲击
265℃氧化煤	273 II	0.9 I	3.835 II	4.964 I	2.5	无冲击

　　在物理参数及力学参数测试过程中，弹性模量、波速和抗压强度可以通过实验直接获得。弹性模量反映煤体内基本物理成分抵抗变形的性能，波速反映煤体内部的损伤程度，抗压强度反映了煤体的承载能力和抗变形能力。因此，可以通过分析弹性模量、波速、抗压强度和冲击倾向性参数之间的关联性来反映不同氧化煤体的冲击倾向性。

　　1. 弹性模量与冲击倾向性参数关联分析

　　图 7-36 为弹性模量和冲击倾向性各参数之间的关系。由图 7-36 可知，随着氧化程度的增加，弹性模量逐渐降低，抗压强度逐渐降低，弹性能量指数逐渐降低，动态破坏时间逐渐增加，而冲击能量指数不存在规律性变化。因此，认为弹性模量与抗压强度、弹性能量指数、动态破坏时间存在相关性，而与冲击能量指数不存在相关性。

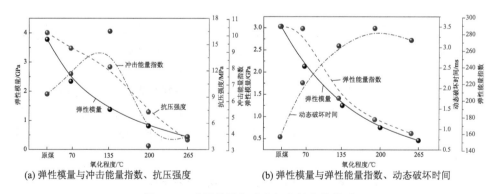

(a) 弹性模量与冲击能量指数、抗压强度　　　　(b) 弹性模量与弹性能量指数、动态破坏时间

图 7-36　弹性模量与冲击倾向性参数关系

2. 波速与冲击倾向性参数关联分析

图 7-37 为波速和冲击倾向性各参数之间的关系。由图 7-37 可知，随着波速的增加，单轴抗压强度和弹性能量指数增大，动态破坏时间减小。波速是煤样受煤氧复合作用后的损伤表征，表现为波速越高，煤样的损伤程度越低，因此，认为氧化煤体的损伤程度与单轴抗压强度和弹性能量指数成负相关，与动态破坏时间成正相关，而波速与冲击能量指数不存在明显规律。

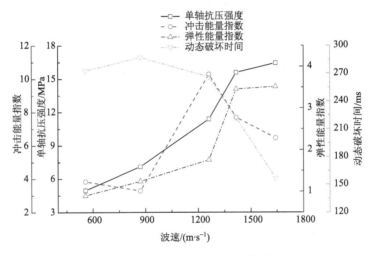

图 7-37　波速与冲击倾向性参数关系

3. 单轴抗压强度与冲击倾向性参数关联分析

通过图 7-38（a）可以得出，单轴抗压强度和冲击能量指数的相关性较差，存在部分煤样单轴抗压强度高，但是冲击能量指数较小，而单轴抗压强度较低的煤样，反而冲击能量指数较高。这主要是峰后应力跌落的方式不同造成的。观察图 7-38 中每组煤样的应力-应变曲线可以看出，峰后应力跌落对冲击能量指数的影响较大。例如，70℃氧化煤中，4 个煤样的单轴抗压强度差别不大，DZ-70-3 煤样抗压强度为 14.22MPa，峰后存在台阶跌落，破坏过程中消耗的能量增加，造成冲击能量指数仅为 1.39；同组的 DZ-70-2 煤样单轴抗压强度为 15.58MPa，峰后为瞬时跌落，其冲击能量指数为 6.22。因此，单轴抗压强度与冲击能量指数的关联性较差。

通过图 7-38（b）可以得出，单轴抗压强度和弹性能量指数具有较高的关联性，基本呈现随着单轴抗压强度的增加，弹性能量指数也变大，进一步说明煤的单轴抗压强度越大，其内部就越容易积聚弹性能，煤样破坏的能力就越强。

通过图 7-38（c）可以得出，动态破坏时间和单轴抗压强度之间的关系比较离散，但仍具有一定的关联性，整体呈负相关关系，随着单轴抗压强度的增加，动态破坏时间减小。

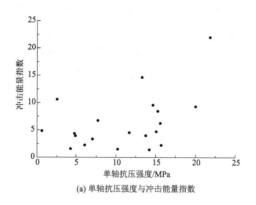

(a) 单轴抗压强度与冲击能量指数

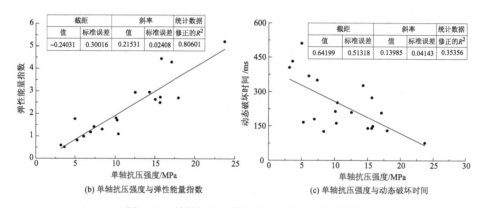

(b) 单轴抗压强度与弹性能量指数   (c) 单轴抗压强度与动态破坏时间

图 7-38　单轴抗压强度与冲击倾向性参数关系

7.7　本章小结

本章通过岩石力学实验，分别对不同氧化程度煤体进行了单轴压缩实验、常规三轴压缩实验、巴西劈裂实验和冲击倾向性参数测试实验。通过以上实验分析得到如下结论：

（1）随着氧化程度增加，单轴压缩下煤体力学特性逐渐弱化。随着氧化程度的加深，应力-应变曲线压密和屈服阶段越来越明显，多峰效应增强，峰后台阶跌落效应越明显，且存在明显残余强度；随氧化程度增加，抗压强度、弹性模量、割线模量、初始弹性模量、泊松比等力学参数均逐渐减小，峰值应变和压缩阶段最大应变逐渐增加。

（2）随着氧化程度增加，巴西劈裂实验下煤体力学特性逐渐弱化。随着氧化程度增加，应力-位移曲线的压密阶段越来越不明显，弹性阶段的斜率逐渐降低，峰值形状逐渐变为"多峰"或"圆弧"状，峰后跌落由垂直跌落变为阶梯或斜坡式跌落，抗拉强度逐渐降低，破坏形式呈"对称—不对称—对称—完全破坏"的规律。

（3）三轴实验下氧化煤体力学参数变化由围压和氧化程度共同决定。相同氧化程度的煤，随着围压升高，压密阶段逐渐变短，弹性模量逐渐变大，峰值强度逐渐升高；在相同的围压下，氧化程度越高，压密阶段逐渐变长，弹性模量逐渐变小。低围压条件下，氧化程度与峰值强度成反比；在高围压条件下，氧化程度与峰值强度成正比。随着氧化程度增加，内摩擦角逐渐变大，黏聚力逐渐变小。

（4）随着氧化程度增加，煤体冲击倾向性逐渐降低。原煤和 70℃氧化煤为强冲击，135℃和 200℃氧化煤为弱冲击，265℃氧化煤为无冲击。波速、弹性模量、单轴抗压强度和冲击倾向性参数具有一定关联性。

第8章　氧化煤体力学特性及氧化特性差异机理研究

本章首先对不同应力作用下卸荷煤体的氧化特性和孔隙结构实验结果进行分析，探究不同埋深卸荷煤体氧化特性差异的机理；然后根据超声波测试结果，分析氧化煤体的损伤规律；建立不同氧化程度煤体力学模型，并结合莫尔-库仑准则，分析氧化煤体的力学差异机理；接着分析不同氧化程度煤体破坏过程的能量耗散特征和氧化煤体破碎特征，建立不同氧化程度煤力学本构方程；最后应用 Abaqus 对不同氧化程度煤本构方程进行验证。

8.1　基于孔隙结构的煤氧化差异性分析

8.1.1　不同应力下卸荷煤体氧化特性变化规律

基于不同应力作用下卸荷煤体氧化特性的测试，获得如下规律。

（1）随着埋深的增加，煤体所受应力不断增加，当煤层开采后，煤体应力开始卸载，其气体消耗及产生呈如下规律：随着应力的增加，卸荷煤体氧化 O_2 浓度降低，CO、CH_4、C_2H_4 的生成量逐渐减小，CO_2 的生成量逐渐变大，C_2H_4 的初始产生温度逐渐降低。

（2）当煤层开采后，随着煤体应力卸载，其氧化特性呈如下规律：随应力增加，耗氧速率逐渐变大，低温氧化阶段活化能逐渐变小，130～200℃氧化阶段的活化能先减小后增加，拐点发生在 1200m 埋深，200～270℃氧化阶段的活化能逐渐变大，全部氧化阶段活化能逐渐变小，初始放热温度逐渐降低，1600m 后基本不再变化，临界点温度逐渐减小，缓慢氧化阶段的放热量呈下降趋势，并在 1600m 产生变化拐点，总放热量呈增加趋势，1600m 后增加幅度减缓，并有减小趋势。

（3）随着应力的增加，卸荷煤体的孔隙度由 57.937%减小至 57%，基本无变化。微孔的数量逐渐增加，小孔、中孔和大孔的数量均逐渐减少。微孔不具有分形特征，小孔分形维数呈"V"形变化，中孔和全尺寸孔分形维数呈增加趋势，大孔分形维数呈倒"V"形变化。

基于以上不同应力作用下的卸荷煤体氧化特性和孔隙结构变化规律，可得出煤体的氧化特性参数和孔隙结构随着应力增加而呈现规律性变化。氧化特性参数与煤体不同应力作用具有一定的关联性。为了探究不同应力作用下卸荷煤体氧化特性差异机理，必须结合煤体孔隙结构的变化规律，才能更好地揭示不同埋深卸荷煤体的氧化差异性机理。

8.1.2　孔隙结构对卸荷煤体氧化特性影响分析

为了分析孔隙结构对卸荷煤体氧化特性的影响，选取了孔隙结构参数中的孔隙度、微孔数量、小孔数量、中孔数量和大孔数量与氧化特性参数中的终温氧气浓度、低温氧化阶段活化能、总活化能、初始放热温度、总放热量等参数，通过分析孔隙结构参数和氧化特性参数之间的关系，得出孔隙结构对不同应力作用下卸荷煤体的影响程度。

图 8-1 为孔隙结构参数与氧化特性参数之间的关联规律。可以看出，实验数据和拟合线的拟合程度较好，可以用拟合线的趋势表达不同参数随埋深变化的趋势。由图 8-1（a）可以得出卸荷煤体孔隙度随着埋深的增加而降低，但随着埋深的增加，卸荷煤体孔隙度与耗氧量之间的拟合度仅为 0.25，其关联性较差；孔隙度与活化能参数的拟合度较高，关联性较强，随着孔隙度降低，低温氧化阶段活化能和总活化能均降低；随着埋深的增加，孔隙度与初始放热温度拟合度较差，仅为 0.46，但其与总放热量拟合度较高，关联性较强，说明随孔隙度的降低，总放热量增加。孔隙度与煤的氧化特性存在一定的关联性，即"负相关"，随着埋深的增加，卸荷煤孔隙度降低，煤体氧化特性增强。因此，作为表征煤体整体孔隙结构的孔隙度参数对煤体自燃氧化特征不具有直接影响。

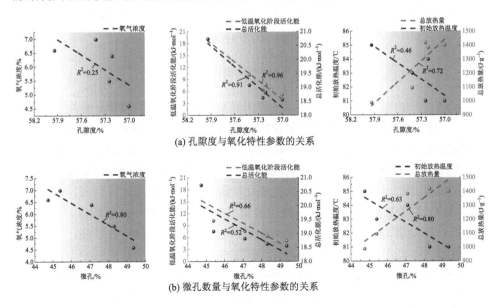

(a) 孔隙度与氧化特性参数的关系

(b) 微孔数量与氧化特性参数的关系

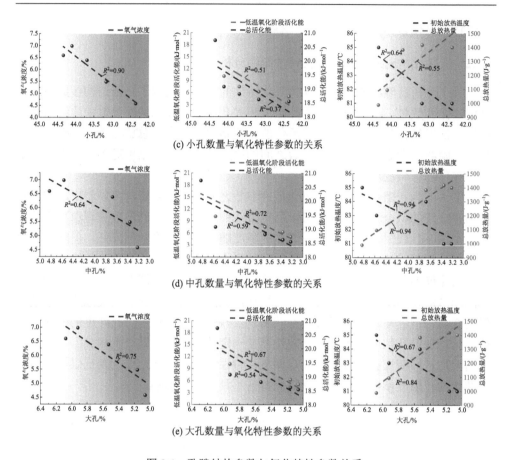

图 8-1　孔隙结构参数与氧化特性参数关系

　　为了进一步解释孔隙结构对不同埋深卸荷煤氧化特征的影响，分别对微孔、小孔、中孔和大孔四个孔参数与氧化特性参数的关系进行分析。由图 8-1（b）可以得出，随着埋深的增加，卸荷煤微孔的数量逐渐变多，且微孔数量与氧气浓度、活化能参数和放热特性参数的拟合度较好，关联性较高，表现为随着埋深增加，微孔的数量增加，耗氧量增加，低温氧化阶段活化能和总活化能降低，初始放热温度降低，总放热量变大。因此，微孔数量与氧化特性参数关联性较好，且为"正相关"，即随着埋深增加，卸荷煤微孔数量增多，煤体氧化特性增强。

　　由图 8-1（c）可以得出，随着埋深的增加，卸荷煤体小孔逐渐变少，且小孔数量与氧气浓度、活化能参数和放热特性参数的拟合度较好，关联性较好，表现为随着埋深增加，小孔数量减少，耗氧量增加，低温氧化阶段活化能和总活化能降低，初始放热温度降低，总放热量变大。因此，小孔数量与氧化特性参数关联性较好，但为"负相关"，即随着埋深增加，小孔数量减少，煤体氧化特性增强。

图 8-1（d）和（e）分别为中孔和大孔的数量与氧化特性参数的关联分析，与小孔数量和氧化特性参数关联性分析基本一致，为中孔数量、大孔数量与氧化特性参数为"负相关"关系，即随着埋深增加，中孔、大孔数量减少，卸荷煤体氧化特性增强。

因此，通过以上分析得出，随着埋深的变化，卸荷煤体孔隙度对煤体氧化特性并不存在直接影响。从各级孔径分析得出，随着埋深的增加，微孔数量与煤的氧化特性呈"正相关"关系，即卸荷煤体微孔数量的多少对煤体氧化特性的影响较大；小孔数量、中孔数量和大孔数量与煤的氧化特性呈"负相关"关系，即随着埋深的增加，小孔数量、中孔数量和大孔数量的多少对煤体氧化特性不存在影响或对氧化特性具有抑制作用。最终得出不同埋深卸荷煤体氧化特性的差异本质为微孔数量的增多而导致的。

8.1.3　深部卸荷煤体氧化特性分析

1. 孔隙结构和氧化特性内在关系

煤体揭露后，煤体暴露与氧气接触并开始氧化。通过上述分析得出，随着埋深的增加，煤体氧化特性逐渐增强，主要受微孔数量的影响，小孔、中孔和大孔数量对煤体氧化不存在影响。

图 8-2 为不同埋深煤体卸压后孔隙结构演化及氧化特性差异示意图。微孔为 $<10nm$ 的孔，煤在微孔内与氧气发生反应时会释放热量，这些热量可以被微孔储存起来，因此微孔数量的增加有利于煤的氧化。在应力的长期作用下，煤体间晶体产生滑移，此时微孔产生，而随着埋深的增加，应力逐步增加，导致煤体内的微孔进一步增多；埋深增加的同时，煤体内的部分小孔、中孔和大孔由于所处应力变大，被压缩为微孔，在以上两种因素的共同作用下，导致随埋深的增加煤体内的微孔逐渐增多，如图 8-2 所示，因此宏观表现为随埋深的增加，卸荷煤体的氧化特性逐渐增强。

小孔（10～100nm）、中孔（100～1000nm）和大孔（>1000nm）由于孔径较微孔大，不利于氧化蓄热，主要作为氧气输送的通道，并且随着埋深的增加，在高应力作用下被压缩，孔内发生坍塌，造成小孔、中孔和大孔随着埋深的增加而逐渐减少。

2. 卸荷煤体氧化特性"临界拐点"讨论

通过上述分析可知，不同应力卸荷煤氧化特性的差异本质上主要是孔隙结构差异造成的，且随着应力的增加，氧化特性逐渐增强。但当煤体埋深达到 1200～1600m 时应力卸荷后，一些氧化特性参数和孔隙结构参数产生变化拐点。

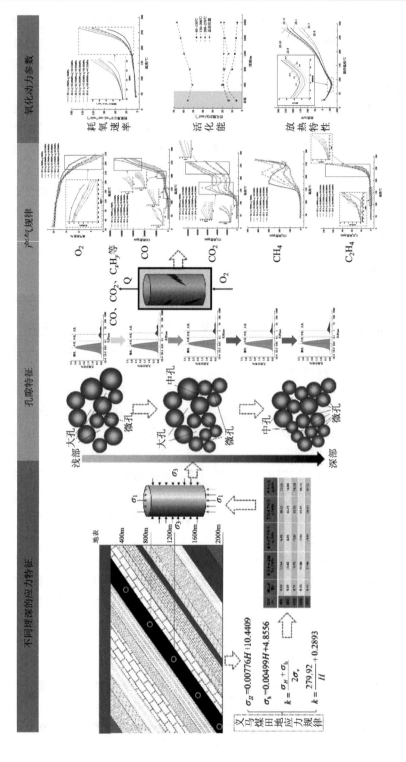

图 8-2　不同埋深卸荷煤氧化特性差异机理

不同应力作用卸荷煤体氧化过程中，C_2H_4 的初始出现时间随初始应力加载的增加而减小，但是在 1600m 埋深应力卸荷后，C_2H_4 的初始释放温度基本不再发生变化。从 400m 埋深到 2000m 埋深应力作用后，130～200℃阶段的活化能先降低再升高，其中 1200m 时应力作用后发生变化，此时的活化能最低，即在快速氧化阶段内，1200m 埋深煤卸载后更容易氧化。初始放热温度的基本趋势为随着初始应力的增加而减小，但当达到 1600m 埋深应力卸载后，其初始放热温度为 81℃，基本不再发生变化。初始氧化阶段放热量逐渐降低，总发热量逐渐升高，但是在 1200m 埋深应力卸载后，变化趋势逐渐趋缓。

分析不同应力卸荷煤各级别孔的分形维数得出，小孔的分形维数呈"V"形变化，1200m 埋深应力卸荷后，小孔的分形维数达到最小；大孔的分形维数呈倒"V"形变化，在 1600m 埋深应力卸荷后，大孔的分形维数达到最大；而微孔和中孔的分形维数虽然随着初始应力的增加而变大，但是在 1200m 埋深应力卸荷后，也存在趋势变化的拐点。

通过上述总结分析，1200～1600m 埋深为应力卸荷煤体部分氧化特性参数和各级别孔径分形维数变化的转折点，在此埋深范围卸荷后的煤体氧化特性变化开始趋缓，孔隙分形维数的变化也出现转折。因此，在深部易自燃煤层中，存在一个应力临界范围，当超过该范围后，煤样的氧化特性和孔隙结构将发生变化。

8.2　氧化煤体力学特性差异分析

8.2.1　氧化煤体的损伤因子变化规律

煤体经过氧化后，其结构状态和材料的性质都将发生变化，裂纹或缺陷进一步发育。当超声波在传播过程中遇到裂纹和缺陷时会发生折射或衍射，从而增加了声波在煤体中的穿透时间，能量衰减，波速降低，因此波速是氧化煤体损伤的间接表征。第 2 章中已经测定了不同氧化程度煤的波速变化。通过式（8-1）可得出氧化煤体的损伤因子 D。

$$D = 1 - \left(\frac{V_{PT}}{V_P} \right)^2 \tag{8-1}$$

式中，V_P、V_{PT} 为煤样氧化前、后的纵波波速，$m \cdot s^{-1}$。

由图 8-3 可以看出，随着氧化程度的增加，损伤因子逐渐变大，氧化煤体损伤逐渐严重。煤体经历 70℃、135℃、200℃和 265℃氧化后，其损伤因子平均值分别为 0.19、0.43、0.72 和 0.86。煤样从 70℃至 200℃氧化后的损伤因子平均值基本呈线性增大，煤样在 200℃氧化后损伤因子变化逐渐趋缓。

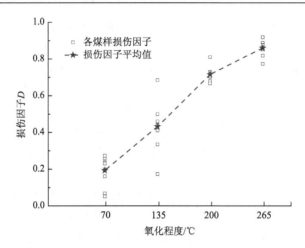

图 8-3　不同氧化煤体损伤因子变化

8.2.2　基于单轴压缩实验的氧化煤体力学模型构建

氧气与煤体相互作用是一个复杂的化学反应过程，其过程由外向内分为两个阶段：①当氧气扩散速度小于煤体吸附速度时，氧气扩散至煤体内的孔隙和毛细管内，氧化反应在孔隙的表面上进行较快，主要受氧气扩散作用控制，这种情况下氧气与孔隙结构表面的煤分子反应不向内部渗透，直至反应面完全氧化后才向反应面内部继续推移；②氧化反应进行中，若氧气扩散速度大于煤体吸收速度，则会出现氧气并不完全消耗在孔隙表面，而会向煤体内部更深处渗透，进行氧化作用。

根据前述实验分析，煤在不同温度下经过氧化处理后，其单轴抗压强度发生了明显变化，因此可以把煤氧复合作用后的氧化煤划分为强氧化区、弱氧化区和未氧化区，分别如图 8-4 中的 A、B、C 所示。在强氧化区，煤氧反应已进行完毕；在弱氧化区，煤氧反应正在进行，但未进行完毕；在未氧化区，氧气未扩散至该区域，未发生煤氧化学反应。氧化作用后的煤体，每个分区的煤体强度都将发生变化，且与氧气浓度和氧化程度有关。

为了便于分析及构建模型，做以下假设：①实验煤样为各向同性均质体，氧气径向扩散，忽略实验煤体端部氧化影响；②氧化煤体由外向内分为三个区域，即强氧化区、弱氧化区和未氧化区；③氧化后煤体，煤氧反应区域包括强氧化区和弱氧化区，该区域强度为 $\sigma_c(T)$。

经过不同温度（T）的氧化处理后，氧化煤所承受的载荷为

$$P_c(T) = \frac{\pi}{4}\sigma_c(T) \times [d(30)]^2 = \frac{\pi}{4}\sigma_c(30) \times [d(T)]^2 \tag{8-2}$$

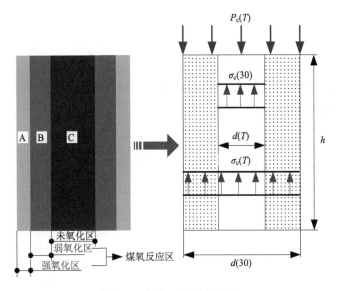

图 8-4　氧化煤体受力模型

式中，$\sigma_c(30)$ 为未氧化区的煤样的单轴抗压强度，即实验煤样室温（30℃）下原煤的单轴抗压强度，MPa；$d(30)$ 为实验煤样氧化前的直径，mm；$d(T)$ 为氧化温度为 T 时的未氧化区直径，mm；$\sigma_c(T)$ 为氧化温度为 T 时的煤样等效单轴抗压强度，MPa。

由式（8-2）可得

$$d(T) = \sqrt{\frac{\sigma_c(T)}{\sigma_c(30)}} \times d(30) \tag{8-3}$$

则煤样氧化后煤氧反应区（强氧化区和弱氧化区）深度预测公式为

$$x(r,T) = d(30) - d(T) = \left[1 - \sqrt{\frac{\sigma_c(T)}{\sigma_c(30)}}\right] \times d(30) \tag{8-4}$$

由表 7-1 可知，$\sigma_c(30)$、$\sigma_c(70)$、$\sigma_c(135)$、$\sigma_c(200)$ 和 $\sigma_c(265)$ 分别为 16.36MPa、14.59MPa、12.45MPa、7.31MPa 和 4.10MPa。通过式（8-4）可得 70℃、135℃、200℃ 和 265℃ 氧化煤的煤氧反应深度分别为 2.78mm、6.38mm、16.58mm 和 24.97mm，进而得出 70℃、135℃、200℃ 和 265℃ 氧化后的煤样未氧化区域范围 $d(T)$ 为 44.44mm、37.24mm、16.84mm 和 0.06mm。因此，随着氧化程度的增加，煤样的未氧化区域逐渐减小，当氧化温度为 265℃ 时，整个煤样已基本呈不同程度氧化。

如图 8-5 所示，未氧化区域范围和煤样抗压强度随着氧化程度增加均减小。假设不同氧化煤体的抗压强度主要是由未氧化区范围决定的，因此可将氧化煤体

的抗压强度表示为

$$\sigma = \frac{F}{S} \tag{8-5}$$

式中，σ 为氧化煤体抗压强度，MPa；F 为氧化煤体破坏时的临界力，kN；S 为未氧化区横截面积，m^2。

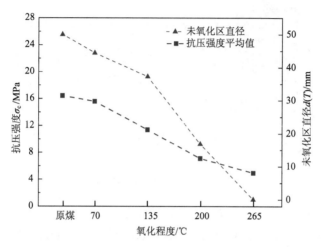

图 8-5　未氧化区直径、抗压强度和氧化程度关系

F、S 可表示为

$$F = \frac{\pi^2 EI}{h^2} \tag{8-6}$$

$$S = \frac{\pi d^2}{4} \tag{8-7}$$

式中，E 为原煤的弹性模量；I 为惯性矩，即 $I = \frac{\pi d^4}{64}$；h 为煤柱高，为 50mm；d 为未氧化区横截面直径，mm。

将式（8-6）、式（8-7）代入式（8-5）得

$$\sigma = \frac{\pi^2 E}{16h^2} d^2 \tag{8-8}$$

由式（8-8）可知，氧化煤的抗压强度与未氧化区（d^2）成正比。因此，随着未氧化区范围的减小，氧化煤体的抗压强度逐渐降低，从而解释了氧化煤力学差异的原因。

8.2.3　基于 Mohr-Coulomb 准则的三轴破坏判据

由前述三轴压缩实验下的氧化煤体峰值强度特性可知，低围压下的氧化煤体强度和高围压下的氧化煤体强度呈现不同的变化规律。以莫尔-库仑（Mohr-Coulomb）破坏准则来判断氧化煤体三轴压缩下的破坏判据。莫尔-库仑破坏准则可表示为

$$\tau = c + \sigma \tan \varphi \tag{8-9}$$

式中，c 为黏聚力，MPa；φ 为内摩擦角，（°）。

因此，基于该准则只需要考虑剪切力 τ 的数值。在 $\tau\text{-}\sigma$ 平面内，式（8-9）表现为一条直线，该直线将应力状态的安全区和破坏区分隔开来，代表材料内部任意点的应力状态(τ, σ)位于直线时，破坏不发生；反之发生破坏。

其中，σ 的三轴莫尔-库仑公式为

$$\sigma = \frac{1}{2}(\sigma_1 + \sigma_3) + \frac{1}{2}(\sigma_1 - \sigma_3)\cos(2\beta) \tag{8-10}$$

式中，2β 为摩尔圆与包络线切线的方向。

通过式（8-1）可以得出氧化煤体莫尔-库仑准则与轴向破坏强度和围压有关。根据表 7-4 中已知的黏聚力和内摩擦角数据，可得出原煤、70℃氧化煤、135℃氧化煤、200℃氧化煤和265℃氧化煤的莫尔-库仑破坏准则公式为

$$\begin{cases} \tau_{原煤} = 14.93 + 0.214\sigma \\ \tau_{70} = 17.2 + 0.207\sigma \\ \tau_{135} = 10.24 + 0.566\sigma \\ \tau_{200} = 8.56 + 0.64\sigma \\ \tau_{265} = 3.2 + 0.929\sigma \end{cases} \tag{8-11}$$

式（8-11）对应的各煤样的莫尔-库仑破坏准则如图 8-6 所示。通过图 8-6 可知，由于原煤组在实验过程中存在一定的离散，因此除原煤外，其余氧化煤体的破坏判据均相交于 $\sigma=19.5$MPa 处。说明不同氧化程度煤体，在有效应力 $\sigma=19.5$MPa 时，其破坏时的剪切应力相等，当 $\sigma<19.5$MPa 时，氧化煤体破坏的剪切应力随氧化程度升高而降低，随着 σ 值越来越接近 19.5MPa，其破坏时的剪切应力降低幅度越小，剪切应力越接近；当 $\sigma>19.5$MPa 时，氧化煤体破坏的剪切应力随氧化程度升高而变大，随着 σ 值越来越远离 19.5MPa，其破坏时的剪切应力增加幅度越大，不同氧化煤破坏时的剪切应力差距越大。

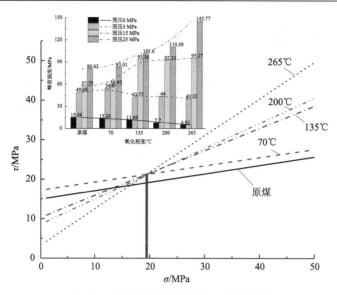

图 8-6　不同氧化程度煤莫尔-库仑判据

　　莫尔-库仑判据所描述的这种现象，主要是由材料的黏聚力和内摩擦角决定的，通过图 7-18 中黏聚力和内摩擦角随氧化程度变化的趋势及莫尔-库仑判据准则，可以认为在 $\sigma < 19.5$ MPa 时，氧化煤体的强度变化主要由黏聚力决定，而在 $\sigma > 19.5$ MPa 时，氧化煤体的峰值强度主要由内摩擦角决定。

　　氧化煤体黏聚力和内摩擦角的变化规律与煤样复合作用的煤体的微观损伤密切相关。图 8-7 为不同氧化程度煤颗粒表面的形貌，可以看出随着氧化程度的加深，煤颗粒表面越来越粗糙，造成内摩擦角增大。因为莫尔-库仑强度理论认为材

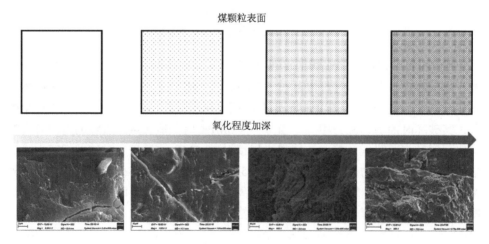

图 8-7　氧化煤体内摩擦角变化机理示意图

料达到极限强度时，某剪切面上的剪切应力达到一个取决于正应力与材料性质的最大值，也就是说，当煤体中某一平面的剪切力超过该面上的极限剪切应力值时，煤体发生破坏。因此，当颗粒表面越粗糙，正应力作用于受力表面后，会产生更大的摩擦力，阻碍剪切力造成的破坏。所以认为，氧化程度越高，煤体的内摩擦角越大。

由图 8-8 可知，随着氧化程度的加深，煤体裂隙及晶体间的有机质参与煤氧化反应，氧化程度越深，有机质含量越少，从而使裂隙贯通，孔径增加，宏观表现为氧化程度越高，煤的黏聚力越小。

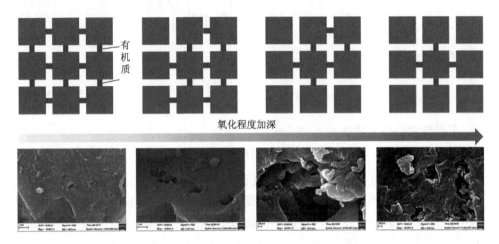

图 8-8 氧化煤体黏聚力变化机理示意图

8.3 氧化煤体破坏过程的能量机制

煤岩类材料破坏的本质是能量驱动下的破裂，其能量演化贯穿于岩石变形和破坏过程的始终，外界通常以机械能的形式不断向岩石输入能量，其中一部分转化为弹性能积聚在岩石内，另一部分以损伤能、塑性能等形式耗散掉，引起岩石材料的结构改变。在岩石达到其强度极限时，内部弹性能释放出来，转变为岩石碎块的动能等。从能量角度研究岩石变形破坏问题更接近其破坏本质，将会丰富和深化人们对受载煤岩体力学行为的认知，尤其是对于岩石动力灾害机理及防护问题的认识，逐渐受到越来越多学者的关注，并被应用于工程实践。

8.3.1 氧化煤体块度统计损伤本构模型构建

假设煤体强度值的概率密度符合韦布尔（Weibull）分布，则其函数表达式为

$$P(\varepsilon) = \frac{m}{F}\left(\frac{\varepsilon}{F}\right)^{m-1}\exp\left[-\left(\frac{\varepsilon}{F}\right)^{m}\right] \tag{8-12}$$

式中，ε 为煤体的应变，‰；m、F 为 Weibull 分布参数，用于表示煤体的力学特性。

煤体内部结构的损伤就是由一系列裂隙、孔隙等微单元破坏导致的。假定煤体试样内的微单元的总数为 N，在外力作用下破坏的微单元数目为 N^{*}，则 N^{*} 与 N 的比值即为损伤变量 $D=N^{*}/N$。因此在任意应变区间 $[\varepsilon, \varepsilon+\mathrm{d}\varepsilon]$ 内产生破坏的微单元数目为 $NP(x)\mathrm{d}x$，当应变 ε 增加到某一程度时，则发生破坏的微单元数量为

$$N^{*}(\varepsilon) = \int_{0}^{\varepsilon} NP(x)\mathrm{d}x = N\left\{1-\exp\left[-\left(\frac{\varepsilon}{F}\right)^{m}\right]\right\} \tag{8-13}$$

将式（8-13）代入 $D=N^{*}/N$，得

$$D = 1-\exp\left[-\left(\frac{\varepsilon}{F}\right)^{m}\right] \tag{8-14}$$

根据连续损伤力学的基本关系式

$$\sigma = E\varepsilon(1-\delta D) \tag{8-15}$$

式中，E 为弹性模量，GPa；D 为损伤变量；δ 为煤体损伤比例系数。

煤体损伤比例系数 δ 主要用于反映煤体损伤性质，而块度分形维数包含煤体破坏过程中的损伤演化信息，是煤体损伤情况的表征，因此通过块度分形维数也可以反映煤体氧化后的损伤情况。结合分形维数和煤体损伤的关系，用块度分维值约化后的数值 f 代替式（8-15）中的煤体损伤比例系数 δ，推导出基于块度分形维数的氧化煤体损伤演化方程，令 f 为同尺度下块度分维值平均值/同尺度下最大块度分维值，替换式中的系数 δ 有

$$\sigma = E\varepsilon(1-fD) \tag{8-16}$$

将式（8-14）代入式（8-16），得

$$\sigma = E\varepsilon\left\{1-f+f\exp\left[-\left(\frac{\varepsilon}{F}\right)^{m}\right]\right\} = E\varepsilon - fE\varepsilon + fE\varepsilon\exp\left[-\left(\frac{\varepsilon}{F}\right)^{m}\right] \tag{8-17}$$

式（8-17）即为氧化煤体单轴压缩下的分形损伤演化本构模型。

由于煤体的应力-应变曲线在峰值强度点 $(\varepsilon_{\mathrm{c}}, \sigma_{\mathrm{c}})$ 处的导数为 0，所以式（8-17）中的参数 m 和 F 可通过对点 $(\varepsilon_{\mathrm{c}}, \sigma_{\mathrm{c}})$ 求导得出。对式（8-17）进行求导

$$\mathrm{d}\sigma = E(1-f)+fE\left[1-m\left(\frac{\varepsilon}{F}\right)^{m}\right]\exp\left[-\left(\frac{\varepsilon}{F}\right)^{m}\right]\mathrm{d}\varepsilon \tag{8-18}$$

令 $\varepsilon=\varepsilon_{\mathrm{c}}$，则有

$$E - Ef + fE\left[1 - m\left(\frac{\varepsilon_c}{F}\right)^m\right]\exp\left[-\left(\frac{\varepsilon_c}{F}\right)^m\right] = 0 \qquad (8\text{-}19)$$

令 $\sigma = \sigma_c$ 代入式（8-17）中得

$$E\varepsilon_c - fE\varepsilon_c + fE\varepsilon_c \exp\left[-\left(\frac{\varepsilon_c}{F}\right)^m\right] = \sigma_c \qquad (8\text{-}20)$$

将式（8-19）和式（8-20）联立方程后，得出

$$m = -\frac{\sigma_c}{\left[\sigma_c - E(1-f)\varepsilon_c\right]\ln\left\{\frac{1}{f}\left[\frac{\sigma_c}{E\varepsilon_c} + f - 1\right]\right\}} \qquad (8\text{-}21)$$

$$F = \varepsilon_c\left\{\frac{\sigma_c}{m\left[\sigma_c - E(1-f)\varepsilon_c\right]}\right\}^{-\frac{1}{m}} \qquad (8\text{-}22)$$

F 和 m 的计算结果如表 8-1 所示，代入式（8-17）中，得出单轴压缩后不同氧化程度煤块度分形损伤演化本构方程。

表 8-1　参数 f、m 和 F 计算结果

煤样	原煤	70℃氧化煤	135℃氧化煤	200℃氧化煤	265℃氧化煤
f	0.979	0.961	0.928	0.978	0.974
m	1.277	2.702	1.68	2.398	2.097
F	8.292	12.6	21.43	22.722	32.652

因此，得出原煤、70℃氧化煤、135℃氧化煤、200℃氧化煤和 265℃氧化煤的损伤演化本构模型分别为

$$\begin{cases} \sigma_{原煤} = 4.698\varepsilon\left\{0.021 + 0.979\exp\left[-\left(\frac{\varepsilon}{8.292}\right)^{1.277}\right]\right\} \\[2mm] \sigma_{70} = 2.49\varepsilon\left\{0.039 + 0.961\exp\left[-\left(\frac{\varepsilon}{12.6}\right)^{2.702}\right]\right\} \\[2mm] \sigma_{135} = 1.49\varepsilon\left\{0.072 + 0.928\exp\left[-\left(\frac{\varepsilon}{21.43}\right)^{1.68}\right]\right\} \\[2mm] \sigma_{200} = 0.732\varepsilon\left\{0.022 + 0.978\exp\left[-\left(\frac{\varepsilon}{22.722}\right)^{2.398}\right]\right\} \\[2mm] \sigma_{265} = 0.34\varepsilon\left\{0.026 + 0.974\exp\left[-\left(\frac{\varepsilon}{32.652}\right)^{2.097}\right]\right\} \end{cases} \qquad (8\text{-}23)$$

从各组中分别选择一个实验样品进行验证，验证实验煤样分别为 DZ-30-3、DZ-70-1、DZ-135-2、DZ-200-4 和 DZ-265-3。将通过模型得到的曲线与实验曲线进行对比分析，结果如图 8-9 所示。

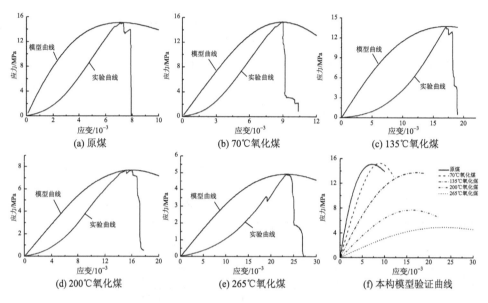

图 8-9　本构模型曲线与实验曲线对比

由于以上本构模型仅仅只能对原煤、70℃氧化煤、135℃氧化煤、200℃氧化煤、265℃氧化煤的强度等力学参数进行，表达缺乏普遍性，为了进一步增加氧化煤体本构模型的适用性，对式（8-23）进行归一化处理，得到不同氧化程度煤体本构模型的通用公式，如式（8-24）所示。

$$\sigma=\left(5e^{-0.01T}-0.087T-7.17\right)\varepsilon+\left(0.087T+7.17\right)\exp\left[-\left(\frac{\varepsilon}{0.089T+7.6}\right)^{0.0026T+2.85}\right]$$

（8-24）

式中，T 为对煤样氧化处理时的终止温度，℃。

通过破碎块度分形建立的本构模型，可以较好地表达实验曲线。由图 8-9（a）～（e）可知，该本构模型对氧化煤的峰值强度、弹性模量等主要力学参数进行了较好的验证。但是对于初始模量、压缩阶段应力-应变及峰后的残余强度，未能得到较好的反映。

8.3.2　氧化煤体破坏过程能量转化分析

由热力学可知，能量转化是物质物理过程的本质特征，物质破坏是能量驱动下的一种状态失稳现象。岩石系统是一种开放系统，在变形破坏过程中一直和外界进行着物质和能量交换，其能量转化如图 8-10 所示。

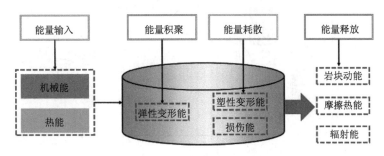

图 8-10 受载煤岩体能量转化

对于受载岩石系统，其能量转化大致分为能量输入、能量积聚、能量耗散、能量释放四个过程。外界输入的能量主要包括机械能（外力所做的功）和环境温度带来的热能，一般为机械能；输入的能量一部分以弹性变形能的形式积聚在岩石内，是可逆的，卸载时可以释放出来，另一部分以塑性变形能、损伤能（主要为表面能）等的形式耗散掉，是不可逆的，同时亦有少量以摩擦热能等形式释放到外界；当弹性变形能存储到一定极限，超过岩石系统所能负载的极值，便会使岩石破裂失稳，并向外界释放，释放的能量包括岩块动能、摩擦热能、各种辐射能等。岩石在变形直至破坏失稳中的能量转化是一个动态的过程，表现为外载机械能、岩石应变能、损伤能等的转化与平衡，对于某一特定变形状态，都有一个特定的能量状态与其相对应。

以单轴受压为例，考察煤体在不同变形受力阶段的能量演化，如图 8-11 所示。在压密阶段（OA 段），外界输入能量逐渐增加，积聚的弹性变形能亦缓慢增加，岩石内部原生裂纹和缺陷不断闭合，并互相摩擦滑移，输入能量中一部分被这些应变软化机制耗散和释放掉；在线弹性阶段（AB 段），煤体仍不断吸收能量，应变硬化机制迅速占据绝对优势，绝大部分能量转化为弹性变形能积聚在岩石内；在稳定破裂发展阶段（BC 段），岩石内部的微裂纹、微空隙逐渐萌生、扩展，电磁辐射、声发射、红外辐射等逐渐增强，许多能量以裂纹表面能及各种辐射能的形式耗散释放掉，但弹性变形能依然占据主要地位；在不稳定破裂阶段（CD 段），微裂纹进一步扩展、贯通，表面能大幅增加，尖端因应力集中形成塑性区，电磁辐射和声发射急剧增强，弹性变形能积聚能力减弱，耗散能占比升高；在峰后软化阶段（DE 段），微裂纹贯通汇合成宏观裂纹，把岩石分割成大大小小的块状、颗粒状、粉末状固体，之前存储的弹性变形能释放出来，转化为岩块的动能、表面能、摩擦热能及各种辐射能。因此，在应力-应变曲线中，表现为峰前主要为能量的积聚，而峰后主要为能量的释放。

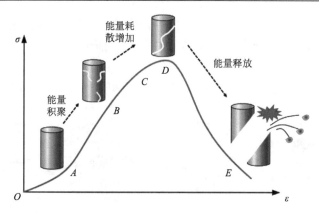

图 8-11　煤体破裂过程中的能量演化过程

8.3.3　氧化煤体破坏过程能量耗散规律

煤体破坏的本质属性是能量的耗散，能量耗散是分析煤体破坏失稳的常用方法。煤体破坏的过程就是能量积聚和耗散的过程，外力作用于煤体，输入总功为 W，输入的能量一部分为储存在煤体内部的可释放能量，另一部分为克服煤体孔隙闭合扩展消耗的能量，因此由热力学第一定律可知：

$$W = W_\text{d} + W_\text{e} \tag{8-25}$$

式中，W 为实验机对实验煤体做的总功，MJ·m^{-3}；W_d 为煤体内的耗散能，MJ·m^{-3}；W_e 为煤体内的积聚的弹性能，MJ·m^{-3}。

可释放弹性能表示为

$$W_\text{e} = \frac{1}{2E'}\Big[\sigma_1{}^2 + \sigma_2{}^2 + \sigma_3{}^2 - 2\mu\big(\sigma_1\sigma_2 + \sigma_2\sigma_3 + \sigma_1\sigma_3\big)\Big] \tag{8-26}$$

式中，E' 为卸荷弹性模量，GPa；μ 为泊松比。

在单轴压缩实验下，压力机对煤样做功为 W，为应力-应变曲线中曲线下所围成的面积；煤样积聚的弹性能为 W_e，则耗散能为总功与弹性能的差值，即 $W - W_\text{e}$。冲击地压灾害即为能量转化的表现形式，可通过研究能量耗散特征来验证不同氧化程度煤体的冲击倾向特性。

煤样的弹性模量为峰值前应力-应变曲线弹性阶段的斜率，煤样在单轴压缩实验条件下，压力机对煤体所做的功可表示为

$$W = \int_0^\varepsilon \sigma_1 \mathrm{d}\varepsilon_1 = \sum_{i=1}^n \frac{1}{2}\big(\sigma_i + \sigma_{i-1}\big)\big(\varepsilon_i - \varepsilon_{i-1}\big) \tag{8-27}$$

单轴条件下，σ_2、σ_3 均为 0，因此由式（8-26）得

$$W_e = \frac{\sigma_i^2}{2E} \qquad (8\text{-}28)$$

式中，σ_i 为应力-应变曲线每一个点的应力，MPa；ε_i 为应力-应变曲线每一个点的应变，‰；初始应力、应变值均为 0；弹性模量 E 可替换卸荷弹性模量 E'。

分别从各组煤样中选择一个煤样进行分析，根据式（8-27）和式（8-28），可以得出不同氧化程度煤的能量积聚耗散特征，如图 8-12 和图 8-13 所示。图 8-12 显示了实验机做功后，不同氧化程度煤体内部弹性能和耗散能的转化关系。压力机对煤体做功，其中大部分的能量转化为弹性能储存在煤体内部，煤样在破坏前，煤体内部逐渐开始发生孔隙的闭合—扩展—再闭合，耗散能呈缓慢增长趋势，在峰值点（ε_c）时，煤体内储存的弹性能达到最大值，此时煤样处于极限平衡状态，任何微小的扰动即可以破坏煤样的平衡状态，发生失稳，使弹性能突然释放。而在弹性能突然释放的瞬间，耗散能快速大幅增长，转化为煤体裂隙的表面能、煤块飞出的动能、声波等能量。煤体内部积聚的弹性能越多，破坏时耗散能释放越多。在冲击地压矿井中，则表现为对巷道支护、设备等的破坏力增强。进一步分析可知原煤在加载时，压力机的输入能量基本全部转化为煤体的弹性能，随着氧化程度的增加，其转化率越来越低，表现为煤体储存弹性能的能力逐渐降低，耗散能随着氧化程度的增加逐渐增加。

单轴压缩实验时，压力机对不同氧化程度煤输入的总功、弹性能和耗散能的变化规律如图 8-13 所示。由图 8-13 可知，随着氧化程度的增加，煤样从初始阶段直至完全破坏，压力机对煤体输入的总功逐渐减小，且能量-应变曲线的斜率逐渐变小，说明单位应变内，压力机输入能量变小。煤体受压过程中，可以看出单位应变内弹性能积聚随氧化程度增加而降低。随着氧化程度的增加，煤体峰值后，弹性能的释放速率逐渐趋缓。

单轴受载下不同氧化程度煤体内的耗散能在煤样的初始压密阶段基本不增加，在线弹性阶段后，耗散能才开始低位缓慢增加，达到应力峰值后，耗散能开始急剧增长，但随着氧化程度的增加，耗散能的增加速度逐渐减缓。原煤和 70℃氧化煤峰值后，耗散能基本呈直线急剧增加，此时煤体内以声波、动能等形式瞬间释放出大量能量；135℃和 200℃氧化煤峰值后耗散能增加趋缓，破坏时能量释放较缓和，265℃氧化煤的耗散能释放呈明显的阶梯状增加趋势，已失去冲击性能。通过热力学第一定律，分析得出能量的耗散特征和冲击倾向性特征基本对应。

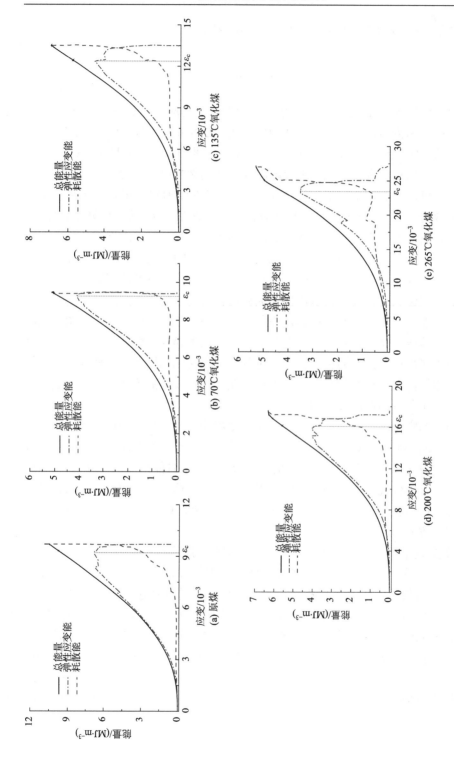

图 8-12　单轴压缩下不同氧化程度煤量转化规律

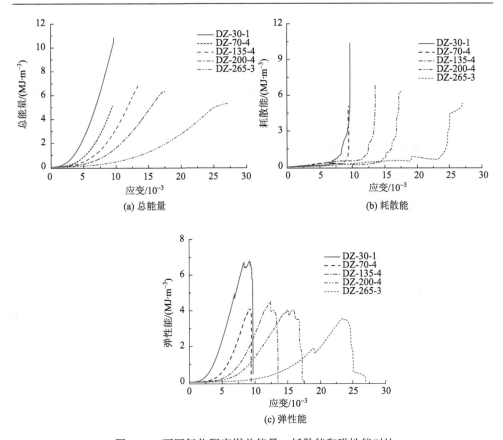

图 8-13　不同氧化程度煤总能量、耗散能和弹性能对比

8.4　氧化煤体块度分形损伤演化本构模型构建及验证

　　煤岩体的破碎块度特征在岩石力学研究中具有相当重要的意义，在许多工程领域中都有重要应用，工程爆破、矿山开采、矿石破碎、隧道开挖等都涉及破碎学的范畴。大量的研究表明，煤体的宏观破碎是由其内部大量的原生裂隙、孔隙，以及温度、含水率、受载情况等外部环境的多种因素相互作用共同影响的结果。受煤氧复合作用后的氧化煤，在单轴压缩实验后，其破碎是细观损伤积累发展到宏观破碎的能量耗散过程。在这一过程中，由于煤氧复合作用，煤体内造成的多尺度缺陷（节理、裂隙、夹杂、裂纹、孔洞等）发育、扩展和汇合贯通直至破碎，其结构演化的集合特征、力学量和物理量演变的数字特征，均表现出较好的自相似性，具有分形性质。煤体破碎后的块度分布是其氧化损伤破坏的结果，因此块度分形维数可以用来描述煤体的破碎效果和表征煤体内部受氧化后的损伤演

化情况。目前，筛分实验、块度分析和分形理论已被广泛用于定量研究煤岩体破碎后的尺度分布。

本节研究不同氧化程度煤在破坏后的破碎块度特征。首先，对破碎煤体进行筛分实验，测量数目和质量；在此基础上，分析其块度分布特征、分形维数等随氧化程度的变化规律。

8.4.1　氧化煤体破碎筛分结果及分析

1. 破碎体筛分实验结果

对不同氧化程度煤进行单轴压缩实验后的破碎体进行筛分，可宏观展现煤体的破坏形态特征，可以更直观地看到煤样的破坏形式及煤氧复合作用后的内部损伤程度，并最终通过筛分实验，获得氧化煤体的损伤本构模型。为减小实验结果的离散程度，选择单轴压缩实验相同氧化煤体组中的三个煤样破碎体开展实验，编号分别为 DZ-30-1～DZ-30-3、DZ-70-1～DZ-70-3、DZ-135-1～DZ-135-3、DZ-200-1～DZ-200-3 和 DZ-265-1～DZ-265-3。

筛分实验采用一组筛子，共有 8 个，直径分别为 15mm、10mm、6mm、3mm、2mm、1mm、0.6mm 和 0.25mm，外加其盖子和底部的盘子。可得到的粒级范围为 $d>15mm$、$10mm<d\leqslant15mm$、$6mm<d\leqslant10mm$、$3mm<d\leqslant6mm$、$2mm<d\leqslant3mm$、$1mm<d\leqslant2mm$、$0.6mm<d\leqslant1mm$、$0.25mm<d\leqslant0.6mm$ 和 $d\leqslant0.25mm$。

将这些碎块分为极粗粒、粗粒、中粒、细粒和微粒 5 个粒级，分别对应于粒径 $d>15mm$、$10mm<d\leqslant15mm$、$6mm<d\leqslant10mm$、$0.25mm<d\leqslant6mm$ 和 $d\leqslant0.25mm$。各粒径的度量统计方式如下。

筛分实验所采用的仪器和设备主要有电子天平、筛子、相机、白色 A4 纸、毛刷等。详细步骤如下：

（1）把白纸铺在实验台上，筛子按照底盘、8 个孔径的筛子由小到大的顺序摆起来（依次是 0.25mm、0.6mm、1mm、2mm、3mm、6mm、10mm、15mm），盖上顶盖。

（2）将试样碎块倒入最上面的筛子中，均匀地用力震动筛子。然后，取下顶部孔径为 15mm 的筛子，其内装有粒径大于 15mm 的极粗粒碎块。按照块度从大到小的顺序依次将它们摆放到白纸上面，进行拍照。然后，记录数量并依次称出每个碎块的质量，简单地描述其形状特征，并进行记录。每次测量完后，将碎块重新收集。

（3）取下第二层孔径为 10mm 的筛子，其内装有粒径为 $10mm<d\leqslant15mm$ 的碎块。将它们逐个摆放在白纸上，进行拍照，记录总个数和总质量。然后将该粒径碎块进行收集。之后，取下第三层 6mm 筛子，其内装有粒径为 $6mm<d\leqslant10mm$

的碎块。其操作步骤同第二层。

（4）取下第四层的筛子，其内装有粒径分别为 3mm＜d≤6mm 的碎屑，按照样本法，称出该组的总质量，选取其中一部分为样本，数出样本的个数并称重，假设该粒级的碎屑和质量均匀，然后可以计算出该组的总颗粒数（样本数量/总数量=样本质量/总质量）。之后，将该组煤样摆放在白纸上对应粒径位置。第五、六层取下后分别筛分出 2mm＜d≤3mm、1mm＜d≤2mm 的碎屑，其操作步骤同第四层。

（5）依次取下第七、八层的筛子和底盘，其内装有粒径分别为 0.6mm＜d≤1mm、0.25mm＜d≤0.6mm、d≤0.25mm 的碎屑。每组用天平称出总质量，将每组的样本摆在白纸上对应的位置，进行拍照。

图 8-14 为不同氧化煤在单轴压缩实验破坏后的每组样本的筛分结果。从图 8-14 中可以看出，不同程度氧化后的煤体在单轴压缩实验下都已完全破碎。随着氧化程度加深，煤体的破碎程度不断增加。当氧化程度较低时，煤体破碎后的块度较大，损伤程度低，碎屑含量少，表现为极粗粒、粗粒、中粒的块度大，数量少，细粒和微粒的碎屑较少。随着氧化程度的加深，煤体破碎块度呈减小趋势，煤体内受氧化的损伤程度逐渐变高，碎屑含量也逐渐增多，表现为极粗粒、粗粒、中粒的块度变小，数量增多，细粒和微粒的碎屑含量增多。

造成煤体的破碎程度随氧化程度增加而增加的原因主要为：煤体的氧化程度较低时，煤体晶体间的有机充填物未完全氧化或未氧化，煤体受氧化损伤程度较低，煤体的力学强度降低较少，在宏观应力加载下，先在充填物氧化后的区域发生破坏，并沿着这些薄弱部位贯穿，最终产生宏观裂隙和破坏；当煤体氧化程度较高时，煤体内晶体间的有机充填物已充分氧化，其强度也大大降低，煤体受氧化损伤较高，其力学强度降低较多，当外部宏观力加载后，在氧化物充填处，率先发生位移，产生裂隙，直至煤样破坏。不同氧化程度煤体氧化后破坏方式如图 8-15 所示。

由上述分析可知，随着氧化程度加深，煤体的破碎块度减小、碎屑增多，但这仅仅是对氧化煤体试件宏观破裂形态进行的定性描述，还需要从块度、质量分形的角度对氧化煤体试件的破坏程度及变化规律进行定量表征。

2. 破碎体不同粒级质量分布

通过氧化煤体试件破碎体各粒级的质量测试结果可以看出，各试件的极粗粒质量所占比例最大，其余粒级质量所占比例都较低。

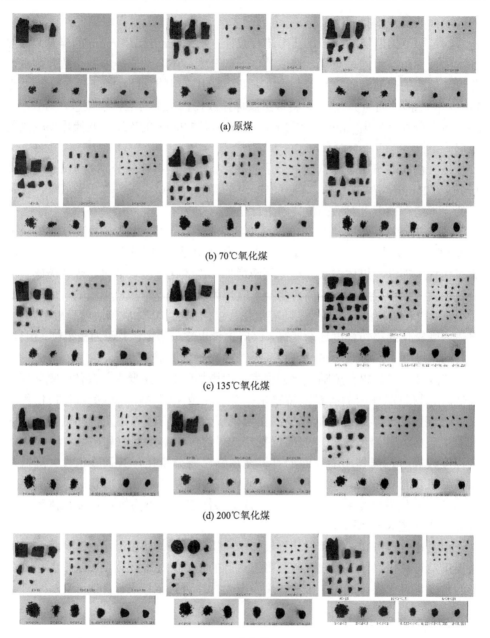

(a) 原煤

(b) 70℃氧化煤

(c) 135℃氧化煤

(d) 200℃氧化煤

(e) 265℃氧化煤

图 8-14　不同氧化程度煤破碎后筛分粒级分布

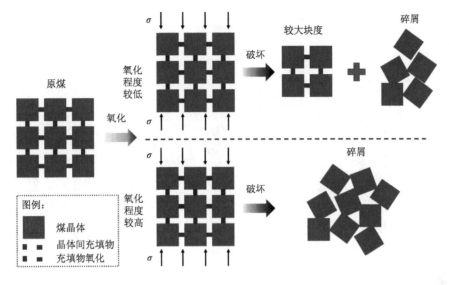

图 8-15　氧化煤体破坏示意图

根据各粒级占比,绘制出各粒级碎屑质量百分比随试件氧化程度变化的曲线,如图 8-16 所示。由图 8-16 可知,煤体试件经过不同程度氧化后,原煤破碎体的极粗粒质量百分比平均为 95.49%,占比最高。随着氧化程度的加深,极粗粒的质量占比较原煤整体呈下降趋势,但 70℃、135℃和 200℃氧化煤的极粗粒占比基本一致,平均值分别为 88.48%、89.32%和 89.13%,265℃氧化煤的极粗粒质量占比降低较多,其平均值为 80.68%。煤体破坏后氧化作用对极粗粒破碎程度影响不大,而 265℃氧化煤,由于处于煤样的着火点温度,煤体氧化剧烈,已出现了煤自燃现象,煤体氧化充分,内部损伤严重,因此极粗粒质量占比变小。

粗粒、中粒、细粒和微粒破碎体质量占比与极粗粒的变化恰恰相反,其随着氧化程度的增加而增加。原煤破碎体的粗粒、中粒、细粒和微粒质量百分比平均值为 1.50%、0.80%、2.18%和 0.15%;70℃、135℃和 265℃氧化煤的粗粒、中粒和细粒质量百分比基本介于 3.39%~3.91%、2.01%~2.54%和 4.39%~4.78%,无较大波动,与极粗粒的变化规律基本一致,说明 70~200℃的煤体,破坏后氧化作用对粗粒、中粒、细粒破碎程度影响不大;265℃氧化煤微粒质量占比进一步升高,其平均值为 0.61%,进一步说明了 265℃氧化煤内部损伤严重,从而导致微粒占比增加。

综上分析,极粗粒破碎体质量占比随着氧化程度的加深而降低,粗粒、中粒、细粒和微粒破碎体质量占比随着氧化程度的加深而增加。粗粒、中粒和细粒破碎体质量占比差别不大,在图 8-16 中表现为"阶梯平台"分布。

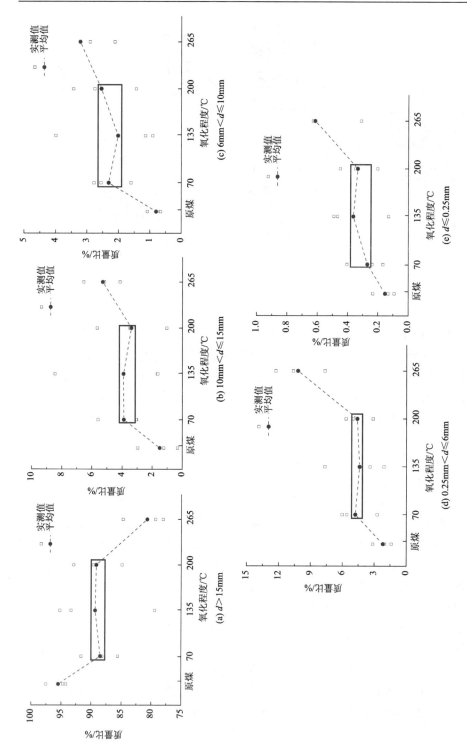

图 8-16 破碎后各粒级的质量百分比与氧化程度的关系

3. 破碎体不同粒级频数分布

根据各粒级频数统计，绘制出各粒级频数随试件氧化程度变化的曲线，如图 8-17 所示。

由图 8-17 可知，煤体试件经过不同程度氧化后，原煤破碎体的极粗粒频数为 3~10，平均值为 7，频数较低。70~265℃氧化煤的频数分别为 8~15、7~21、5~13 和 9~15，平均值分别为 12、12、10、12。随着氧化程度的增加，极粗粒级频数并未发生很大变化，因此，认为氧化后的煤样极粗粒级频数受氧化程度影响不大。

粗粒（10mm<d≤15mm）、中粒（6mm<d≤10mm）和部分细粒（3mm<d≤6mm、2mm<d≤3mm、1mm<d≤2mm）破碎体的频数随氧化程度的增加整体呈增长趋势。粗粒破碎体频数曲线图中，原煤的粗粒破碎体频数为 1~7，平均值为 5；70~200℃氧化煤粗粒破碎体频数分别为 8~16、6~24、4~16，平均值分别为 12、12、12，基本没有波动；265℃氧化煤的粗粒频数为 14~21，平均值为 18，频数较原煤及低程度氧化煤样增加。中粒破碎体频数曲线图中，原煤及 70~265℃氧化煤的破碎体平均值分别为 10、27、22、25、34，其中 70~200℃氧化煤的频数接近，265℃氧化煤的中粒频数进一步增加。部分细粒破碎体频数的变化规律与粗粒和中粒基本一致，均随着氧化程度的增加而整体呈增加趋势，在 70~200℃氧化程度破碎体频数波动不大。

从数量上表现为 70~200℃的煤体破坏后的极粗粒、粗粒、中粒和部分细粒破碎体的频数受氧化影响不大，而 265℃氧化煤的各粒级破碎体频数受氧化影响较大，显示为频数增加。这可能是由于 265℃氧化煤处于煤样的着火点温度，煤体氧化剧烈，已出现煤自燃现象，煤体氧化充分，内部损伤严重。

综上分析，极粗粒破碎体频数氧化后较原煤增加，但氧化后的各煤样频数变化不大；粗粒、中粒和部分细粒破碎体频数随着氧化程度的加深而增加，其中 70℃~200℃氧化煤的频数受氧化程度影响不大，频数大小基本一致，在图 8-17 中表现为"阶梯平台"分布，与破碎体的质量占比规律较一致。

4. 破碎体比表面积分析

对于煤体这类准脆性材料，在准静态破坏过程中的主要能量耗散方式为新裂隙面的产生。煤体氧化后，煤体内部晶体间的有机物被氧化，其强度降低，当外界输入较低能量后，就可以使煤体发生破坏。因此，可以用煤体破碎后的比表面积来度量能量耗散的大小。

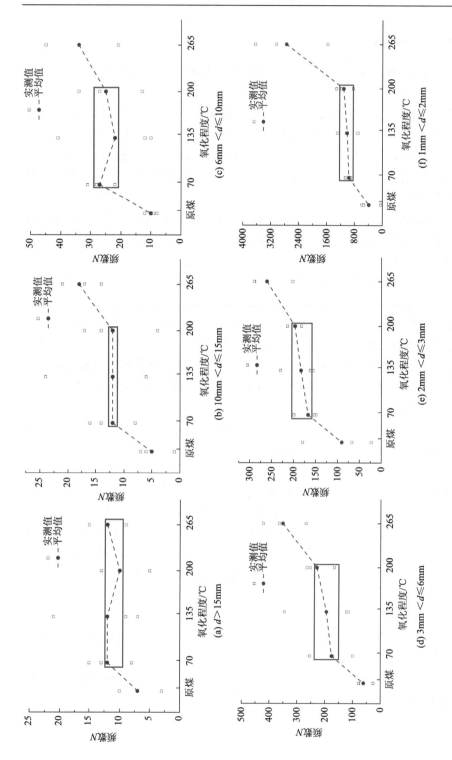

图 8-17 试件破碎体各粒级的频数 N 随氧化程度变化规律

　　根据筛分实验破碎煤样的比表面积，绘制出试样破碎体比表面积和氧化程度的关系，如图 8-18 所示。可以看出随着氧化程度的增加，破碎体的比表面积逐渐变大。原煤的比表面积为 $2.16\sim2.44\mathrm{cm}^2\cdot\mathrm{g}^{-1}$，均值为 $2.29\mathrm{cm}^2\cdot\mathrm{g}^{-1}$；70℃氧化煤的比表面积为 $2.21\sim2.74\mathrm{cm}^2\cdot\mathrm{g}^{-1}$，均值为 $2.52\mathrm{cm}^2\cdot\mathrm{g}^{-1}$；135℃氧化煤的比表面积为 $2.59\sim2.99\mathrm{cm}^2\cdot\mathrm{g}^{-1}$，均值为 $2.75\mathrm{cm}^2\cdot\mathrm{g}^{-1}$；200℃氧化煤的比表面积为 $2.74\sim3.10\mathrm{cm}^2\cdot\mathrm{g}^{-1}$，均值为 $2.97\mathrm{cm}^2\cdot\mathrm{g}^{-1}$；265℃氧化煤的比表面积为 $2.95\sim4.08\mathrm{cm}^2\cdot\mathrm{g}^{-1}$，均值为 $3.51\mathrm{cm}^2\cdot\mathrm{g}^{-1}$。进一步分析得出 70～265℃氧化煤的比表面积较原煤分别增加了 $0.23\mathrm{cm}^2\cdot\mathrm{g}^{-1}$、$0.46\mathrm{cm}^2\cdot\mathrm{g}^{-1}$、$0.68\mathrm{cm}^2\cdot\mathrm{g}^{-1}$、$1.22\mathrm{cm}^2\cdot\mathrm{g}^{-1}$，增加率分别为 10.04%、20.09%、29.69%、53.28%。

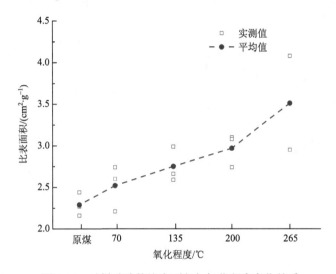

图 8-18　试样破碎体比表面积与氧化程度变化关系

　　煤氧复合作用对煤体造成了不同程度的氧化损伤，氧化程度越高，对煤体的微观"肢解"作用越明显。在工程实际中，氧化程度高的煤体在外载荷下发生破碎，其比表面积较未氧化煤体的比表面积大，从而使得接触氧的面积变大，煤体更容易进一步氧化，也更容易诱发煤自燃。

　　通过前述氧化煤体破碎的筛分实验，从质量、频数等方面进行分析，可以得出以下基本规律：相同粒级的质量百分比和频数随着氧化程度的增加而增加；除极粗粒（$d>15\mathrm{mm}$）和微粒（$d\leqslant0.25\mathrm{mm}$）外，其他粒级的质量百分比和频数变化不大，曲线呈"阶梯平台"状。从数量上来看，氧化作用对中间粒级的影响不大，但实际上氧化作用对煤体的损伤及破碎体的特征分布有很大影响。

　　图 8-19 为氧化煤体破碎过程中破碎体的形成及演化示意图。图 8-19 上半部分为原煤或氧化程度较低的煤破碎体的粒径分布，随着粒级的降低，频数逐渐增加。图 8-19 下半部分为氧化程度较高的煤体破碎后的破碎体分布特征，由图 8-19

可知，粗粒破碎体受氧化影响内部发生微观损伤，在外部载荷作用下，破碎为较大块体和较小块体，而较小块体由于粒径减小，"补给"到中粒破碎组内，同样中粒中的部分颗粒受氧化损伤，在外力作用下发生破碎，破碎体"补给"到细粒组中，因此，数量上粗粒、中粒和细粒的数量并没有发生变化，但实际上，这是氧化后高一粒级的破碎体对低一粒级破碎体的"补给"造成的。进一步分析，细粒组破坏后"补给"到微粒组中，导致氧化程度高的煤体破碎体中微粒的频数和质量高于氧化程度低的煤体破碎体中微粒的频数和质量。

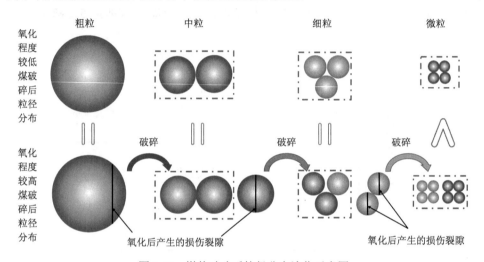

图 8-19　煤体破碎后粒径分布演化示意图

因此，实验结果表明，我们不能简单地认为氧化作用对煤体中间粒级的频数和质量的影响是微小的。实际上，这种影响主要是在煤体破碎过程中，较大粒级向较小粒级的"补给"作用引起的。图 8-19 合理地解释了图 8-16 和图 8-17 中间粒级质量和频数"阶梯平台"产生的原因。

8.4.2　氧化煤体破碎块度分形分析

许多专家学者对块度分形计算进行了大量的研究，并获得了许多成果，其中最常用的两种方法是 R-R（Rosin-Rammler）分布函数和 G-G-S（Gate-Gaudin-Schubanann）分布函数，R-R 分布更适用于块度粗粒分布，G-G-S 分布则适用于细粒分布。将 G-G-S 分布按级数展开后，省去高阶，得到的公式与 R-R 分布函数表达式相似，因此选用 G-G-S 分布函数表达式：

$$y = \left(\frac{r}{r_m} \right)^{\alpha} \tag{8-29}$$

式中，m 为煤样质量分布参数；r_m 为碎块的最大粒径；α 为岩石块度分布参数，

其值为 r–r_m 双对数坐标下函数的直线斜率。

设 $m(r)$ 为等效粒级小于特征尺寸 r 的碎块筛下的质量和，M 为煤样的总质量，则式（8-29）转换为

$$\frac{m(r)}{M}=\left(\frac{r}{r_m}\right)^{\alpha} \tag{8-30}$$

对两边求导，得

$$dm\propto r^{\alpha-1}dr \tag{8-31}$$

加入岩石碎块数量与质量增量关系：

$$dm\propto r^3 dN \tag{8-32}$$

煤岩的块度分形维数 D 与特征尺寸 r 及等效特征尺寸 r 之上的碎块个数 N 存在以下关系：

$$N\propto r^{-D} \tag{8-33}$$

对式（8-33）求导，得

$$dN\propto r^{-D-1}dr \tag{8-34}$$

结合式（8-32）、式（8-34），可得碎块的质量-特征尺寸分形维数计算公式为

$$D=3-\alpha \tag{8-35}$$

其中，

$$\alpha=\frac{\lg\big(m(r)/M\big)}{\lg r} \tag{8-36}$$

式中，α 为双对数 $\lg r$–$\lg(m(r)/M)$ 坐标下的直线斜率；$m(r)$ 为特征尺寸小于 r 的碎块质量和；M 为煤样总质量。

通过筛分称重得出特征尺寸以下的碎块质量和总质量，计算出 $m(r)/M$，然后再和特征尺寸 r 共同取对数，见表 8-2，再进行线性拟合，如图 8-20 所示。

由图 8-20 可知，拟合直线的 R^2 均大于 0.97，说明相关性较好，煤样破碎块度的分形特征明显。根据公式计算得到的分维值如表 8-3 所示。

8.4.3　块度分形与氧化程度的关系

煤样破碎后的块度分形维数是对其破坏过程的反映，而不同的氧化程度直接影响煤样破碎块度的分布情况。图 8-21 是分形维数与氧化程度之间的关系图。

由图 8-21 可知，煤氧复合作用对煤体块度分形维数的影响十分明显，随着氧化程度的逐渐加深，分形维数也逐渐增大。原煤破碎体的分形维数为 2.048～2.143，均值为 2.097；70℃氧化煤破碎体的分形维数为 2.048～2.223，均值为 2.137；135℃氧化煤破碎体的分形维数为 2.137～2.424，均值为 2.249；200℃氧化煤破碎体的分形维数为 2.159～2.295，均值为 2.244；265℃氧化煤破碎体的分形维数为

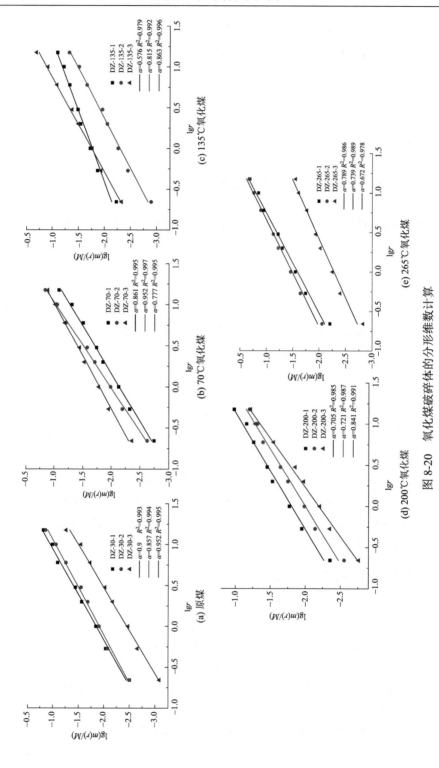

图 8-20 氧化煤煤破碎体的分形维数计算

表 8-2 特征尺寸–煤样破碎占比对数表（lgr–lg（m（r）/M））

特征尺寸		0.25	0.6	1	2	3	6	10	15
lgr		−0.656	−0.272	0	0.301	0.477	0.778	1	1.176
lg（m（r）/M）	DZ-30-1	−2.497	−2.075	−1.907	−1.680	−1.549	−1.258	−1.062	−0.859
	DZ-30-2	−3.082	−2.653	−2.474	−2.173	−2.024	−1.724	−1.544	−1.259
	DZ-30-3	−2.503	−2.038	−1.842	−1.562	−1.441	−1.095	−0.992	−0.813
	DZ-70-1	−2.628	−2.196	−1.991	−1.710	−1.575	−1.208	−1.059	−0.846
	DZ-70-2	−2.360	−1.956	−1.779	−1.525	−1.445	−1.190	−1.025	−0.895
	DZ-70-3	−2.748	−2.323	−2.132	−1.855	−1.741	−1.506	−1.314	−1.089
	DZ-135-1	−2.898	−2.452	−2.267	−2.057	−1.962	−1.661	−1.512	−1.326
	DZ-135-2	−2.331	−1.936	−1.763	−1.499	−1.38	−1.09	−0.916	−0.687
	DZ-135-3	−2.233	−1.868	−1.724	−1.541	−1.491	−1.335	−1.223	−1.102
	DZ-200-1	−2.352	−1.947	−1.769	−1.528	−1.453	−1.259	−1.157	−0.979
	DZ-200-2	−2.554	−2.140	−1.984	−1.748	−1.641	−1.393	−1.314	−1.199
	DZ-200-3	−2.758	−2.348	−2.205	−1.973	−1.853	−1.543	−1.282	−1.214
	DZ-265-1	−2.057	−1.644	−1.458	−1.222	−1.130	−0.893	−0.762	−0.672
	DZ-265-2	−2.205	−1.744	−1.549	−1.303	−1.221	−0.951	−0.852	−0.687
	DZ-265-3	−2.829	−2.397	−2.250	−2.024	−1.936	−1.766	−1.611	−1.554

表 8-3 煤样块度分形维数统计

氧化程度	煤样	拟合度 R^2	斜率 α	分形维数 D	分形维数平均值
原煤	DZ-30-1	0.993	0.9	2.1	
	DZ-30-2	0.994	0.857	2.143	2.097
	DZ-30-3	0.995	0.952	2.048	
70℃	DZ-70-1	0.995	0.861	2.139	
	DZ-70-2	0.997	0.952	2.048	2.137
	DZ-70-3	0.995	0.777	2.223	
135℃	DZ-135-1	0.979	0.576	2.424	
	DZ-135-2	0.992	0.815	2.185	2.249
	DZ-135-3	0.996	0.863	2.137	
200℃	DZ-200-1	0.985	0.705	2.295	
	DZ-200-2	0.987	0.721	2.279	2.244
	DZ-200-3	0.991	0.841	2.159	
265℃	DZ-265-1	0.986	0.789	2.211	
	DZ-265-2	0.989	0.739	2.261	2.267
	DZ-265-3	0.978	0.672	2.328	

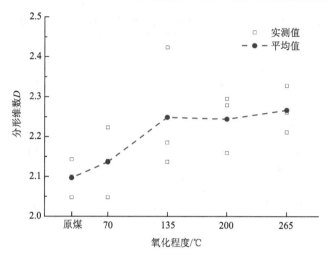

图 8-21　分形维数与氧化程度关系

2.211～2.328，均值为 2.267。进一步分析 70～265℃氧化煤的破碎体分形维数较原煤分别增加了 0.04、0.152、0.147、0.17。实验结果表明，氧化煤体破碎块度分形维数与其破坏过程存在以下定性关系：分形维数的值越大说明氧化作用对煤体的损伤越严重，外力作用后的煤体破碎程度越高，小尺寸碎块质量占比和频数增大。

　　上述现象主要是因为氧化作用在煤体内部产生"肢解"作用，氧化程度越深，"肢解"越严重。原煤未经氧化，破坏过程中，主要是煤体内部的原生裂隙决定了煤体的破碎程度，而经过氧化后的煤体，不但受原生裂隙影响，还受氧化损伤裂隙的影响，氧化煤体在外力作用下，破坏过程中，原生裂隙和氧化产生的裂隙都逐渐形成破坏时的宏观裂隙，因此氧化程度越高，破坏程度越严重，煤体破碎后的分形维数值也就越大。

8.4.4　基于 Abaqus 的数值模拟验证

　　根据实验煤柱的尺寸，在 Abaqus 中建立了三维有限元模型，如图 8-22 所示，研究不同氧化程度下实验煤柱的应力分布和破坏情况。

　　通过 Abaqus 有限元软件模拟出不同氧化程度实验煤破坏后的应力场和破坏特征，如图 8-23、图 8-24、图 8-25 所示。

　　图 8-23 为不同氧化程度煤单轴压缩后的破坏特征，通过对比可以发现，随着氧化程度加深，煤体越来越破碎，破碎块度也越来越小，数值模拟得出的结果与实验得出的破坏特征基本一致。

　　图 8-24 为单轴压缩下氧化煤体中性面垂直应力的分布云图，根据参考资料，当应力为正时代表拉应力，当应力为负时代表压应力。因此从图 8-24 中可知，原

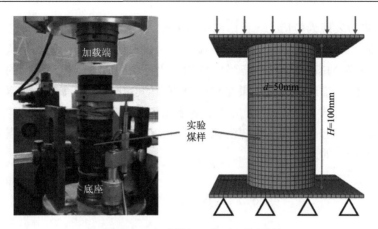

图 8-22　实验煤柱及模型网格划分

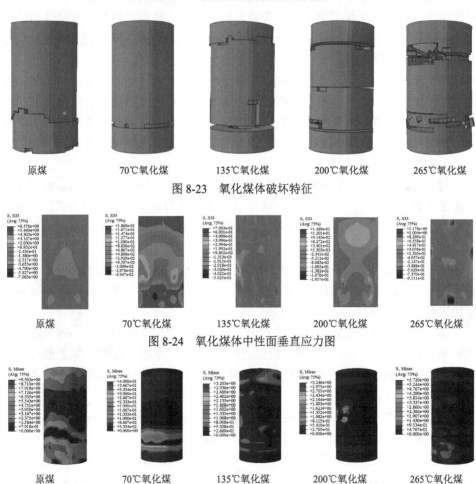

原煤　　　　70℃氧化煤　　　135℃氧化煤　　　200℃氧化煤　　　265℃氧化煤

图 8-23　氧化煤体破坏特征

原煤　　　　70℃氧化煤　　　135℃氧化煤　　　200℃氧化煤　　　265℃氧化煤

图 8-24　氧化煤体中性面垂直应力图

原煤　　　　70℃氧化煤　　　135℃氧化煤　　　200℃氧化煤　　　265℃氧化煤

图 8-25　氧化煤体 Mises 等效应力云图

煤中性面应力表现为拉应力，且内部拉应力较大，而外部拉应力较小；70～265℃氧化煤同时存在拉应力和压应力，整体表现为内部呈拉应力，外部呈压应力。

图 8-25 为 Mises 等效应力云图，它用应力等值线来表示模型内部的应力分布情况，可以清晰描述出一种结果在整个模型中的变化，从而有助于快速地确定模型中最危险的区域。通过 Mises 应力等效云图可得，原煤的应力集中较明显，70℃氧化煤次之，135～265℃氧化煤的应力集中并不明显。这可能是由于煤体氧化后塑性增强而产生的。

8.5　本　章　小　结

本章首先分析了不同应力作用下卸荷煤体氧化特性的差异机理；计算了煤体损伤因子，通过力学模型揭示了力学差异机理；最后开展了氧化煤破碎体的筛分实验，建立了不同氧化程度煤统计损伤本构模型，并验证了模型的正确性。通过本章研究得出如下结论。

（1）不同应力作用下卸荷煤氧化差异是由微孔数量决定的，卸荷煤氧化特性随埋深增加存在"临界拐点"。随着埋深的增加，孔隙度对煤体氧化特性并不存在直接影响，不同埋深卸荷煤体氧化特性的差异本质上是由微孔数量的增多导致的。1200～1600m 为深部卸荷煤体氧化特性变化的临界深度，超过临界深度后，煤样的氧化特性变化趋缓。

（2）氧化煤体力学差异取决于煤体未氧化区范围。70～265℃氧化煤的波速损伤因子由 0.19 增加至 0.86。此外，建立了氧化煤体的氧化深度预测公式，并计算得出 70～265℃氧化煤的未氧化区范围直径由 44.44mm 降至 0.06mm，抗压强度与未氧化区直径的平方成正比。

（3）三轴压缩下当 $\sigma=19.5$MPa 时，不同氧化程度煤破坏时的剪切力相等。当 $\sigma<19.5$MPa 时，煤体的破坏主要由黏聚力决定，当 $\sigma>19.5$MPa 时，煤体破坏主要由内摩擦角决定。

（4）随着氧化程度的增加，外界输入能量转化为弹性能的转化率越来越低。随着氧化程度加深，压力机做功转化为弹性能的转化率越来越低，耗散能逐渐增加；峰后耗散能由直线上升逐渐变为阶梯缓慢上升，耗散能释放剧烈程度基本与冲击倾向性一致。

（5）随着氧化程度增加，力学实验后煤体更加破碎。极粗粒质量占比最大，且破碎体粒径随着氧化程度升高而减低，粗粒、中粒和细粒质量占比接近，微粒占比最少；破碎体的粒级频数分布同破碎体质量占比规律基本一致。破碎体比表面积随着氧化程度增加而增加；原煤到 265℃氧化煤的破碎块度分形维数为 2.097、2.137、2.249、2.244 和 2.267。另外，还基于 Weibull 分布得出了氧化煤体块度分形损伤的本构模型。

第9章 煤氧化的力学特性及自燃灾变机理研究

第4～8章对深部煤自燃过程中接触氧后的热释放特性、热作用及氧作用下微观活性结构演变特性、煤体孔裂隙结构演变特性、力学强度演变特性进行了实验与理论研究，在对深部煤自燃特性的研究基础上，本章将对深部煤自燃过程的温度动态变化规律、温度分布规律、高温热点蔓延方向等进行分析，以揭示深部煤自燃的灾变机理。

9.1 深部煤自燃内在相互关联机制

9.1.1 深部煤自燃综合特性对比分析

通过前面章节的分析，可以发现煤样的热释放特性表现出一定的阶段性，具体可以划分成三个温度阶段：第一阶段为60℃之前，这一阶段表现出的特征是与原煤较小的差异性；第二阶段是 60～100℃区间段，这个阶段的特征是煤的各种性能逐渐呈现出明显的变化，是各种转折点出现的阶段；第三阶段为100℃之后，这个阶段煤样的各项性能会呈现出比较规律的变化，但这种变化属于有利于自燃的变化，煤样整体上也具备了更容易自燃的条件。不同温度阶段下，煤样的变化特征及对比情况如表 9-1 所示。

表 9-1 深部煤自燃过程热释放特性对比分析

温度阶段	热释放特性
40～100℃	这个阶段，热流曲线整体上变化不大，40℃时最大放热强度在零刻度以下，需要从环境中吸收大量的热量，因此整段都处于吸热状态。而 60～100℃段温度较低，氧化作用弱，放热不足，煤与氧气接触后，要经历长时间的吸热过程。这时煤样的最大放热强度大于零，而且放热强度逐渐增大，但增幅缓慢，没有出现放热峰；另外，煤样吸热量占比从100%下降至17.8%，放热量则从0J·g^{-1}增至21.41J·g^{-1}。总的来说，这个阶段氧化能力在不断增强，氧化放出的热量也在不断增加，但表现出的热量增长速率却十分平缓，呈现出缓慢的非线性增长趋势。因此，采取一定的自燃防治措施，可以经济、有效地防止自燃
100～200℃	在这个阶段，煤样的热流曲线变化不再平缓，而是存在放热峰，最大放热强度翻倍式增加；吸热量占比由 17.8%迅速降至 0%，并且在 200℃时，煤与氧接触后立即进入放热状态；放热量从 21.41J·g^{-1} 增加至 206.45J·g^{-1}，放热量的增长速率分别为 63.7%、102.56%及 190.84%，呈现出加速式的指数型增长趋势。因此，这个阶段是氧化反应加速的阶段，放热量的加速式增加，使煤样的蓄热量也在快速增加，放热速率逐渐大于散热速率，热量累积速度加快，最终会导致煤样热失控，从而发生自燃。如果此时再采取措施进行煤自燃防治，就会花费更多的财力和物力，而且一旦自燃，治理成本又会大量增加

通过第 3 章的分析可知，煤样活性官能团的变化规律表现为：随温度增加而呈现出"余弦函数"式的变化趋势，而且在氧作用的影响下，变化周期更快，是热作用下周期变化的 1.5 倍，但振幅是减小的。通过对比热作用和氧作用，活性官能团结构也表现出三段式的变化特性：第一阶段为 60℃ 之前，表现出的特征是热作用与氧作用之间官能团差异性较小；第二阶段是 60～120℃ 区间段，这个阶段的特征是热作用和氧作用下官能团差异性增大，并且在浮动变化；第三阶段为 120℃ 之后，这个阶段煤样的官能团呈现出比较规律的趋势，具体情况如表 9-2所示。

表 9-2　深部煤自燃过程微观结构特性对比分析

温度阶段	微观结构特性
40～100℃	这个阶段又可划分为两个小阶段，60℃ 之前热作用和氧作用下煤样活性官能团含量基本相同，几乎没有差异性。60～100℃ 阶段，煤样活性官能团的变化呈现出"振荡跳跃式"变化，氧气的参与并不是一直在进行官能团的消耗，同时也会促进官能团的生成。而且热作用和氧作用下，煤样活性官能团的含量差距在进一步增加。另外，这一阶段官能团的含量呈现出反复跳跃的振荡式变化，这主要是在热影响下，煤大分子结构上一些活性较低的化学键会断裂，形成官能团，使官能团数量增加，然而一些官能团并不稳定，受热或者在氧化作用下会分解成更稳定的结构，所以官能团含量会下降
100～200℃	这个阶段煤样的活性官能团结构呈现出规律性变化，主要表现在氧作用条件下官能团含量都低于热作用下官能团的含量。这说明随着温度的升高，氧化反应产生的热量增加，为后续反应提供了更多的能量，保证了氧化连锁反应的进行，所以氧作用官能团含量远低于热作用下的含量

通过第 4 章和第 5 章的分析可知，煤样孔隙结构和力学性能的变化特性也呈现出分段式的变化规律，具体如表 9-3 所示。

表 9-3　深部煤自燃孔隙结构和力学特性对比分析

温度阶段	孔隙结构特性	力学特性
40～100℃	这个阶段温度相对较低，热损伤和氧化损伤都较小，对煤样孔裂隙结构的影响有限，因此并没有表现出明显的变化，当温度升高到 100℃ 时，煤样孔裂隙结构才开始出现明显的变化	这个阶段内，随着热作用温度的增加，煤样的抗压强度呈线性降低；随着氧化程度的增加，抗压强度总体上略有升高
100～200℃	热作用对煤样孔裂隙结构的影响在 100℃ 之后才逐渐彰显，尤其是 150℃ 和 200℃ 时，可以明显看到孔裂隙的延展发育痕迹。而在氧作用下，煤样孔裂隙发育的时间提前，加速了热作用对煤体的作用效果	这个阶段内，随着热作用温度的增加，煤样的抗压强度同样呈线性降低，但在 100℃ 时存在一个明显的转折点；随着氧化程度的增加，抗压强度总体上是降低的，但在 150℃ 处存在一定的转折

9.1.2　深部煤自燃特性的内在关联作用机制

深部煤自燃是一个综合演化的结果,其热演化特性、微观结构演化特性、孔裂隙发育特性及力学参数变化等并不是独立演化的,不同参数之间也会存在关联,比如热的存在会对煤体造成损伤,导致力学强度变化;力学强度弱化会使煤承受压力的能力减弱,导致孔裂隙的变化;而孔隙结构变化又会改变气体的流通性,增加煤氧反应的机会,同时也提供了蓄热的空间,如图 9-1 所示。所以要探究深部煤自燃机理还需要对不同演化特性之间的关联性进行分析,如此才能对深部煤自燃有更全面的解释。本节通过对煤体氧化过程中的热释放特性、活性结构变化、孔隙结构演化、力学参数等方面的研究,分析煤氧化自燃的内在相互关联作用机制。

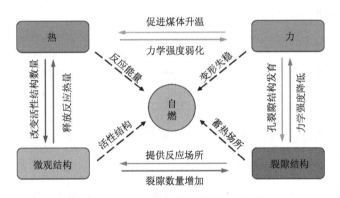

图 9-1　深部煤自燃特性的内在关联

在 9.1.1 节中对深部煤氧化特性进行了综合对比分析。可以看出,深部煤氧化具有明显的分段特性,大致可以归纳为三个阶段:阶段Ⅰ为低温热吸收阶段,对应的温度区间在初始温度~60℃之间;这一阶段的主要特性是温度较低,由热作用产生的微观活性结构较少,同时进行氧化反应所需要的能量不够,需要从环境中汲取能量,所以要经过长时间的吸热过程,才能进入放热阶段;这个阶段内热变化量较小,对煤体力学强度损伤小,煤体强度整体变化不大,故而孔裂隙结构的发育程度也较低,与原始煤样差异性较小。阶段Ⅱ为蓄热升温阶段,对应的温度区间在 60~100℃;这一阶段的主要特性是煤体温度进一步提升,活性官能团数量变化明显,为氧化反应的进行提供了保障;同时由于煤体温度的提高,热损伤作用增加,进而孔裂隙数量增加,为氧化反应提供了反应的场所,也增加了氧气的进入通道,促进了氧化反应的进行;而氧化反应的进行会消耗相应的官能团,放出一定的热量,这些新增的热量会提高煤体的温度,形成高温热点;热的增加进一步增加煤的力学损伤,使力学强度进一步下降,从而产生更多的裂隙。阶段

III为快速蓄热升温阶段，对应的温度区间在 100℃之后；这一阶段的主要特性是温度较高，煤体受的热损伤加大，力学强度迅速下降，更容易被破坏，裂隙发育速度加快，孔隙度增加，提供了更多氧气进入的通道；氧气进入煤体后，由于温度高，官能团结构被活化，氧气可以直接与活性结构作用并放出大量热量，而且由于孔隙度的增加，煤的导热性能下降，热量不容易散失，热量得到了大量积聚，热的积聚速度加快；热的积聚又进一步造成煤的力学损伤，致使孔隙结构加速发育，逐渐形成裂隙网络，由此形成了正向的循环，从而热量累积越来越快，最终发生自燃。

9.2　深部煤自燃的动态数学模型

9.2.1　基本定理

1. 傅里叶（Fourier）导热定理

在最大热流密度传递方向上，热流通量 q 和温度梯度存在以下基本关系：

$$q = -k\frac{\partial T}{\partial z} \tag{9-1}$$

式中，k 为煤的综合导热系数；T 为煤自燃热点表征体元的平均温度。

2. 菲克（Fick）质量传递定理

在最大质量传递方向上，质量传递通量 j_m 和浓度梯度存在以下基本关系：

$$j_m = -d\frac{\partial C}{\partial z} \tag{9-2}$$

式中，j_m 为质量传递通量；d 为煤体内部的分子扩散系数；C 为煤自燃热点处气态物质浓度。

3. 达西（Darcy）渗流定理

流体受重力、压力和黏性力作用，在多孔介质中的容积流量和流体流动方向的水力梯度有以下基本关系：

$$j_f = -K\frac{\partial \phi}{\partial z} \tag{9-3}$$

$$\phi = \frac{p}{\rho g} + z \tag{9-4}$$

$$K = \frac{K_p \rho g}{\mu} \tag{9-5}$$

式中，K 为水力传导系数；ϕ 为流动势；K_p 为多孔介质渗透率；j_f 为流体的达西流速；p 为流体的压力；g 为重力加速度；ρ 为流体的密度；z 为位置势；μ 为流体的动力黏度。

4. 牛顿（Newton）黏性定理

真实流体都存在黏性，在运动过程中与垂直于运动方向上的速度梯度之间存在以下基本关系：

$$F = \mu \frac{\partial \omega}{\partial z} \tag{9-6}$$

式中，F 为黏滞力；μ 为流体黏性系数；ω 为煤自燃热点处流体速度。

9.2.2　基本方程

1. 质量守恒微分方程

对于煤体内部的流体有

$$\mu \frac{\partial \rho_g}{\partial t} + \nabla(\rho_g \omega_g) = 0 \tag{9-7}$$

式中，ρ_g 为流体密度；ω_g 为煤自燃热点处气体流速。

2. 能量守恒微分方程

对于煤的骨架结构有

$$\rho_s C_p \frac{dT}{dt} = k_s \nabla^2 T_s + q_g \tag{9-8}$$

对于煤体孔裂隙结构内部的流体有

$$\rho_s C_p \left(\frac{\partial T_g}{\partial t} + \omega_g \nabla T_g \right) = k_g \nabla^2 T_g + q_g \tag{9-9}$$

式中，k_s 为煤骨架结构的热导率；T_s 为煤骨架结构的温度；T_g 为孔裂隙结构内部流体的温度；k_g 为孔裂隙结构内部流体的热导率；ρ_s 为固体密度；C_p 为比热容；q_g 为内部热源。

9.2.3　煤自燃及其蔓延现象的基础模型

1. 基本渗流数学模型

煤可视为由粒度（或块度）不等的煤堆积而成的孔隙-裂隙介质空间。孔隙-裂隙介质空间内充满极缓慢流动的气体，气体流动满足达西定律、渗透连

续性方程及质量守恒定律。利用宏观的连续介质研究方法，煤自然发火数学模型为

$$
\begin{cases}
\dfrac{\partial}{\partial x}\left(k_{xx}\dfrac{\partial H}{\partial x}\right)+\dfrac{\partial}{\partial y}\left(k_{yy}\dfrac{\partial H}{\partial y}\right)+\dfrac{\partial}{\partial z}\left(k_{zz}\dfrac{\partial H}{\partial z}\right)+\varepsilon=0,(x,y,z)\in\Omega \\[2mm]
H(x,y,z)=H_0(x,y,z),(x,y,z)\in\tau_1 \\[2mm]
k_{xx}\dfrac{\partial H}{\partial x}n_x+k_{yy}\dfrac{\partial H}{\partial y}n_y+k_{zz}\dfrac{\partial H}{\partial z}n_z=q_0(x,y,z),(x,y,z)\in\Omega
\end{cases}
\tag{9-10}
$$

式中，H 为渗流空间 Ω 内空气压力分布函数；k_{xx}, k_{yy}, k_{zz} 为渗流空间 Ω 内渗透系数沿坐标轴方向的分量；n_x, n_y, n_z 为渗流空间 Ω 的边界面 τ 法线方向单位向量的分量；τ_1 为 Ω 边界的第一类条件；$H(x,y,z)$ 表示在 τ_1 边界上已知的风压分布函数；$q_0(x,y,z)$ 表示在 τ_1 边界上的漏风通量分布函数。

由于煤自热造成的温度差（温度梯度）能够引起不同温度区域之间的对流，所以既考虑机械力（压力和重力），又考虑温度效应产生的浮力，各向同性多孔介质低雷诺数流动方程在 x 方向上可以表示为

$$
\upsilon_x+\frac{B\rho_{\mathrm{f}}}{\mu_{\mathrm{f}}}\frac{\partial\upsilon_x}{\partial\tau}=-\frac{K_{\mathrm{p}}\rho_0 g}{\varepsilon\mu_{\mathrm{f}}}\frac{\partial}{\partial x}\left(\frac{p}{\rho_0 g}+z\right)-\frac{K_{\mathrm{p}}g(\rho_{\mathrm{f}}-\rho_0)}{\varepsilon\mu_{\mathrm{f}}}\frac{\partial z}{\partial x}
\tag{9-11}
$$

式中，下标 f 为流体；下标 0 为标准状态流体；B 为机械力平均传导系数；υ_x 为流体在 x 方向上的速度分量；μ 为动力黏度；K_{p} 为多孔介质的固有渗透率；g 为重力加速度；p 为流体的压力；z 为位置势；ε 为多孔介质的孔隙率；τ 为时间。

2. 浓度梯度引起的渗流模型

氧气的供应主要靠浓度梯度引起的流动。煤氧反应会消耗大量氧气，造成内部缺氧，出现内外氧气的浓度差。可利用毛细管模型描述流体在多孔介质内的流动，即把多孔介质简化为一组毛细管，每根毛细管半径都为 r，毛细管内速度分布符合抛物线型，分子扩散系数和浓度无关。在上述假设条件下，进行系统的动量平衡分析，可建立以下二维模型。

速度径向分布为

$$
\upsilon(r)=2\upsilon\left(1-\frac{r^2}{R^2}\right)
\tag{9-12}
$$

式中，υ 为毛细管中心线的速度；R 为从毛细管中心到流体中某一点的距离，即径向坐标。若毛细管外浓度为 C_0，内部温度为 0℃，毛细管内浓度随时间的变化如下：

$$
\frac{\partial C}{\partial\tau}=D\left(\frac{\partial^2 C}{\partial r^2}+\frac{1}{r}\frac{\partial C}{\partial r}+\frac{\partial^2 C}{\partial x^2}\right)-2\upsilon\left(1-\frac{r^2}{R^2}\right)\frac{\partial C}{\partial x}
\tag{9-13}
$$

设

$$\eta = \frac{r}{R} \tag{9-14}$$

$$\xi = x - \varpi\tau \tag{9-15}$$

式中，D 为扩散系数；ϖ 为角速度；τ 为时间。忽略式（9-13）中的 $\dfrac{\partial^2 C}{\partial x^2}$，可得

$$\frac{\partial^2 C}{\partial \eta^2} + \frac{1}{\eta}\frac{\partial C}{\partial \eta} = \frac{R^2}{D}\frac{\partial C}{\partial \tau} + 2\frac{\upsilon R^2}{D}\left(\frac{1}{2} - \eta^2\right)\frac{\partial C}{\partial \xi} \tag{9-16}$$

该微分方程边界条件为

$$\frac{\partial C}{\partial \eta} = 0,(\eta = 1) \tag{9-17}$$

当 $\eta=0$ 时，C 为有限值。

该微分方程的初始条件为 $x=0$ 时，$C=C_0$，$x>0$，$C=0$。

可以分成以下两种情况进行讨论：

（1）轴向扩散占优势，即

$$\frac{2L}{\upsilon} \ll \frac{R^2}{14.4D} \tag{9-18}$$

$$\overline{C}(x,\tau) = C_0\left(1 - \frac{x^2}{4\upsilon^2\tau^2}\right) \tag{9-19}$$

（2）以径向扩散为主，即

$$\frac{2L}{\upsilon} \gg \frac{R^2}{14.4D} \tag{9-20}$$

$$C = C_0 + \frac{R^2\upsilon}{4D}\frac{\partial C}{\partial \xi}\left(\eta^2 - \frac{1}{2}\eta^4\right) \tag{9-21}$$

$$q_c = \frac{Q_c}{\pi R^2} = -\frac{R^2\upsilon^2}{48D}\frac{\partial C}{\partial \xi} \tag{9-22}$$

式中，L 为扩散过程中区域长度；Q_c 为单位时间内通过某一截面的物质量。

利用上述公式，可以计算氧气深入煤体内部的质量流量 q_c。

9.2.4　温度分布数学模型

1. 导热基本微分方程

采用有内部热源 q 的一般的导热微分方程：

$$\frac{\partial T}{\partial t} = \frac{\lambda_e}{\rho c_p}\left(\frac{\partial^2 T}{\partial x^2} + \frac{\partial^2 T}{\partial y^2} + \frac{\partial^2 T}{\partial z^2}\right) + \frac{q}{\rho c_p} \tag{9-23}$$

式中，T 为温度；t 为时间；λ_e 为有效导热系数；ρ 为材料的密度；c_p 为比热容；x、y、z 为空间坐标系的三个坐标方向；q 为单位体积内的内部热源。

如果假设为稳态传热过程，则 $\frac{\partial T}{\partial t}=0$。反应放热是体系升温的原因。对于煤，还需要考虑体系和环境的热交换。环境温度认为是均匀的，煤从内部到表面存在温度梯度，向环境释放的热量可以用式（9-24）计算：

$$Q_H = -\lambda_e \frac{\partial T}{\partial z} \tag{9-24}$$

式中，Q_H 为向环境释放的热量；λ_e 为有效导热系数；T 为温度；z 为空间坐标系的 z 坐标。

2. 综合导热系数

煤自燃过程中热量传递现象非常复杂，可利用有效当量法进行计算。有效当量法是在对多孔物体传热机理进行分析的基础上，以宏观方法加以归纳，将实际多孔物质的复杂传热问题简化为一般固体材料的导热问题。

有效导热系数 λ_e 由以下各项组成：

$$\lambda_e = \lambda_s + \lambda_1 + \lambda_g + \lambda_{cv} + \lambda_{fm} + \lambda_{rd} \tag{9-25}$$

式中，λ_e 为有效导热系数；λ_s 为固体导热系数；λ_1 为液体导热系数；λ_g 为气体导热系数；λ_{cv} 为流体对流导热系数；λ_{fm} 为流体质量迁移导热系数；λ_{rd} 为辐射导热系数。

低温条件下，辐射导热可以忽略。对于干燥后的多孔介质（不考虑液体存在），忽略辐射散热和潜热输送，有效导热系数可以写成

$$\lambda_e = \lambda_g\left[\frac{5.8(1-\varepsilon)^2}{1-\dfrac{\lambda_g}{\lambda_s}}\left(\frac{1}{1-\dfrac{\lambda_g}{\lambda_s}}\ln\frac{\lambda_s}{\lambda_g} - 1 - \frac{1-\dfrac{\lambda_g}{\lambda_s}}{2}\right) + 1\right] \tag{9-26}$$

式中，ε 为孔隙率。

3. 煤内部温度变化数学模型

以煤表征体元平均温度为基本参数，建立内部温度变化的数学模型。在建立模型时进行以下简化：忽略煤样内部渗流，只考虑空气向内和燃烧（氧化）产物气体向外的扩散。采用二维模型，即垂直于煤表面的 z 坐标和时间坐标。

$$\rho C_{\mathrm{p}} \frac{\partial T}{\partial t} = \frac{\partial}{\partial z}\left(k \frac{\partial T}{\partial z}\right) + q \tag{9-27}$$

式中，ρ 为煤的平均密度；T 为煤自燃热点（表征体元）的温度；C_{p} 为煤的平均比热容；q 为煤自燃热点处的热源强度；k 为热导率。

4. 煤稳态传热模型的简化

为了实际计算煤内部温度，除了利用综合导热系数的概念简化复杂传热过程外，还需要对上述模型进一步简化。

经过简化的一维动态模型为

$$\frac{\partial T}{\partial t} = K \frac{\partial^2 T}{\partial z^2} + \frac{q}{\rho c} \tag{9-28}$$

$$K = \frac{\lambda_{\mathrm{s}}}{C_{\mathrm{m}}} \tag{9-29}$$

式中，q 为内部热源释放热量的速率；λ_{s} 为导热率；C_{m} 为容积热容量；K 为温度变化的特性量，单位体积的煤在单位时间内通过热传导获得（或放出）λ_{s} 热量时所引起的温度变化量。

如果传热过程可以看作稳态，即温度基本不随时间变化，则可以进一步简化为一维稳态模型：

$$\frac{\mathrm{d}}{\mathrm{d}z}\left(\lambda_{\mathrm{s}} \frac{\mathrm{d}T}{\mathrm{d}z}\right) + q = 0 \tag{9-30}$$

9.2.5　深部煤自燃动态变化数学模型

由于实际煤自燃条件的复杂性，没有办法考虑所有因素，因此在建立数学模型时通过一些假设来简化模型，以探讨主要因素下深部煤自燃的温度变化。在建立数学模型时所做的假设如下：

（1）煤固体骨架是均匀和各向同性的；

（2）认为煤含水量的变化不显著影响孔隙率；

（3）多孔介质简化为毛细管束，气流从进口运动至出口，流量不变，成分变化；

（4）氧气从进口进入，既有宏观流动，也有扩散作用，渗流流动属于小雷诺数流动；

（5）忽略辐射换热；

（6）煤骨架、孔隙气体和水的温度是平衡的，不考虑固体和灰层间的温度差；

（7）水分蒸发消耗热量，不考虑水在干燥表面凝结和吸附产生的热量。

从一维非稳态热传导模型出发：

$$\rho(w)c(w)(1-n)\frac{\partial T}{\partial t} = \frac{\partial}{\partial z}\left[\lambda x(w)(1-n)\frac{\partial T}{\partial z}\right] + q_3(z,T,w) \tag{9-31}$$

式中，w 为煤的含湿量，是温度、空间和时间的函数；n 为煤的孔隙率；c 为比热容；λ 为煤的热导率；q_3 为单位体积内的热源项。

根据上述假设：

（1）忽略计算空间中非固体骨架温度变化消耗的热量；

（2）忽略综合导热系数受含湿量的影响，认为 λ_s 是常数；

（3）忽略除煤氧反应热效应 q_1 和水分蒸发消耗热量 q_2 外的其他热源（冷源）；

（4）忽略蒸发水分在上覆煤层的凝结和降水下渗对已干燥煤层含水率的影响。

式（9-31）可以进一步写成

$$C_{p,s}\rho_s(1-n)\frac{\partial T}{\partial t} = (1-n)\lambda_s\frac{\partial^2 T}{\partial z^2} - nC_{p,g}\rho_g\upsilon_g\frac{\partial T}{\partial z} + q_1 - q_2 \tag{9-32}$$

式中，下标 s 和 g 表示煤的骨架和煤中的气体；υ_g 为气体的流速；下标 p 表示恒压。

$$q_1(T,\phi) = q_1(T) \times K_g \times \frac{\phi}{0.23} \tag{9-33}$$

式中，K_g 为氧气的传输系数。

氧气在孔隙气体中浓度 ϕ 不断变化，单位体积氧气浓度的变化应该等于扩散和气流输入的氧气，减去反应消耗的氧气。单位体积氧气消耗速率是煤温度和颗粒度的函数，用 $r(T, d_{50})$ 表示，则存在以下氧量平衡：

$$\frac{\partial \phi}{\partial t} = D_0\varepsilon\frac{\partial^2 \phi}{\partial z^2} - \upsilon_g\frac{\partial \phi}{\partial z} - r(T,d_{50}) \tag{9-34}$$

式中，D_0 为氧气在孔隙气体中的扩散系数。

水分蒸发热效应，可以用式（9-35）估计：

$$q_2 = H_w \times r_w \tag{9-35}$$

式中，H_w 为水的蒸发潜热；r_w 为水的蒸发速率。

对于水汽的运动，也可以写出水汽平衡方程：

$$r_w = -D_w\varepsilon\frac{\partial^2 C_w}{\partial z^2} + \upsilon_{g,d}\frac{\partial C_{w,d}}{\partial z} \tag{9-36}$$

式中，D_w 为水蒸气的扩散系数；$\upsilon_{g,d}$ 为水蒸气的流动速度；$C_{w,d}$ 为水蒸气在多孔介质中的浓度。

将式（9-36）、式（9-35）、式（9-33）代入式（9-32），可得

$$C_{p,s}\rho_s(1-n)\frac{\partial T}{\partial t} = (1-n)\lambda_s\frac{\partial^2 T}{\partial z^2} - nC_{p,g}\rho_g\upsilon_g\frac{\partial T}{\partial z} + q_1(T)\times K_g\times\frac{\phi}{0.23}$$

$$- H_w\times\left(-D_w\varepsilon\frac{\partial^2 C_w}{\partial z^2} + \upsilon_{g,d}\frac{\partial C_{w,d}}{\partial z}\right) \tag{9-37}$$

9.3 深部煤自燃灾变机理

9.3.1 深部煤自燃温度分布规律及原因

煤自燃的发生是产热远大于散热，使热量不断积聚，最终导致热失控而造成的。热量在煤体内部积聚，就会使内部某一处的温度高于其他区域，这个温度高于其他区域的位置就是煤的热点，如图9-2所示。

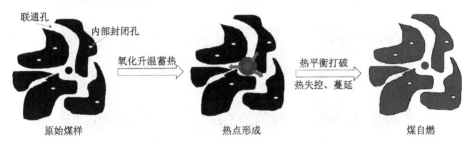

图9-2 深部煤自燃热点形成示意图

假设煤的热传递是各向同性的，那么深部煤自燃热点周围温度的分布应该是均匀且等分布的，如图9-3所示，中心处为煤样热点所在位置。但在实际煤体产热中，热的传递并不是各向同性，而是存在差异的，通过数值模拟的方法，对深部煤自燃热点周围的温度分布进行了模拟，结果如图9-4所示，可以发现其温度分布是不均匀且不对称的。

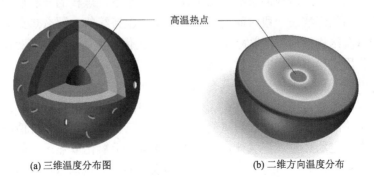

(a) 三维温度分布图   (b) 二维方向温度分布

图9-3 煤自燃高温热点周围温度分布示意图

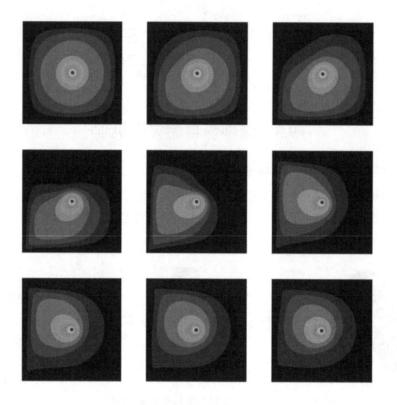

图 9-4　深部煤自燃高温热点周围温度分布模拟结果

　　假设对于任何形状、任何堆积方式的煤来说，只要发生自燃，其内部都存在热点，热点周围的温度分布是不对称分布。在不考虑氧气的参与下，可以理解为不同范围内煤样所具有的内能不同，导致了微观活性结构数量、孔隙度、力学强度上的差异，越是靠近热点，力学强度越弱、孔隙度越大、微观活性结构数量越多，这就是热作用所造成的影响。由于在实际环境下，煤样的升温速度较慢，所以热点周围的热影响在一段时间内可以认为是恒温持续的。那么热点周围不同温度煤样的微观结构特性（化学特性）、孔隙结构变化特性、力学强度变化特性就符合本书热作用实验下煤样的特性变化规律。

　　当外部氧气进入煤体后，其具有两方面的作用，一是与活性官能团进行反应并放出一定的热量，也就是放热；二是通过气体流动带走热量，也就是散热。这种双向性影响的存在，会使煤与氧气的反应存在三种情况：第一种情况为煤与氧气接触放出一定的热量，但气体换热带走的热量大于氧化放热量，热量没有办法积聚，如图 9-5 中 *ab* 段所示；第二种情况为煤与氧气接触后放出热量，但这部分热量正好等于气流带走的热量，这时煤处在一种热平衡状态，温度既不上升也不下降，如图 9-5 中 b 点所在的曲线；第三种情况为煤样与氧气接触并放出热量，这部分热量大于气流的换热量，存在剩余热量，这时煤的产热开始大于放热，热量开始累积。第三种情况又可以根据热量累积的快慢，细分成三个组成区域：区域 I 为热点区（图 9-5 中 O 点所在位置），这个区域温度比其他区域都高，热积累速度、煤样升温速度最快，是煤样温度的中心点；区域 II 为热量加速累积区（图 9-5 中 cO 段），这部分区域温度在热点区外侧周围，其特点为氧化放热速度不断增加，热量累积速度、煤样升温速度较快。区域 III 为热量缓慢累积区（图 9-5 中 bc 段），这部分区域在最外侧，其特点为氧化放热量大于散热量，但放热速率较小，热释放缓慢，其热量累积速度、煤样升温速度最慢。具体的情况如图 9-5 所示。

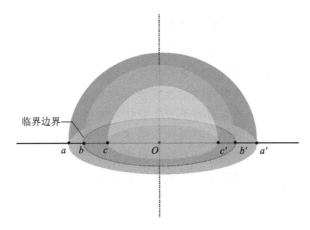

图 9-5　温度分布区域划分示意图

边界外散热速度大于放热速度，热量无法累积；只有在边界内，热量才能累积

　　当氧气的进入方向为单一方向时，煤与氧气的反应就会分为四种情况，前三种情况与上述分析一致。第四种情况为煤与氧气发生了接触，也会放出些许热量，且气流带走的热量也很少，但由于氧气浓度过低，氧化反应没有办法持续进行，也就不存在自燃的可能（图 9-6 中 c'点之后）。这时煤样内部的温度区域划分也会发生变化，具体如图 9-6 所示。

　　在这种情况下，由于氧气流入方向的唯一性，氧气在进入煤体后其流动大方向与通气方式是一致的，所以氧气的浓度和流速均呈现出线性变化。这就导致热量的积蓄情况也呈现出带状分布。正是由于各区域蓄热能力的差异，才导致了不同区域间煤样的温度差异。

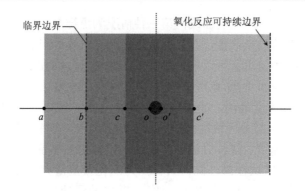

图 9-6　氧气单一方向流入时的热量积蓄示意图

9.3.2　深部煤自燃过程中高温蔓延的条件

对于矿井煤自燃来说，着火一般都需要一个较长的时间，煤一旦着火，必须采取人工措施才能熄灭。煤在自燃过程中存在高温热点，并且由于氧化反应速度及蓄热能力的差异，导致热点周围的温度分布并不均衡。煤自燃高温热点不会只出现在某一个区域、某个固定位置不发生变化，而是随不同区域产热强度、蓄热条件及氧气浓度的变化而变化。高温热点由某一位置迁移到另一位置后，原位置温度依旧很高，煤自燃现象仍然会存在。造成这种现象的主要原因是：

（1）矿井深部处于缺氧环境，煤氧化反应会受氧气浓度的控制。煤自燃过程中可燃物的量是足够的，即便氧气浓度降低，但在低氧环境下，仍然可以维持整个煤的自热过程；

（2）由于矿井煤块度大、孔隙率高、通气渗流通道阻力小，在内部温度梯度作用下容易形成热力环流，向各处补充氧气供应能力很强（细颗粒及煤含量多区域除外）；

（3）煤自燃形成的上覆灰层不仅保温性能良好，而且低的扩散能力促使煤燃烧速度非常低，可以维持很长时间，发热区不容易彻底转移。

因此，高温蔓延的速度（扩张速度）和方式取决于可燃物浓度和蓄热条件，又考虑到矿井煤自燃过程中，可参与反应的煤量是足够的，则高温蔓延的速度和方式取决于氧气浓度和蓄热条件，即在氧气浓度下单位体积煤的放热强度和由煤孔隙率及堆存方式共同确定的蓄热环境。

煤在某一区域维持燃烧，该区域氧化反应产生的热量，加上从其他地方得到的热量，必须大于等于该区域向环境散发的热量。深部煤自燃高温蔓延的条件是高温热点传到邻近煤体的热量，加上煤体自身氧化放出的热量，要大于或等于向环境释放的热量。而破坏高温区域蔓延可通过大幅降低煤容积产热能力、大幅增加上覆煤导热能力及其他散热能力、破坏或者堵塞氧气进入高温蓄热区域的通道的方式，由此可使高温区域散热量大于产热量，最终使温度逐渐下降。

9.3.3　深部煤自燃高温蔓延方向

煤的自燃需要热量的不断积蓄，以促使煤体温度升高，从而达到燃点发生自燃。煤体热的积蓄需要两个方面的条件：一是有足够的氧气和活性结构保证氧化反应的不断进行，这是热量积蓄的根本；二是需要有适合的场所，也就是孔裂隙结构，来进行氧化反应和保障热量能够积蓄。所以煤样内部高温热点的蔓延过程需要满足这两个条件。

高温热点的蔓延方向一定是有利于自燃的方向。通过前面几章的研究可知，在高温热点的影响下，热点周围煤体的温度是有差异的，温度高的煤体力学强度低，更容易被破坏，孔隙结构的发育更好，内部孔隙贯通性增加，有利于氧气的进入，为氧化反应的进行提供了更好的场所，而且孔隙度的增加使煤样导热性能下降，也有利于热量的积蓄。因此，高温热点的蔓延方向与煤体力学强度的弱化方向一致。

氧化反应的持续进行需要足够的反应物，也就是氧气和活性结构。活性结构来源于煤自身，也就是说活性结构的量是绝对足够的，所以决定氧化反应能否持续进行的关键是氧气的浓度和含量。在前文分析中也已经提到，氧气气流的作用一是散热，二是提供氧气。在热积蓄初期，由于热量产生速度慢，产热量也较小，所以热流的散热作用大于供氧作用，不利于热积蓄；而当热点形成后，煤样的产热远大于气流的散热，这时气流的供氧作用就更为重要。所以高温热点的蔓延方向是沿氧气浓度增大的方向，这样才能保证有足够的氧气参与反应，以保障热量的不断产生和积蓄。

综合来看，深部煤自燃过程中高温热点的蔓延是沿氧气浓度增加方向和力学强度弱化方向进行的，这是由煤样的自燃条件所决定的。

9.3.4　深部煤自燃高温蔓延的数值模拟结果

针对 9.3.3 节提出的深部煤自燃的高温蔓延方向，利用 Fluent 数值模拟软件，对深部煤自然动态变化过程中温度场与氧气浓度的分布规律进行验证。

1. 建立几何模型和划分网格

进行模拟时，只考虑氧气流入方向唯一的情况，这种情况在采空区煤自燃过程中更为常见。因此，在进行模拟时，以耿村煤矿 13200 工作面采空区为模板建立模型，并对模型进行简化处理。具体几何模型尺寸为进、回风巷宽 4m，工作面宽 8m，采空区尺寸为 175m×300m，进风速度为 1.2m·s^{-1}。模拟在 GAMBIT 里建模，然后采用 Fluent 软件进行计算，最后导入 TECPLOT 里进行后处理。网格划分如图 9-7 所示。由多孔介质引起的动量方程源项的变化由 Fluent 内嵌的程序自动计算，氧浓度、温度方程的源项采用用户自定义函数进行导入、编译。上述控制方程的求解均采用基于交错网格的控制容积法进行离散，离散过程中的对流项与扩散项分别采用二阶中心差分格式。每个离散方程都采用逐线迭代的方式求解，每条迭代线都采用三对角矩阵算法和松弛因子相结合的方法进行计算。

图 9-7　数值模拟几何模型及网格划分

2. 边界条件设置

数值模拟过程中的初始条件与参数设置具体如表 9-4 和表 9-5 所示。

表 9-4　边界条件设置

边界	压力	浓度	温度
工作面边界	$p = p_0 + R \times Q^2 \times (L - y)$	$C_{O_2} = C_{O_2}^0$	$T = T_0$
其他边界	$\varphi \dfrac{k}{\mu} \nabla p = 0$	$C_{O_2} = 0$	$-\varphi k \nabla T = 0$

注：p 为压力；p_0 为初始压力；R 为与氧气反应的半径；Q 为氧气的总浓度；L 为模型的长度；φ 为孔隙率；k 为热导率；μ 为动力黏度；C_{O_2} 为氧气浓度；$C_{O_2}^0$ 为氧气的边界浓度；∇p 为压力梯度；T 为温度；T_0 为初始温度；∇T 为温度梯度。

表 9-5　数值模拟参数设置

参数	参数值	参数	参数值	参数	参数值	参数	参数值
$K_{p,max}$	1.5	E_a	$21.56 kg·mol^{-1}$	Q_s	$0 mol·m^{-3}$	k_g	$0.026 W·m^{-2}·K^{-1}$
$K_{p,min}$	1.15	L	200m	Q_1	$400 kg·mol^{-1}$	C_{ps}	$1003 J·kg^{-1}·K^{-1}$
a_0	$0.267 m^{-1}$	A	$0.424 m^2$	Q	$600 mol·m^{-3}$	C_{pg}	$1012 J·kg^{-1}·K^{-1}$
a_1	$0.0368 m^{-1}$	R	0.013m	ζ_1	3m	D_a	$2×10^{-5} m^2·s^{-1}$
H_1	3m	d_p	0.04m	$C_{O_2}^0$	$9.375 mol·m^{-3}$	μ	$1.84×10^{-5} Pa·s^{-1}$
M_1	3.8m	u	$3 m·d^{-1}$	ρ_s	$1330 kg·m^{-3}$	a_L	5m
T_0	17℃	P_0	0.1MPa	k_s	$0.2 W·m^{-2}·K^{-1}$	a_τ	1.5m

注：$K_{p,max}$ 为最大渗透率；$K_{p,min}$ 为最小渗透率；a_0 为氧气扩散系数；a_1 为氧气消耗系数；H_1 为煤层的厚度；M_1 为煤层的长度；T_0 为初始温度；E_a 为活化能；L 为模型的长度；A 为与氧气反应的面积；R 为与氧气反应的半径；d_p 为颗粒直径；u 为流体流速；P_0 为初始压力；Q_s 为氧气的初始浓度；Q_1 为氧气的消耗速率；Q 为氧气的总浓度；ζ_1 为氧气的扩散距离；$C_{O_2}^0$ 为氧气的边界浓度；ρ_s 为煤的密度；k_s 为固体的热导率；k_g 为气体的热导率；C_{ps} 为固体煤的比热容；C_{pg} 为气体的比热容；D_a 为氧气的扩散系数；μ 为气体的动力黏度；a_L 为模型的宽度；a_τ 为模型的长度梯度。

3. 氧浓度及温度分布

图 9-8 显示了氧气浓度的分布情况，表明氧气浓度分布沿氧气进入方向呈衰减趋势。随着时间的推移，氧气逐渐扩散，表现为低氧气浓度区域的扩大。从这里可以看出，在深部煤自燃过程中，氧气浓度场并不是一成不变的，也是处于动态变化状态，这是因为氧气的扩散需要一定的时间才能达到稳定状态；其次，在自燃过程中，受热的影响，煤体力学强度弱化导致孔裂隙结构发育，使更多的微、小孔向中、大孔转变，导致氧气运移的通道宽度增加，气体运移难度降低。

图 9-9 显示了深部煤自燃过程中的温度分布情况。从图 9-9 中可以明确看出，煤自燃过程中存在高温热点区域；同时可以看出，高温热点区域及其周围区域的温度并不是均匀分布的。随时间的推移，整体温度分布范围在逐渐增大，并且温度分布范围沿氧气浓度扩散方向不断拓宽；深部煤自燃过程中的中心高温区域出现的位置几乎没有变化，并且可以看出，中心高温区域的蔓延方向是向左上方逐渐增加。

为了更好地对比氧气浓度分布与温度分布的关系，以模型左下顶角为原点建立平面坐标系（图 9-10），通过坐标系来进一步表达氧气浓度扩散与温度蔓延的方向。取平面内任意一点 a，该点处氧气浓度扩散动向可分为沿水平正方向的浓度递减及沿垂直正方向的浓度递增，总体表现出的动向是向左上运动；而该点处温度的蔓延动向为沿水平正方向的温度蔓延及沿垂直正方向的温度蔓延，总体表现出的动向是向左上运动，从氧浓度分布图上可知，这个方向上氧气浓度梯度逐渐减小，氧浓度逐渐增大。由此可以看出，温度蔓延方向与氧气扩散方向在水平方向上是相反的，在垂直方向具有同向性。总体上看，温度的蔓延是向氧气浓度梯度减小且氧气浓度增加的方向进行。

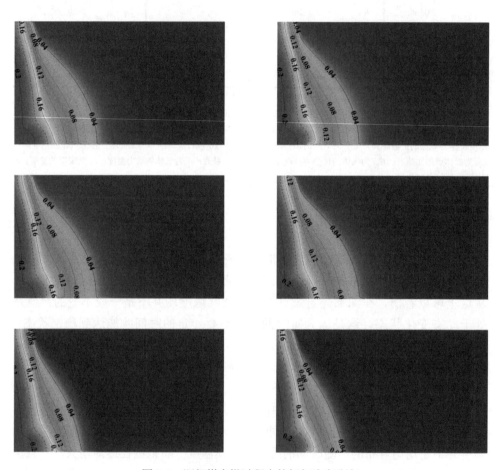

图 9-8 深部煤自燃过程中的氧气浓度分布

综上所述，深部煤自燃过程中高温热点的蔓延方向与氧气浓度水平扩散方向相反，高温热点的蔓延是向氧气浓度增大、氧气浓度梯度减小的方向进行，而整体温度范围的扩展方向与氧气扩散方向一致。

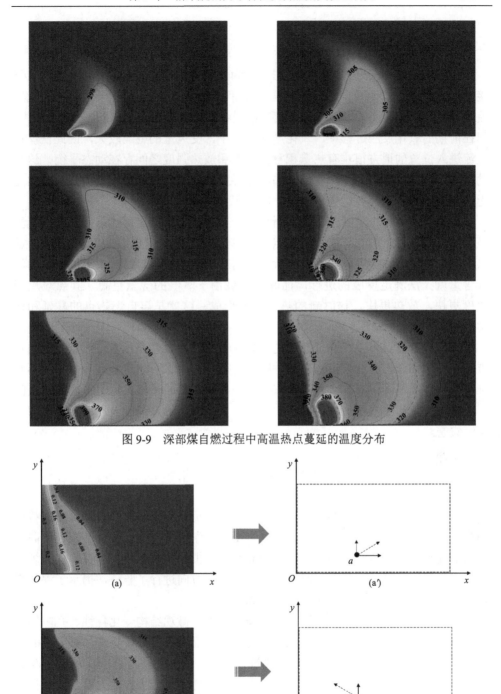

图 9-9　深部煤自燃过程中高温热点蔓延的温度分布

图 9-10　某一点氧浓度和温度的变化动向

9.3.5　深部煤自燃灾变机理分析

深部煤炭在开采过程中受热的影响，为煤本身积蓄了一定的能量，当与氧气接触后，可以有效地减少热量的吸收，从而可以更快地发生氧化反应。含氧气气流功能的"双面性"，使得深部煤在氧化过程中不断放热，同时热量也在不断散失，但在前期的氧化反应过程中，氧化产热量较小，受风量的影响较大，因此在靠近气流进入位置的地方很难有热量积蓄。风量和放热强度之间存在动态平衡，这个动态平衡区域可定义为煤体蓄热的临界边界，临界边界外散热大于放热，使热量无法积蓄，只有在临界边界内热量才能有积蓄的条件。

在临界边界内，随着热量的不断积蓄，在某一位置会出现热点，热点的诞生是深部煤自燃发生的起点。随着热点的形成，煤氧反应更加剧烈，反应速度、放热量等均有了大幅提升，煤氧反应就需要消耗更多的氧气，这时原有位置处的氧气含量就无法满足反应的进行，而邻近区域由于氧气的含量更高，其煤氧反应速度更快，放热更快，这时新的热点逐渐形成，这就是煤自燃热点的蔓延和迁移过程。

深部煤自燃过程中，热点并不是单独存在的，而是会存在多个热点。不同热点之间在深部煤自燃前期没有交错，基本是独立的"点"；随着温度和时间的不断推移，热点的范围不断扩大和蔓延，热点中心也在不断迁移，这时不同热点之间会出现相互交错的情况，最终出现由"点"及"面"的大范围自燃，形成深部煤自燃灾害。

9.4　本　章　小　结

本章主要对深部煤自燃的特性进行了综合分析，首先阐述了深部煤自燃特性的内在关联；其次构建了深部煤自燃动态变化数学模型，揭示了深部煤自燃高温区域的蔓延条件及蔓延方向，利用 Fluent 数值模拟软件模拟分析了深部煤自燃温度分布及氧气浓度分布状态，对深部煤自燃蔓延方向进行了验证，揭示了深部煤自燃的灾变机理。本章得到的具体结论如下。

（1）对比分析煤氧化自燃过程中热释放特性、微观结构变化特性、孔隙结构演化特性及力学特性发现，煤氧化自燃过程有明显的温度分段特征，其中 100℃是煤样的一个重要温度，也是氧化自燃过程中各种规律的转折点；热变化-力学强度-微观活性结构-孔裂隙之间联系紧密，具体表现为热使煤样的力学强度弱化，同时伴随微观结构的改变，煤样力学强度弱化后更易损伤，从而生成新的孔隙结构；孔隙结构的发育有利于氧气进入，氧化反应放出热量，热又继续作用于煤样，由此形成往复。

（2）构建了深部煤自燃动态变化数学模型，指出煤自燃过程中，温度分布区域并非对称分布，根据放热速度与散热速度的大小关系可以划分为散热区和蓄热区；蓄热区根据热量积蓄速度的不同又可划分为热积累速度最快的热点区、热量累积速度居中的加速累积区及热量累积速度最慢的缓慢累积区。

（3）阐明了深部煤自燃高温区域的蔓延条件及蔓延方向，指出深部煤自燃过程中高温热点的蔓延是沿氧气浓度增加方向和力学强度弱化方向进行的，这是由煤样的自燃条件所决定的。

（4）揭示了深部煤自燃的灾变机理，利用 Fluent 软件对深部煤自燃温度分布及氧气浓度分布状态进行了模拟分析，发现整体温度范围的扩展方向与氧气扩散方向一致，而深部煤自燃过程中高温热点的蔓延方向则与氧气浓度水平扩散方向相反，高温热点的蔓延是向氧气浓度增大、氧气浓度梯度减小的方向进行。

第10章 氧化煤体诱灾机理及防治——以煤柱为例

在自然发火矿井中，由于地质条件、采掘条件等差异，极易发生煤自燃灾害。据统计，矿井中容易发生煤自燃的区域主要有地质构造带、高冒区、采煤工作面进回风巷和开切眼、终采线附近，以及采空区内、掘进巷道顶部等区域。其中煤柱由于长时间暴露在空气中，当表面较破碎时，容易导致煤柱自然发火，其火源非常隐蔽，肉眼难以直接观察到。目前对巷道煤柱自燃的研究较落后，由于火源的隐蔽性，一旦处理不及时或处理不当，就可能导致火灾范围的进一步扩大。受煤氧复合作用或氧化升温的影响，氧化煤体孔隙结构更加发育，力学特征发生变化，从而改变了煤柱的应力分布状况，特别是在深部矿井的开采中，煤柱内积聚了大量的待释放弹性能，由于应力分布及弹性承载范围发生变化，极易引发煤柱失稳。

例如，易自燃矿井中的煤柱，如图10-1所示，在高应力、人为扰动、漏风变化等因素的影响下，煤柱局部区域极易诱发煤自燃的风险，而发生煤自燃后的煤体，其力学性质发生了改变，从而造成煤柱的应力重新分布，降低了煤柱的承载能力，可能诱发煤柱的失稳。本章将以煤柱为背景，运用理论分析和数值模拟研究煤柱内局部自然发火导致煤柱失稳的机理。

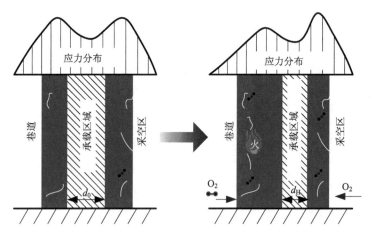

图 10-1 煤柱局部自然发火后应力变化示意图

d_0 为初始直径；d_H 为自然发火后的直径

10.1　煤体氧化损伤的力学效应分析

10.1.1　煤体局部氧化后应力分布特征

深部煤层开挖后，煤层内的原始应力将重新分布，当揭露煤体局部发生煤自燃后，应力将重新分布，因此煤层开采后的局部煤自燃将使围岩经历原岩应力→煤层开采集中应力影响→局部煤体氧化自燃引起的应力集中→开采或其他形式扰动的支承压力四个阶段，所以，在不同阶段，围岩内应力大小及分布也将不同。

深部煤体未掘进时的应力为原岩应力 γH 状态，随着煤层内巷道的开挖，巷道围岩内部将产生应力集中，设应力增量集中系数为 k_1，此时巷道围岩的应力为

$$\sigma_1 = (1+k_1)\gamma H \tag{10-1}$$

式中，σ_1 为煤层开挖后的围岩应力，MPa；k_1 为受煤层开挖掘进影响的巷道围岩应力增量集中系数；γ 为上覆岩层容重，$N \cdot m^{-3}$；H 为煤层埋藏深度，m。

开挖扰动后易自燃煤体暴露，开始氧化，局部可能发生煤自燃现象，而煤体经过煤氧复合作用后，力学性质弱化，因此，局部煤自燃范围附近会形成应力降低区和应力升高区，由于应力大小的不同，在两个区域之间产生剪切应力区。该剪切应力作用到煤体上后，煤体将存在剪切应力区，当剪切应力达到煤体的抗剪强度后，顶板极易产生剪切失稳，从而发生震动乃至诱发冲击地压。煤体氧化后的弱化将在围岩附近产生应力集中，此时巷道围岩的应力为

$$\sigma_2 = (1+k_1+k_2)\gamma H \tag{10-2}$$

式中，σ_2 为局部煤体氧化自燃后围岩的应力，MPa；k_2 为受煤体氧化弱化而造成的围岩应力增量集中系数。

随着开采的进一步扰动，巷道周围的围岩存在一个超前支承压力，此时巷道的围岩应力为

$$\sigma_3 = (1+k_1+k_2+k_3)\gamma H \tag{10-3}$$

式中，σ_3 为受开采扰动形成的超前支承压力后巷道围岩的应力，MPa；k_3 为受超前支承压力后围岩内应力增量集中系数。

根据学者对冲击地压的研究成果，针对冲击地压的发生通常以围岩所受应力与煤岩强度的比值作为判断动力灾害发生的标准，当围岩内所受的应力 σ 与煤岩的强度 σ_c 比值超过 J_c 时，则巷道处于冲击地压发生的危险临界状态。

$$\frac{\sigma}{\sigma_c} = \frac{(1+k_1+k_2+k_3)\gamma H}{\sigma_c} \geqslant J_c \tag{10-4}$$

综合上述分析可知，深部煤层围岩内部的应力 σ 主要包括原岩应力 γH、煤层

初次开挖后产生的应力集中 $k_1\gamma H$、煤体内局部发生氧化自燃后的应力集中 $k_2\gamma H$、开采后超前支承压力引起的应力集中 $k_3\gamma H$，如图 10-2 所示。

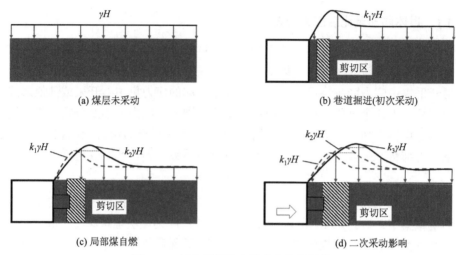

(a) 煤层未采动　　　　　　　　　　　　(b) 巷道掘进(初次采动)

(c) 局部煤自燃　　　　　　　　　　　　(d) 二次采动影响

图 10-2　氧化煤体致灾的应力演化规律

由式（10-4）可知，当煤体局部氧化，造成煤体力学特性弱化后的应力集中与巷道开挖、开采扰动等其他应力相互叠加时，若超过冲击地压的临界应力值，则发生冲击地压。

10.1.2　煤自燃与冲击地压灾害共生分析

根据文献，纯静载 E_j 型冲击地压启动能量判据为

$$E_j - E_c > 0 \tag{10-5}$$

其中，

$$E_j = \frac{\sigma_1^2 + \sigma_2^2 + \sigma_3^2 - 2\mu(\sigma_1\sigma_2 + \sigma_1\sigma_3 + \sigma_2\sigma_3)}{2E} \tag{10-6}$$

$$E_c = \frac{\sigma_c^2}{2E} \tag{10-7}$$

式中，σ_1、σ_2、σ_3 均为主应力，MPa；σ_c 为单轴抗压强度，MPa；μ 为泊松比；E 为杨氏模量，GPa。

实验煤样采样点埋深约为 750m，根据地质资料，结合式（10-6）和式（10-7）估算出采样点静载荷 E_j 约为 36kJ·m^{-3}，原煤、70℃氧化煤、135℃氧化煤、200℃氧化煤和 265℃氧化煤的 E_c 分别为 36kJ·m^{-3}、45kJ·m^{-3}、56kJ·m^{-3}、33kJ·m^{-3} 和 19kJ·m^{-3}。通过式（10-5）得出，750m 埋深煤体卸荷后经过不同程度氧化，未氧化煤、70℃氧化煤和 135℃氧化煤未达到冲击地压启动条件，随着煤体氧化程度

的增加，200℃氧化煤和265℃氧化煤达到了冲击地压启动条件。

　　实验结果表明，煤体的自燃氧化对煤体的冲击倾向性参数影响较大，且力学性质改变之后，煤层内应力会重新分布。在开采具有煤自燃倾向性和冲击地压的煤层时，灾害的发生和治理都存在相互制约或促进的作用。如采空区发火与冲击地压复合灾害矿井中，往往要确定工作面的合理推进速度，为了减小冲击地压工作面采动时的动压显现强度，需要采用降低工作面推进速度，使顶板缓慢下沉的方法，但是过低的工作面推进速度和采空区长期漏风，增加了工作面遗煤蓄热时间，会进一步诱发采空区煤自燃。在巷道或煤柱附近，为了防治冲击地压往往采用爆破、大直径钻孔等卸压措施，加之高应力环境使得煤体损伤更加发育，从而加大了漏风强度，为煤自燃提供了有利条件，而煤自燃发生后，由于煤氧复合作用，又改变了煤体的力学性质，从而改变了煤体的冲击倾向性。

　　经过煤氧复合作用的煤体，其力学性质发生改变，煤体的抗压强度降低，使煤体在地应力、采动应力扰动下更容易被破坏，外部力对煤体做的功转化为耗散能，煤体积聚弹性能的能力降低，造成氧化煤体本身的冲击倾向性降低。但是煤体本身冲击倾向性的降低，并不意味着冲击危险减弱。这是因为煤自燃发生后，只是改变了局部煤体的力学性质，在上覆岩层的作用下，会在该氧化区域外形成应力的集中区域，从而改变煤层内的应力分布，破坏了原来的应力分布状态，使得氧化区域外围煤体储存更多的待释放弹性能，更加接近极限平衡状态，当无限接近极限平衡状态时，轻微的扰动即可破坏该平衡状态，导致煤体以破裂、声波、飞射等形式释放出大量能量。能量的释放又进一步破坏了煤体的完整性，使煤体内部适合蓄热，进而有利于煤自燃的发生，如图10-3所示。因此，高应力易自然发火矿井中，煤自燃的发生增加了顶板动力灾害发生的概率，而高应力及煤层内能量的释放，又使得煤体裂隙发育，更利于发生煤自燃。

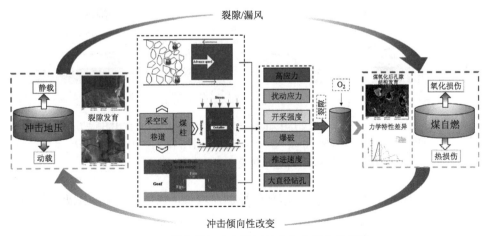

图10-3　煤自燃与冲击地压复合灾害耦合示意图

因此在易自然发火矿井的深部开采中,应充分考虑氧化煤体力学性质改变后,煤层应力的再分布情况,这对于研究高应力条件下煤自燃和冲击地压复合灾害的机理及防治措施具有重要意义。

10.2　氧化煤体对煤柱稳定性影响的理论分析

10.2.1　基于煤体局部弱化的煤柱应力分布特征

煤层开采后,上覆岩层垮落,采场内的支承压力重新分布,因此在巷道的服务年限内,必须确保煤柱有足够的强度和稳定性,但地质条件、开采条件等差异对服务期限内的煤柱稳定性构成一定的威胁。煤柱在不同布置形式下,内部的应力分布不同。采场内的煤柱假设为弹性体,在支承压力作用下将煤柱划分为塑性区、弹性区和原岩应力区。矿井中煤柱分布的形式多种多样,存在单侧临空或多侧临空等形式。

（1）当煤柱一侧采空时,假设煤柱为弹性体,则煤柱的垂直应力 σ_y 随着采空区边缘沿 x 轴逐渐变小,呈指数型,如图 10-4 中的曲线 1 所示。当煤层开采后,靠近采空区边缘煤体发生屈服破坏,应力逐渐向深部转移,其应力分布如图 10-4 中曲线 2 所示,从采空区边缘先升高后降低,直至原岩应力区。此时,煤柱由采空区沿 x 方向至煤层深部分为破裂区、塑性区、弹性渐变区和原岩应力区。当煤柱局部自然发火后,如图 10-4 右侧所示,根据前述研究煤氧复合作用后的煤体较原煤强度降低,则开采后形成的垂直应力必将进一步往煤柱深部转移,如图 10-4 中的曲线 3 所示。根据图 10-4 中信息可知,局部氧化后的煤柱,破碎区宽度不变,塑性区宽度增加,弹性渐变区和原岩应力区向深部转移。

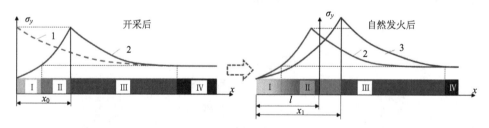

1-煤柱弹性应力分布;2-开采后煤柱弹塑性应力分布;3-自然发火后煤柱弹塑性应力分布

Ⅰ-破裂区;Ⅱ-塑性区;Ⅲ-弹性渐变区;Ⅳ-原岩应力区

图 10-4　煤柱单侧采空变形及应力分布

煤柱的极限承载能力随着往深部的增加而增长,煤层开采后在距离煤柱边缘一定范围内存在承载能力和支承压力处于极限平衡状态,运用极限平衡理论,得出破裂区和塑性区的宽度 x_0 为

$$x_0 = \frac{m}{2\xi f} \ln \frac{K\gamma H + C\cot\varphi}{\xi(p_i + C\cot\varphi)} \tag{10-8}$$

式中，K 为应力集中系数；p_i 为支架对煤帮的阻力，N；m 为煤层开采厚度，m；C 为煤体黏聚力，MPa；φ 为煤体内摩擦角，(°)；f 为煤层与顶底板接触面的摩擦因数；ξ 为三轴应力系数，$\xi = \dfrac{1+\sin\varphi}{1-\sin\varphi}$。

假设煤柱内发生自燃，自燃长度为 l，如图 10-4 中右侧红色区域 I+II 所示。氧化后煤的力学强度为 σ_m。为了简化计算，将 y 轴向右移 l，假设氧化区煤体为支撑体，因此根据式（10-8）可进一步推导得出煤柱自燃后的破裂区和塑性区长度 x_1 为

$$x_1 = \frac{m}{2\xi f} \ln \frac{K\gamma H + C\cot\varphi}{\xi(p_i + \sigma_m + C\cot\varphi)} + l \tag{10-9}$$

式中，l 为煤柱发生自燃的长度，m；σ_m 为煤自燃区煤体强度，MPa。

（2）当煤柱两侧为采空区，则煤柱的应力分布主要是由侧向支承压力的影响距离 L 和煤柱的宽度 B 决定的，主要分为以下三种类型。

当 $B>2L$，即煤柱宽度大于 2 倍的支承压力影响距离。煤层开采后，由于煤柱较宽，宽度远大于侧向支承压力影响范围，因此，在煤柱中部存在应力的均布载荷，此区域为原岩应力区，原岩应力区两侧的应力分布同煤柱单侧临空应力分布，两侧依次为弹性渐变区、塑性区和破裂区，如图 10-5 曲线 1 所示。此时煤柱弹性区的宽度为

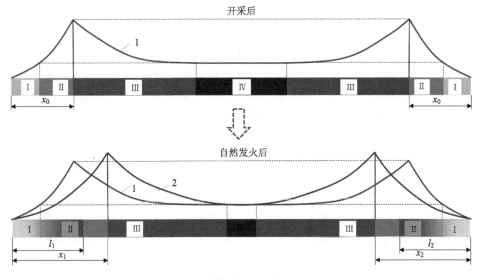

图 10-5　双侧临空煤柱变形及应力分布（$B>2L$）

$$x_1 = B - \frac{m}{\xi f} \ln \frac{K\gamma H + C\cot\varphi}{\xi(p_i + C\cot\varphi)} \qquad (10\text{-}10)$$

式中，x_1 为煤柱弹性区宽度，m；B 为煤柱宽度，m。

假设煤柱两侧均发生煤自燃，如图 10-5 中红色区域 Ⅰ+Ⅱ 所示，火区宽度分别为 l_1 和 l_2，此时由于煤自燃区域煤体氧化造成煤体强度降低，煤柱垂直应力向煤体内部转移，从而使煤柱的原岩应力区宽度变短，弹性渐变区向煤柱深部移动，但范围不变，塑性区范围变大，破裂区范围不变。根据图 10-5 可以得出煤柱主要承载区域的弹性区宽度为

$$x_2 = B - \frac{m}{\xi f} \ln \frac{K\gamma H + C\cot\varphi}{\xi(p_i + \sigma_m + C\cot\varphi)} - l_1 - l_2 \qquad (10\text{-}11)$$

式中，x_2 为煤柱弹性区宽度，m；l_1 和 l_2 为两侧煤自燃区域宽度，m。

当 $L < B \leq 2L$ 时，即煤柱宽度介于 1 倍支承压力影响范围和 2 倍支承压力影响范围之间。此时煤柱两侧的支承压力叠加，如图 10-6 中曲线 2 所示，煤柱中部已不存在原岩应力区，此时，煤柱从中间往两侧分为弹性渐变区、塑性区和破裂区。

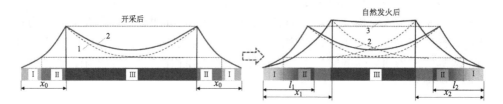

图 10-6　双侧临空煤柱变形及应力分布（$L < B \leq 2L$）

假设煤柱两侧均发生煤自燃，如图 10-6 中红色区域 Ⅰ+Ⅱ 所示，火区宽度分别为 l_1 和 l_2，此时由于煤自燃区域煤体氧化而造成煤体强度降低，煤柱垂直应力向煤体内部转移，应力进一步叠加，如图 10-6 中曲线 3 所示。造成塑性区范围增加，弹性渐变区范围减小。弹性区的宽度计算方式同式（10-11）。

当 $B \leq L$ 时，即煤柱宽度小于单侧支承压力影响范围，此时两侧支承压力峰值将进一步叠加，峰值接近并可能重合，煤柱承载区域的载荷积聚增大，应力已基本趋向于均布载荷，如图 10-7 中的曲线 2 所示，此时煤柱弹性区域宽度锐减，并积聚了大量的弹性能。当煤柱内部发生煤自燃后，如图 10-7 中红色区域 Ⅰ+Ⅱ 所示，应力峰值进一步往煤柱深部转移，当两侧峰值交汇后，此时煤柱失稳发生破坏，煤柱内部已不存在弹性区域，煤柱应力降低，如图 10-7 中曲线 3 所示，煤柱彻底丧失承载能力。

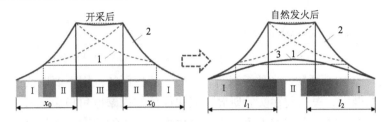

图 10-7　双侧临空煤柱变形及应力分布（$B \leqslant L$）

护巷煤柱作为巷道维护的关键部分，其稳定性决定了回采空间的安全生产。护巷煤柱的合理布置影响了回采引起的支承压力对巷道的影响及煤柱的载荷。煤柱的承载能力，不仅取决于煤柱的边界条件和力学特性，还取决于煤柱的尺寸及几何形状。

防治煤柱发生煤自燃，首先应确保煤柱的稳定性。从图 10-8 护巷煤柱的应力分布可知，巷道由于跨度较低，在护巷煤柱中引起的塑性区范围较窄，为 x_4，采空区由于顶板的垮落，应力集中程度高，则塑性区范围较大，为 x_3，因此要确保护巷煤柱的稳定性的基本条件是：煤柱两侧产生塑性区变性后，在煤柱中间必须存在弹性承载区域。根据有关文献分析认为，煤柱弹性承载区范围不应小于煤柱宽度的 1/2。将图 10-8 中的巷道假设为孔，根据围岩的极限平衡理论，可知孔周围的塑性范围为

$$x_4 = r_1 \left[\left(\frac{(\gamma H + C \cot \varphi)(1 - \sin \varphi)}{C \cot \varphi} \right)^{\frac{1 - \sin \varphi}{2 \sin \varphi}} - r_1 \right] \qquad （10-12）$$

式中，r_1 为巷道半径，m。

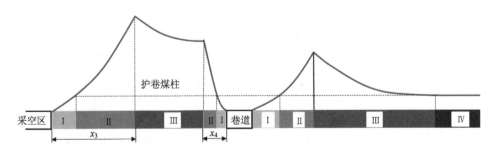

图 10-8　护巷煤柱变形及应力分布

护巷煤柱采空侧的塑性范围可用式（10-8）表示。因此得出，护巷煤柱的两侧塑性区宽度和为

$$x_3 + x_4 = r_1 \left[\frac{(\gamma H + C \cot \varphi)(1 - \sin \varphi)}{C \cot \varphi} \right]^{\frac{1-\sin\varphi}{2\sin\varphi}} + \frac{m}{2\xi f} \ln \frac{K \gamma H + C \cot \varphi}{\xi (p_i + C \cot \varphi)} - r_1 \qquad (10\text{-}13)$$

由式（10-13）可知，当顶板载荷不变时，塑性区的范围主要取决于煤体的内摩擦角和黏聚力。根据前述实验研究，氧化煤体的内摩擦角和黏聚力发生变化，因此当煤柱局部区域自然发火后，由于煤体力学性质的改变，必将引起煤柱内部应力的重新分布，造成有效弹性区支承范围减小，煤柱的承载能力下降。

10.2.2　煤柱自燃机理

煤自然发火的四个基础条件为：①煤体要具有自燃倾向性且处于破裂的状态，即应为氧气进入煤体提供漏风的通道；②空气在煤体孔裂隙中的流动速度不应太快，即提供良好的蓄热环境，避免生成的热量被流动过快的空气带走；③应有足够的煤，即应有足够参与煤氧复合反应的煤体；④应具有足够煤氧反应的时长。

煤柱在应力作用下产生变形，空气通过煤柱变形区进入煤体内部，氧气与煤体接触后发生煤氧复合作用，并开始放出热量；然后煤体通过热传递和对流向周围的煤体逐渐散热，当煤氧复合反应的放热量大于散热量后，就会引起煤柱的升温，随着温度的增加，煤氧反应也进一步加快，当达到煤体的着火点后，导致煤柱自燃。由于煤柱的尺寸、应力环境、煤体力学特性、漏风强度等差异，煤柱自燃也具有不同的特性。

（1）煤层开采后，顶板产生规则性垮落，覆岩重量向煤柱上转移，煤柱在应力作用下，发生破坏、损伤等，为煤氧反应提供了良好的漏风通道和蓄热环境。

（2）漏风方式。

①热力风压。

当煤体暴露后，煤柱内部的煤体经过一段时间的氧化蓄热升温，在煤柱内部与煤壁之间产生了一定的温度差，从而形成了热力风压，如图 10-9（a）所示。

$$H_r = \int_0^L \rho g \frac{T_x - T_0}{T_x} \mathrm{d}x \qquad (10\text{-}14)$$

式中，ρ 为空气密度，$g \cdot cm^{-3}$；T_x 为煤柱内高温点的空气温度，℃；T_0 为煤柱煤壁侧的空气温度，℃；L 为高温点与煤壁间的垂直距离，m；g 为重力加速度，$m \cdot s^{-2}$。

由式（10-14）可以得出，煤体内高温点的温度越高，热力风压越大，同时从高温点到煤壁的热力梯度也会越大，从而造成更大的漏风。通过式（10-14）可以得到热力风压造成的漏风风速为

$$\bar{v} = K \frac{H_r}{n \cdot L} = K \rho \frac{g}{n \cdot L} \frac{T_x - T_0}{T_x} \mathrm{d}x \qquad (10\text{-}15)$$

式中，n 为孔隙度；K 为空气的修正系数。则得出单位面积的漏风量为

$$\overline{Q}_r = K\frac{H_r}{L} = K\frac{\rho g}{T_x}(T_x - T_0) \tag{10-16}$$

设 $k = K\rho g$ ，则有

$$\overline{Q}_r = k\frac{T_x - T_0}{T_x} \tag{10-17}$$

式中，k 为热力风压形成的漏风因子。

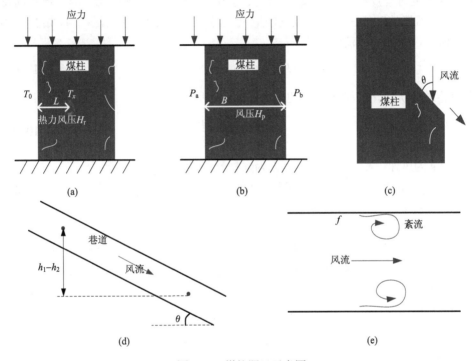

图 10-9　煤柱漏风示意图

一般矿井巷道的空气温度为 25℃，当煤柱内部煤体与氧气接触，发生氧化反应，温度高于 25℃后，即会产生热力风压，热力风压产生后，加大了煤的漏风强度，从而使煤氧复合作用加剧，煤体温度进一步升高。因此，根据式（10-16）可以得出，当孔隙度、高温点与煤壁间距离、空气密度等发生变化后所形成的漏风是不一样的。

②煤柱两侧风压。

煤柱将采空区与采空区、采空区与巷道隔离，煤柱两侧所处环境产生差异后，会导致煤柱两侧形成风压差，如图 10-9（b）所示。由于风压差的存在进而导致煤柱漏风，漏风强度为

$$\overline{Q}_{\mathrm{p}} = K\frac{H_{\mathrm{p}}}{B} = K\frac{p_{\mathrm{a}} - p_{\mathrm{b}}}{B} \tag{10-18}$$

式中，K 为煤柱相对空气的渗透系数；B 为煤柱宽度，m；p_{a}、p_{b} 为煤柱两侧压力，Pa。由式（10-18）可知，煤柱的漏风强度大小由煤柱两侧的风压差决定。

③煤柱形状变化引起的动压差。

由于设计、施工或煤柱变形影响，煤柱局部可能存在起伏不平的情况，当风流流经此处时与煤柱表面形成了一个夹角 θ。由于障碍物的阻挡，当风流方向发生改变，风流的动能在煤柱漏风处产生风压，造成空气渗流进入煤柱内，如图 10-9（c）所示，产生的风流动压为

$$H_{\mathrm{v}} = \left(\rho v^2 / 2\right)\sin^2\theta \tag{10-19}$$

则由巷道形状变化而引起风流动压造成的漏风强度为

$$\overline{Q}_{\mathrm{v}} = \frac{KH_{\mathrm{v}}}{L} = \frac{Kv^2\sin^2\theta}{2gL} \tag{10-20}$$

式中，v 为风速；K 为风流系数；L 为煤柱长度。

由式（10-20）可知，流经煤壁的风速越大，煤柱内的漏风量越大；煤壁变形处与风流夹角 θ 越大，风流动压越大。当 θ 达到 90°时，漏风达到最大。

④位压差。

风流在水平巷道流动时，无位压差，但在非水平巷道中，由于高差的影响，巷道存在位压差，如图 10-9（d）所示。非水平巷道内两点间的位压差为

$$H_{\mathrm{h}} = (h_1 - h_2)\rho g \tag{10-21}$$

由非水平巷道内不同点高度差异造成的位压差产生的漏风强度为

$$\overline{Q}_{\mathrm{h}} = \frac{KH_{\mathrm{h}}}{L} = \frac{K\left(h_1 - h_2\right)}{L} \tag{10-22}$$

由式（10-22）可以得出，高差越大，风流产生的风压越大，则煤体内漏风量越大。

⑤流经巷道的压力降。

风流流过巷道时，受摩擦阻力和局部阻力影响，产生压力降，如图 10-9（e）所示。风流流经巷道时，由于壁面的摩擦力影响，产生紊流，根据流体力学得出压力降为

$$H_{\mathrm{f}} = \frac{fL\rho v^2}{2D} \tag{10-23}$$

式中，f 为巷道的摩擦阻力系数；L 为巷道的长度；ρ 为空气密度；v 为风速；D 为巷道直径，m。则由巷道摩擦阻力产生的漏风强度为

$$\overline{Q_f} = \frac{KH_f}{L} = \frac{K\alpha v^2}{2Dg} \qquad (10\text{-}24)$$

式中，α 为风速系数。

由式（10-24）可以得出巷道风阻越大、风速越大，则煤体内漏风强度越大，巷道断面越大，则漏风强度越小。

由于煤矿工程的复杂性，煤柱的起伏、形状、角度、渗透率、力学性质都同时影响着煤柱的漏风情况，从而引起风流流速、方向或分布的变化，导致风流能量损失。这种由巷道局部阻力产生的漏风强度为

$$\overline{Q_i} = \frac{KH_i}{L} = \frac{K\Delta p_i}{\rho g L} \qquad (10\text{-}25)$$

式中，H_i 为由于巷道局部阻力产生的风压降。

通过前述分析，煤体内的总漏风强度为

$$\overline{Q} = \overline{Q_r} + \overline{Q_p} + \overline{Q_v} + \overline{Q_h} + \overline{Q_f} + \overline{Q_i} \qquad (10\text{-}26)$$

因此，在实际过程中，煤柱的漏风应根据实际情况，结合以上分析进行综合考虑。

（3）蓄热环境。

根据能量守恒定律，当煤柱内氧化的放热量大于向四周煤体的散热量和风流带走的热量之和时，会使煤体进一步升温，进而导致煤自燃。因此，煤柱内发生煤自燃应满足以下条件：

$$\text{div}\left[\lambda_e \text{grad}(T_m)\right] + q(T) - \text{div}\left(n\rho c\overline{Q}T_m\right) > 0 \qquad (10\text{-}27)$$

式中，ρ 为风流的密度，$g\cdot cm^{-1}$；c 为风流容重，$J\cdot g^{-1}\cdot ℃^{-1}$；$q(T)$为煤样放热强度，$J\cdot cm^{-3}\cdot s^{-1}$；$\lambda_e$ 为煤的导热系数，$J\cdot s^{-1}\cdot cm^{-1}$；$\overline{Q}$ 为漏风强度，$cm\cdot s^{-1}$；T_m 为煤体内部的平均温度，℃；n 为参与反应气体的摩尔浓度，$mol\cdot m^{-3}$。

10.3　氧化煤体对煤柱稳定性影响的数值模拟研究

通过前述理论分析得出，煤层开采后局部煤体氧化，在高应力和应力集中作用下突然失稳、变形和破坏。煤柱失稳灾害在孕育、发生过程中，伴随着煤体内应力场的转移、能量场的积聚、塑性区的扩展和位移场的演化。煤柱的应力、能量、塑性和位移场是煤柱失稳的表现形式。本节主要采用 FLAC 数值模拟软件对煤柱局部发生氧化自燃后的煤柱变形规律进行研究，探讨深部煤柱局部不同氧化程度和不同氧化范围条件下的煤柱稳定性。

10.3.1　数值模拟方案及模型建立

某矿 B812 综采工作面，其北侧为采空区，区段煤柱宽度平均为 15m，工作面走向长度为 1050m，倾向长 280m，煤层平均厚度为 6m，煤层倾角为 2°，为易自燃煤层，基本顶为粉砂岩，平均厚度为 7m，直接底砂质泥岩，平均厚度为 5m，采用后退式全部垮落法综合机械化采煤工艺。

根据文献分析认为，煤柱内部自燃高温点中心与煤壁的距离和风速、煤体孔隙特征等相关，初始火源中心点距离煤壁一般为 0.5～1.5m，最多不超过 8m。本节主要研究煤体氧化后对区段煤柱的稳定性影响，为了简化模型和计算方便，以煤柱两侧为采空区，其中一侧局部区域发生煤自燃为例，全面研究煤柱的应力分布和变形特征。通过数值模拟尽可能全面地分析煤柱内局部煤体氧化后，煤柱的应力状态分布，数值模拟的实验方案如表 10-1 所示。

表 10-1　数值模拟方案

方案一	氧化范围/m	煤体氧化程度/℃			
	4×4×4	70	135	200	265
方案二	氧化程度/℃	氧化煤体范围/m			
	265	1×1×1　　2×2×2	3×3×3　　4×4×4	5×5×5	6×6×6
		8×8×6	10×10×6	12×12×6	15×15×6

1. 煤体氧化程度对煤柱应力分布的影响

煤柱模型如图 10-10 所示，呈走向分布，煤柱宽 15m，高 6m，为了避免数值计算时引起的边界效应，走向长度取 60m，煤柱一侧氧化范围为 4m×4m×4m，氧化煤体氧化程度分别为 70℃、135℃、200℃、265℃，其力学特性参数如表 10-2 所示。

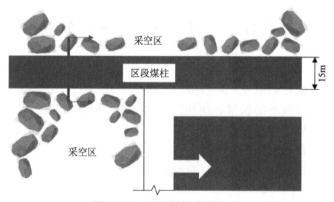

图 10-10　区段煤柱布置方式

表 10-2　煤岩层的力学参数

岩性	密度/ (kg·m⁻³)	弹性模量/GPa	泊松比	黏聚力/MPa	内摩擦角/ (°)	抗拉强度/MPa
砂质泥岩	2300	7.5	0.26	11	35	2.67
泥岩	2550	7.5	0.26	10	37	2.32
原煤	1350	3.78	0.37	14.93	12.1	0.82
70℃氧化煤	1326	2.15	0.37	17.2	11.7	0.6
135℃氧化煤	1261	1.38	0.3	10.24	29.5	0.45
200℃氧化煤	1206	0.81	0.26	8.56	32.6	0.18
265℃氧化煤	1190	0.44	0.25	3.2	42.9	0.14
粉砂岩	2600	15	0.19	12.3	38	3.52
砂岩	2550	15	0.22	12	37	3.35
砂砾岩	2300	6.5	0.28	11	35	3.26

2. 煤体氧化范围对煤柱应力分布的影响

煤柱模型尺寸同上所述,氧化范围简化为立方体,其氧化范围分别取 1m×1m×1m、2m×2m×2m、3m×3m×3m、4m×4m×4m、5m×5m×5m、6m×6m×6m、8m×8m×6m、10m×10m×6m、12m×12m×6m、15m×15m×6m,氧化煤体为氧化程度最高的 265℃氧化煤。为了进一步精确分析煤柱局部的应力、位移等参数,在模型内建立监测面 A、B 和监测线 l,如图 10-11 所示。数值模型计算完成后,提取监测位置的数据进行进一步分析。

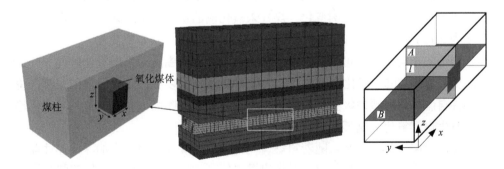

图 10-11　煤柱模型及围岩参数监测布置

10.3.2　数值模拟结果及分析

1. 氧化程度对煤柱应力分布的影响

本部分主要分析在煤柱固定范围内发生煤自燃后的煤柱应力分布特征及煤柱

破坏特征。数值模拟步骤按照方案一展开分析。

图 10-12 为局部范围发生氧化自燃后，煤柱应力分布状况。由模拟结果可知，煤柱的应力基本呈"马鞍形"分布，但由于局部煤体发生煤自燃，煤体力学特性参数发生变化，导致该区域应力分布发生变化。由图 10-12 可知，局部煤自燃后的煤柱，自燃区域应力降低，且随着氧化程度的增加，局部应力降低越明显。通过图 10-12 可知，由于局部煤体强度的降低，在自燃区域周围会形成应力升高现象。

通过分析计算未氧化的煤柱，得到应力集中系数为 1.136，煤柱局部发生自燃后，自燃区域煤的氧化程度从 70℃到 265℃，应力集中系数分别为 1.151、1.174、1.202 和 1.208，较未自燃时的煤柱内部应力集中系数升高了 1.32%、3.35%、5.81% 和 6.34%，基本为随着自燃区煤氧化程度的增加，应力集中系数不断增加，当超过 200℃氧化程度后，应力集中系数增加趋缓，如图 10-13 所示。

图 10-14 为不同氧化程度煤在相同范围下的煤柱应力分布、塑性区和变形特征。图 10-14 中氧化区域的范围为 4m×4m×4m，氧化位置位于煤柱一侧，氧化程度分别为未氧化煤、70℃、135℃、200℃和 265℃氧化煤。通过数值模拟分析计算可知，煤柱一侧发生氧化后，煤柱内的塑性区、弹性区将发生变化。

由图 10-15（a）可知，煤柱氧化侧的塑性区从未氧化时的 2.75m 增加到 265℃氧化煤的 5m，其中未氧化煤到 70℃氧化煤的塑性区宽度增加较快，而氧化范围内的煤体氧化程度从 70℃增加至 265℃时，其塑性区宽度增加较少，说明煤柱内一旦发生煤自燃，会造成煤柱局部的塑性区范围增大，但塑性区增大的程度并不随氧化程度的增加而呈比例变化。煤柱未氧化侧的塑性区宽度基本不受影响，其宽度为 2.75m，在 265℃时增加至 3m，增加幅度较小，基本不变化。

通过图 10-15（a）可以看出，煤柱的总塑性区范围从未自燃氧化时的 5.5m，增加至局部为 265℃氧化程度的 8m，从 70℃氧化煤以后，塑性区增加减缓，说明煤柱自燃氧化后塑性区主要由煤柱发生自燃氧化一侧煤体强度决定，其变化趋势与发生自燃氧化一侧塑性区的趋势基本一致。

由图 10-15（b）可知，随着自燃氧化范围内的煤体氧化程度加深，弹性渐变区先增加后减小。煤柱局部由未发生自燃氧化到 265℃氧化煤，煤柱的弹性渐变区分别为 4m、4.25m、5.5m、7.25m 和 7m。其中煤柱局部未发生自燃氧化到 135℃氧化程度的弹性渐变区未产生叠加，煤柱两侧的弹性渐变区互不影响，随着氧化程度加深，自燃氧化侧的应力向深部转移，使得煤柱两侧的弹性渐变区互相叠加，而随着氧化程度进一步加深，弹性渐变区的叠加区域开始减小，造成随着氧化程度增加弹性渐变区先增加后减小的现象。

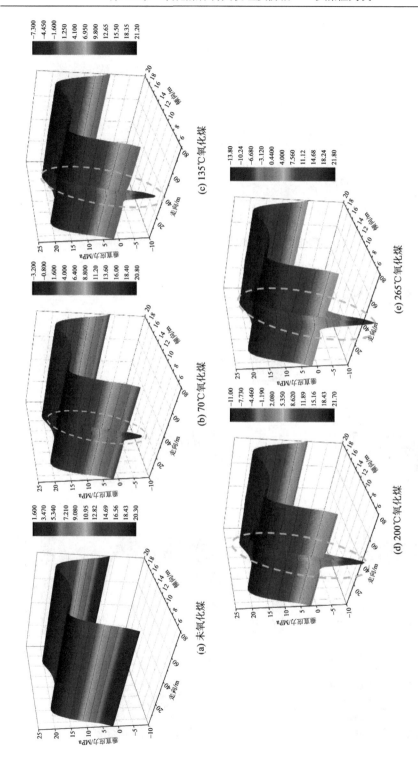

图 10-12　不同氧化程度煤对煤柱应力分布的影响

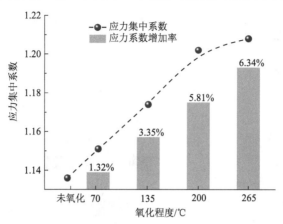

图 10-13　不同氧化程度煤对煤柱应力集中系数的影响

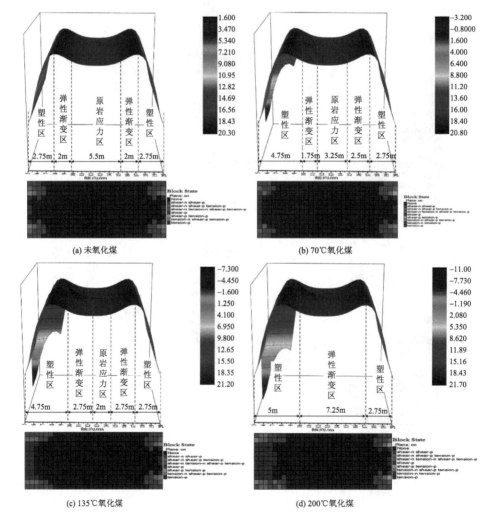

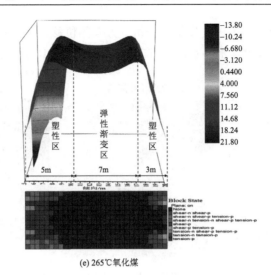

(e) 265℃氧化煤

图 10-14　不同氧化程度煤对煤柱变形特征的影响

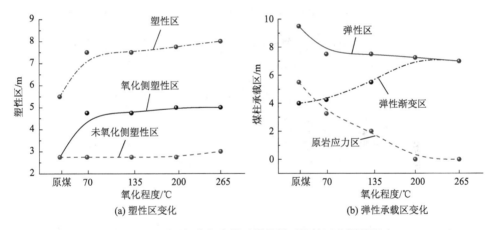

(a) 塑性区变化　　　　　　　　　　(b) 弹性承载区变化

图 10-15　不同氧化程度煤对煤柱弹、塑性区范围的影响

原岩应力区随着煤氧化程度的加深，从未氧化煤到 135℃氧化煤，其原岩应力区范围分别为 5.5m、3.25m 和 2m，135℃氧化煤往后，煤柱中间已不存在原岩应力区。决定煤柱稳定的关键是弹性渐变区和原岩应力区，通过图 10-15（b）可以得出，随着煤柱一侧煤体自燃氧化程度的加深，煤柱的弹性承载区范围逐渐减小，从未自燃氧化煤的 9.5m 减小至 265℃氧化煤的 7m。自燃氧化范围内的煤柱弹性区明显变窄，因此该处在顶板应力作用下，容易造成煤柱失稳。

图 10-16 和图 10-17 为煤柱局部氧化后，煤柱内部截面 A 和截面 B 的 y 方向位移云图。由位移云图 10-16 和图 10-17 可知，随着局部煤氧化程度的增加，煤柱局部氧化范围附近煤体 y 方向位移逐渐变大，而其他位置煤体位移基本不受煤

体氧化程度的影响。为了进一步量化分析 y 方向的位移，提取图 10-11 中监测线 l 上的数据，得到监测线 l 上各点沿 y 方向的位移，如图 10-18 所示。

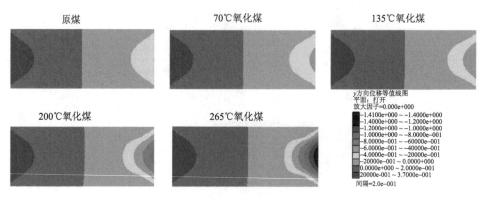

图 10-16　煤柱 A 截面 y 方向位移云图

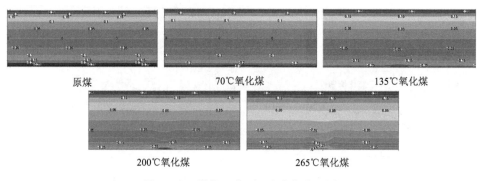

图 10-17　煤柱 B 截面 y 方向位移云图

通过图 10-18 可以得出，煤柱局部不同氧化程度煤体，引起监测线 l 上 y 方向的位移趋势变化基本一致，但仍存在差别。煤柱未氧化侧的位移曲线基本重合，说明受煤柱另一侧煤局部氧化影响较小；煤柱氧化侧监测线 l 上 y 方向的位移差别较大。由图 10-18 可知，局部未氧化时 y 方向位移最大值为 227mm，局部氧化程度从 70℃ 到 265℃ 氧化煤时，其 y 方向位移最大值为 277mm、347mm、354mm、391mm，分别较未氧化煤柱时的最大 y 方向位移量多 22.0%、52.9%、55.9% 和 72.2%。可以得出，当煤柱局部未氧化或氧化程度较低时，其 y 方向位移较小，当氧化程度较高，超过 135℃ 时，达到拐点，其 y 方向位移量迅速变大。

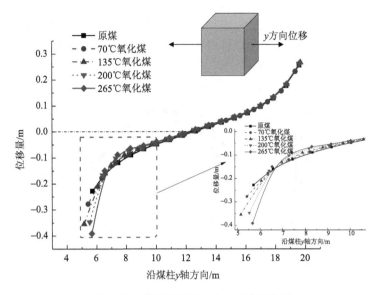

图 10-18　煤柱监测线 l 上 y 方向的位移

图 10-19 为煤柱局部氧化自燃后，煤柱内部截面 B 的 z 方向位移云图。由位移云图可知，随着局部煤氧化程度的增加，煤柱局部氧化范围附近煤体 z 方向位移逐渐变大，而其他位置煤体位移基本不受煤体氧化程度的影响。为了进一步量化分析 z 方向的位移，提取图 10-11 中监测线 l 上的数据，得到监测线 l 上各点沿 z 方向的位移，如图 10-20 所示。

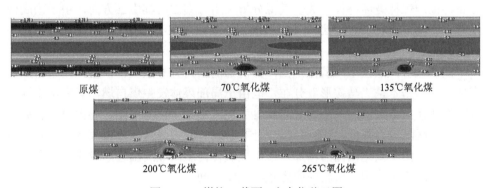

图 10-19　煤柱 B 截面 z 方向位移云图

通过图 10-20 可以得出，煤柱局部不同氧化程度煤体引起监测线 l 上 z 方向的位移趋势变化基本一致，但仍存在差别。煤柱未氧化侧的位移曲线基本重合，说明受煤柱另一侧煤局部氧化影响较小；煤柱局部氧化侧监测线 l 上 z 方向的位移差别较大。由图 10-20 可知，局部未氧化时 z 方向位移最大值为 345mm，局部氧化程度从 70℃ 到 265℃ 氧化煤时，其 z 方向位移最大值为 363mm、382mm、414mm、440mm，分别较未氧化煤柱时的最大 z 方向位移量多 5.2%、10.7%、20.0% 和 27.5%。

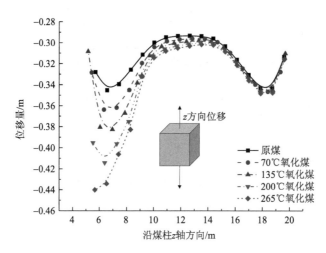

图 10-20　煤柱监测线 l 上 z 方向的位移

2. 煤氧化范围对煤柱应力分布的影响

本小节主要分析在煤柱一侧相同氧化程度煤在不同氧化范围下，煤柱的应力分布特征及煤柱破坏特征。数值模拟分析采用方案二，其中 z 方向，由于顶底板限制，最大只能取 6m，当达到 6m 范围后，垂直方向不再变化，氧化范围向水平 x 和 y 方向延伸。

图 10-21 为煤柱不同氧化范围，其内部的应力分布状况。由模拟结果可知，煤柱的应力基本呈"马鞍形"分布，但由于局部煤体发生煤自燃，其力学特性参数发生变化，导致该区域应力分布发生变化。由图 10-21 可知，局部煤自燃后的煤柱自燃区域应力降低，且随着氧化范围的增加，应力降低范围增大。通过图 10-21 可以得出，由于氧化范围的增加，在煤柱氧化自燃区域周围会形成应力升高，且不同的自燃氧化范围，引起的应力集中程度不同。

通过计算未氧化的煤柱，得到由煤柱自身引起的应力集中系数为 1.136，煤柱局部发生自燃后，根据氧化范围的不同，从 1m×1m×1m 到 6m×6m×6m，其引起的应力集中系数分别为 1.156、1.299、1.348、1.208、1.2 和 1.201，较未自燃时的煤柱内部应力集中系数升高了 1.76%、14.35%、18.66%、6.34%、5.63% 和 5.72%。应力集中系数都较未氧化煤大，但应力集中系数随着氧化范围的增大，呈先增大后减小的现象，即在氧化范围为 3m×3m×3m 时应力集中系数最大，如图 10-22 所示。

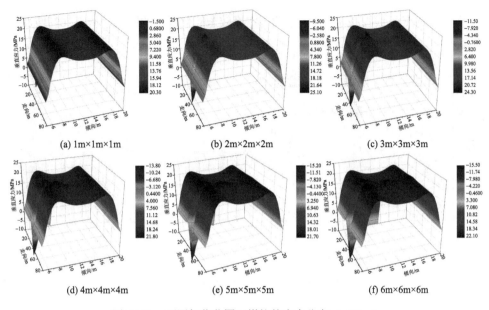

(a) 1m×1m×1m　　　　　(b) 2m×2m×2m　　　　　(c) 3m×3m×3m

(d) 4m×4m×4m　　　　　(e) 5m×5m×5m　　　　　(f) 6m×6m×6m

图 10-21　不同氧化范围下煤柱的应力分布（$z \leqslant 6m$）

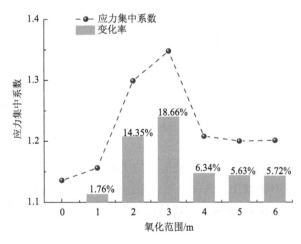

图 10-22　不同氧化范围对煤柱应力集中系数的影响

　　煤柱侧自燃氧化范围增加后，导致煤柱局部的弹性承载区宽度减小，通过图 10-23（a）可知，煤柱局部氧化范围增加后，其应力峰值逐渐向煤柱内部移动，且自燃氧化一侧的峰值高于煤柱另一侧应力峰值。通过图 10-23（b）可知，煤柱弹性承载区宽度从未自燃氧化时的 9.5m，降至氧化范围为 6m×6m×6m 时的 4.5m，其中未自燃氧化到自燃氧化范围 2m×2m×2m 时的弹性承载区宽度从 9.5m 降至 9m，弹性承载区宽度基本不变。从自燃氧化范围 2m×2m×2m 以后，其弹性承载区宽度呈线性减小，弹性承载区宽度较未氧化煤柱的降低率从 5.26% 增加至 52.63%。

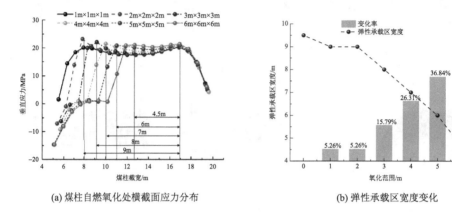

(a) 煤柱自燃氧化处横截面应力分布　　　　　　(b) 弹性承载区宽度变化

图 10-23　不同氧化范围对煤柱的影响

图 10-24 为当氧化范围垂直方向达到 6m，x、y 方向继续延伸时的煤柱应力分布及变形特征。由模拟结果可知，煤柱自燃氧化区域出现了明显的应力降低区域，当自燃氧化范围达到 15m×15m×6m 时，煤柱中间区域已不存在弹性支撑区。

通过图 10-24 可知，6m×6m×6m、8m×8m×6m、10m×10m×6m、12m×12m×6m 和 15m×15m×6m 自燃范围的煤柱应力集中系数分别为 1.201、1.299、1.703、1.996、1.677，当自燃氧化范围达到 12m×12m×6m 时，应力集中系数最大，基本为原岩应力集中系数的 2 倍。

由图 10-25 中煤柱自燃氧化横截面的应力曲线可以看出，随着氧化范围的不断扩大，应力峰值不断增加，当自燃氧化范围达到 15m×15m×6m 时，该截面呈低应力分布，约为 2.5MPa，说明此时煤柱已失去承载能力，该范围煤体已呈破碎或塑性状态。

10.3.3　深部氧化煤体诱灾的防治技术

基于以上研究，由煤体局部发生不同程度氧化诱发煤柱失稳的机理可知，阻止煤体自燃氧化或降低煤体氧化程度，可有效防止煤体氧化后引起的动力灾害。因此，通过优化煤柱布置、加强围岩支护、利用化学试剂阻化、优化通风等手段来防治煤柱局部发生氧化，可有效避免煤柱失稳。

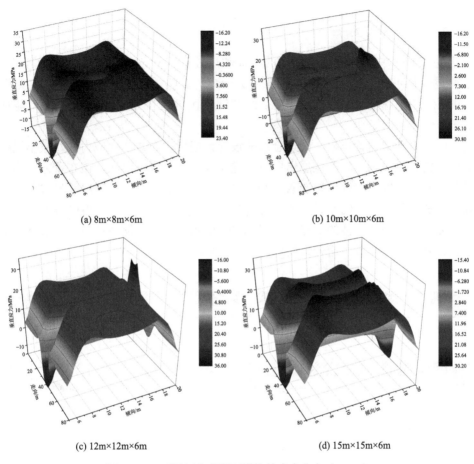

(a) 8m×8m×6m　　　　　　　　　　　　　　(b) 10m×10m×6m

(c) 12m×12m×6m　　　　　　　　　　　　　(d) 15m×15m×6m

图 10-24　不同氧化范围下煤柱的应力分布（z=6m）

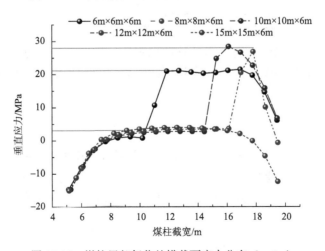

图 10-25　煤柱局部氧化处横截面应力分布（z=6m）

1. 优化煤柱布置

井工开采中，通过优化煤柱的布局和煤柱的尺寸，来改善煤柱受力环境。经前述分析可知，在煤体的抗压强度 σ_c 一定时，煤柱所受的应力 σ 越小，则煤柱的应力集中程度越小，煤柱破裂区和塑性区的范围越小，煤自燃的可能性越低。

（1）合理地布置煤柱。通过合理的设计，把煤柱布置在地应力区，减小煤柱塑性区的扩展。例如，厚煤层错层位巷道布置采用全厚采煤法，该布置方式形成了具有立体特性的巷道位置选取，能够有效提高厚煤层回采率，区段间形成了"零煤柱"和"负煤柱"的布置方式，有效减小了煤柱的尺寸，且使得区段煤柱位于低应力区，减少了煤柱的破碎，如图 10-26 所示。另外，煤柱留设应在煤体结构完整、强度高的区域，避开地质构造带或围岩破碎区等。

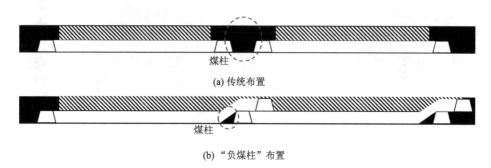

（a）传统布置

（b）"负煤柱"布置

图 10-26　厚煤层开采巷道布置

（2）优化煤柱尺寸。合理的留设宽度是煤柱稳定的重要参数，如果留设宽度过大，容易造成回采率低、遗煤量大，而宽度过小时，又难以保持稳定。由于煤柱的服务年限一般较长，需考虑其长期稳定性，因此应在合理分析煤柱上覆载荷期限、极限承载强度、尺寸效应和侧向约束力等后，确定煤柱的弹性支撑区范围。

2. 加强围岩支护

通过氧化煤体的三轴压缩实验可得出，需要对煤柱主动加固，改善煤体的应力状态。通过顶板、巷帮的主动加固，提高煤岩体的强度。煤柱的加固主要通过打设锚杆（索）的方式，实现对煤体的挤压，压缩煤体的裂隙和孔隙，减小漏风通道，如图 10-27（a）所示。

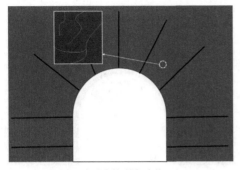
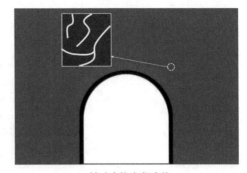

(a) 主动支护(锚杆支护)　　　　　　　　(b) 被动支护(架棚支护)

图 10-27　煤巷支护形式

利用高密度、高强度支护，充分发挥锚杆的围岩强化、抗剪和约束作用，进而提高围岩强度，实现煤柱的应力状态由两向受压变为三向应力状态。传统的被动支护，如架棚支护，巷道破碎圈范围逐渐变大，煤体的裂隙发育，煤体与氧气的接触范围增加，容易发生煤的氧化反应，改变煤体的力学特性，从而不利于巷道的支护，如图 10-27（b）所示。

3. 封堵漏风通道

通过前述煤柱自燃的机理可知，煤柱破裂后，在其两侧风压差的漏风驱动下，容易发生煤的氧化自燃。基于此，可通过封堵漏风通道，阻止或减缓煤柱局部发生氧化。

（1）煤柱形成后，通过喷浆对煤体表面进行密闭，阻断煤体与氧气的接触，减缓煤体的氧化进程。但伴随着巷道或煤柱的变形，喷浆体会发生开裂，进而离层，此时离层区的喷浆体和煤体之间更容易发生热量积聚，从而发生煤自燃。因此，该方式可以作为短暂的煤体封闭方式或围岩变形较小的封闭方式。

（2）煤柱在高应力作用下，会产生变形，裂隙也逐渐发育。为了封堵裂隙形成的漏风通道，可采用注浆的方式，以实现对煤体的加固，如图 10-28 所示。利用浆液对煤柱塑性区进行渗透，既能充填煤体及裂隙，又能增加煤柱的稳定性和抗压性能。通过注浆进一步提高煤柱的密闭性，防止漏风诱发煤自燃。

4. 化学试剂阻化

化学试剂能够与煤分子中的活性基团发生反应，生成稳定的环链结构，用其抑制活性基团的增加或参与煤氧复合作用，终止自由基的链式反应，最终可达到抑制煤自燃的目的。阻化剂能有效抑制煤氧结合、降低煤氧化的活性。其通过与煤表面的活性中心生成稳定的链环，预先破坏或减少煤中的活性基团，抑制煤发

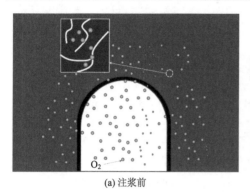
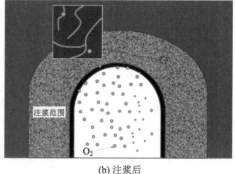

(a) 注浆前　　　　　　　　　　　　　　　(b) 注浆后

图 10-28　注浆封堵围岩漏风通道

生化学吸附，使煤在低温下不容易发生化学反应，降低氧化反应速率，或者通过化学反应捕捉自由基，生成较稳定的中间产物，切断煤链式化学反应的过程，从而防止煤自燃。例如，于水军研究了防老剂甲、联苯胺、防老剂 RD、4010NA 和 4010 的防氧化效果；戚绪尧研究了茶多酚的抗氧化作用，认为茶多酚对酯氧自由基具有明显的抗氧化作用。

5. 优化通风系统

通过前述分析，风速、巷道障碍物等可在煤柱内形成漏风动压差或位压差。因此可以通过优化风速、风量等参数或减少煤柱形状变化、消除障碍物等措施，减少向煤体内部的漏风。矿井通风系统是否合理、稳定、可靠，对减小煤层自然发火概率及控制火灾事故影响作用重大。通风设施（风门、风窗、密闭等）的位置应尽可能选择在对煤层自然发火影响较小的地方。通风简化，减少无效巷道工程的施工，及时密闭长期废弃的巷道，减少通风设施的数量，实践证明越简单的通风系统自然发火的次数就越少。另外，均压通风也是一种处理井下风火关系并防范煤自燃的技术手段，该方法通过对自然发火点两侧风压差的调节，从而避免更多的氧气通过漏风通道进入煤体内部。

6. 物理绝氧降温

该方法主要通过影响煤层环境中的物理因素来抑制煤氧化自燃，主要作用于煤氧复合作用初期的物理吸附阶段。按照阻化机理可以分为两类：一是通过覆盖煤的表面活性中心，在煤体表面形成一层保护层，减少煤氧接触机会；二是通过带入大量的水，通过水分蒸发时吸收大量的热量，对煤体进行降温，减缓煤氧反应速率。如凝胶阻化剂利用胶体的保水性、黏稠性、固定性等特性，通过隔绝空气、吸热降温、堵塞漏风等作用抑制自燃；$MgCl_2$、$CaCl_2$、$AlCl_3$ 等盐类阻化剂中所含有的大量水分在高温下发生气化而吸收大量热，从而使煤体降温，抑制煤自燃；高聚物阻化剂能够吸附在煤颗粒表面，从而达到湿润的效果，随着水分蒸发而吸热降温，同时高聚物固相覆盖煤颗粒表面以隔绝空气；惰性气体可有效隔绝或稀释氧气；向煤体表面喷淋洒水，可利用水蒸发带走煤体内的热等。

10.4　本　章　小　结

本章通过理论分析煤柱两侧不同采空情况下的应力分布及弹、塑性区分布特征，阐述煤柱自燃的机理；利用 FLAC 模拟不同氧化程度下和不同氧化范围下的煤柱应力分布及变形特征，并提出防治煤柱局部氧化的技术体系。通过以上分析得出如下结论：

（1）煤柱局部氧化造成的煤体力学强度弱化与煤层开挖、开采扰动造成的应力叠加，容易诱发动力灾害。经过煤氧复合作用的煤体本身冲击倾向性降低，并不意味着冲击危险减弱。

（2）基于极限平衡理论，推导出煤柱局部自燃氧化后塑性区和弹性区宽度的计算公式。此外，通过对应力环境和漏风方式的分析，阐明了煤柱自燃的发生机制。

（3）煤柱局部自燃氧化范围固定时，应力集中系数随煤体氧化程度增加而增加，氧化程度与塑性区宽度成正比，与弹性承载区成反比，且煤体一旦氧化，塑性区宽度随即迅速变宽，但并不呈比例增加。煤柱氧化程度固定时，应力集中系数分别在 3m×3m×3m 和 12m×12m×6m 时达到极值，随着氧化范围的继续扩大，煤柱失去承载能力。

（4）基于实验室试验、理论分析和数值模拟可知，阻止煤体自燃氧化或降低煤体氧化程度，可有效防止煤体氧化后引起的动力灾害。基于此，提出了利用优化煤柱布置、加强围岩支护、封堵漏风通道、化学试剂阻化、优化通风系统和物理绝氧降温的技术体系来防止煤柱局部发生氧化，以有效避免煤柱失稳。

第11章　含瓦斯煤氧化特性研究

11.1　含瓦斯煤物理特性研究

11.1.1　含瓦斯煤物性演化机理分析

为研究含瓦斯煤自燃特性，模拟含瓦斯煤高压高瓦斯环境，生成相似含瓦斯煤体，考虑到煤体在高于常压下吸附瓦斯，从热膨胀、瓦斯压力压缩应变及瓦斯吸附膨胀应变三方面，描述含瓦斯煤体孔裂隙扩容、气体分子置换的演化机理。含瓦斯煤演化过程如图 11-1 所示。

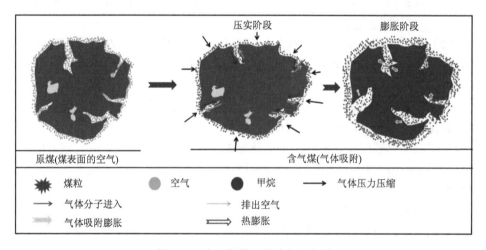

图 11-1　含瓦斯煤吸附过程示意图

煤体在高压瓦斯环境下吸附瓦斯，发生应力应变改变，包括压密、弹性应变、塑性应变及应力峰后破坏，表现出不同特征。吸附瓦斯初始阶段煤体受到瓦斯压力压缩，部分原生孔隙缩小、闭合，内部赋存的部分气体分子发生逸散。由于持续地恒压吸附，煤体内部充斥大量甲烷分子，同时伴随着瓦斯吸附热量释放，温度升高，发生膨胀效应。煤体内部分原生孔隙发生贯穿，产生新生裂隙。

煤体孔隙表面产生大量新生的吸附势点，为维持其表面吸附势能相对稳定的状态，煤体需要从外界环境中捕获气体或液体分子。同等环境下，煤体对气体具有不同的吸附能力，瓦斯比氧气更易吸附在煤体表面。煤体处于瓦斯氛围，随着新生裂隙的产生、扩张，将有大量瓦斯渗入。因此，瓦斯在与氧气的竞争吸附中能够占据大量的吸附势点，含瓦斯煤体赋存更多的吸附态、游离态甲烷分子，降低了含氧量。

11.1.2　含瓦斯煤力学特性分析

实验室试验是研究煤体力学特性的重要手段，通过实验室试验获得的煤体变形和破坏特征可以很好地指导煤矿开采。煤体在含瓦斯以后既存在着游离瓦斯产生的力学作用，又存在着吸附瓦斯产生的非力学作用，因此开展含瓦斯原生煤与构造煤的力学特性试验能够使我们更好地认识煤中瓦斯的作用。此处主要的研究对象是用原生硬煤体制成的原煤样、构造煤粉重塑的构造煤样和不同尺度原生煤粉压制成的型煤样，通过对三类煤样的对比研究，可提高我们对煤体变形和破坏的认识，同时为后续研究的开展提供基础参数。

1. 试验方案

此处主要的研究对象是原煤样、构造煤样（由保持原始粒径的煤粉压制而成）和原生煤型煤样（由粒径范围分别为 0.074～0.25mm、0.25～0.5mm 和 0.5～1mm 的煤粉压制而成）。

开展的试验主要有原煤样、构造煤样和型煤样的单轴及三轴应力下的力学加载试验，其中原煤样和构造煤样均开展了围压分别为 0MPa、2MPa、4MPa 和 6MPa 的加载试验，型煤样只开展了围压分别为 0MPa、2MPa 和 4MPa 的加载试验，具体如表 11-1 所示。原煤样和构造煤样还分别做了含不同瓦斯压力的力学加载试验，试验所用气体为 CH₄，其中原煤样分别开展了瓦斯压力 1MPa 和围压 2MPa、瓦斯压力 1MPa 和围压 4MPa、瓦斯压力 3MPa 和围压 4MPa、瓦斯压力 3MPa 和围压 6MPa 的力学加载试验；构造煤样则分别开展了瓦斯压力 1MPa 和围压 2MPa、瓦斯压力 1MPa 和围压 4MPa、瓦斯压力 3MPa 和围压 6MPa 的力学加载试验，具体如表 11-2 所示。

表 11-1　原煤样、构造煤样和型煤样力学加载试验

煤样	编号	围压/MPa	试样高度/mm	试样直径/mm
原煤样	YM-0	0	99.65	48.5
	YM-2	2	100.3	49.15
	YM-4	4	103.05	49.9
	YM-6	6	100.65	49.9
构造煤样	GZM-0	0	105.25	51.7
	GZM-2	2	102.55	51.25
	GZM-4	4	111.25	51
	GZM-6	6	103.7	51.25

续表

煤样	编号	围压/MPa	试样高度/mm	试样直径/mm
型煤样 0.074～0.25mm	XMX-0	0	105.25	51.7
	XMX-2	2	102.55	51.25
	XMX-4	4	111.25	51
型煤样 0.25～0.5mm	XMZ-0	0	104.85	51.8
	XMZ-2	2	103.4	52.15
	XMZ-4	4	107.5	51.8
型煤样 0.5～1mm	XMD-0	0	110.65	51.35
	XMD-2	2	109.85	51.15
	XMD-4	4	112.9	51.35

表 11-2　含瓦斯原煤样和构造煤样力学加载试验

煤样	编号	围压/MPa	瓦斯压力/MPa	试样高度/mm	试样直径/mm
原煤样	YM-2-1	2	1	99.45	49.4
	YM-4-1	4	1	99.69	49.37
	YM-4-3	4	3	100.5	49.1
	YM-6-3	6	3	98.6	49.7
构造煤样	GZM-2-1	2	1	106.1	51.55
	GZM-4-1	4	1	104.7	51.35
	GZM-6-3	6	3	104.6	51.25

　　煤样的力学加载试验：该试验主要是先在煤样外部施加一定的静水压力；如果需要做含瓦斯煤的试验则要向系统内注入 CH_4 并吸附平衡 48h，之后方可进行下一步试验，如果是不含瓦斯煤的试验则直接跳过此步；接下来将轴压系统的压头与煤样先接触，再利用轴向伺服装置控制轴压加载（轴向加载速率为 $50N \cdot s^{-1}$），直至煤样破坏，然后记录整个破坏过程中煤的应力及变形情况。

　　原煤样和构造煤样静水压力下的吸附变形试验：试验所用气体为 CH_4，在原煤样和构造煤样固定围压为 8MPa 且气体压力分别为 1MPa、2MPa、3MPa、4MPa 和 5MPa 时进行吸附变形实验，然后再计算煤的弹性模量和泊松比的数值，进而计算煤样在无围压时吸附变形的数据。在静水压力条件下进行的吸附变形试验所用的原煤样品及构造煤样品，与在瓦斯压力 1MPa 和围压 2MPa 条件下进行的三轴力学加载试验的样品是相同的，煤样首先完成静水压力下吸附变形试验，之后再将围压和瓦斯压力调至所需状态，然后再开展含瓦斯煤的力学加载试验。

2. 不含瓦斯煤体的力学特性

煤岩的力学加载试验是实验室获得煤岩基础参数的重要手段。因此做出了原煤样、构造煤样和型煤样的偏应力与轴向应变、径向应变和体积应变的关系，并分析煤样的全应力-应变与扩容特征，具体如图 11-2 和图 11-3 所示。

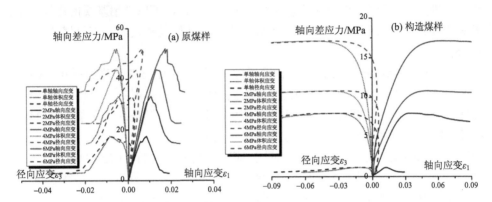

图 11-2　原煤样与构造煤样偏应力与轴向应变、径向应变和体积应变的关系

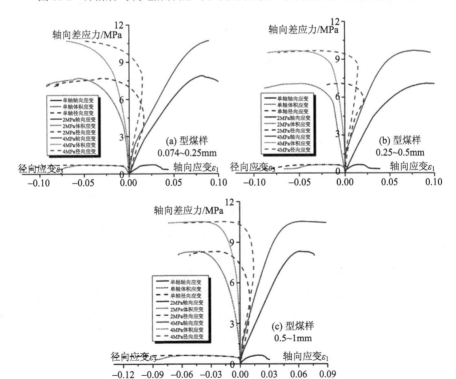

图 11-3　型煤样偏应力与轴向应变、径向应变和体积应变的关系

在小变形范围内，煤体的体积应变可以看作三个方向主应变的和。原煤样、构造煤样和型煤样的体积变形均可分为三个阶段：体积压缩、体积不变和体积扩容。体积压缩阶段是在轴向偏应力的作用下，内部裂隙进一步地被压缩，引发整体体积的变形；体积不变阶段则是当煤中原生裂隙被压缩至极限时，再进一步增加偏应力仅会形成对煤基质的压缩，煤基质压缩变形很小，同时在这一阶段也开始有少量的裂隙萌生，但是由于萌生裂隙并不多，正好可以抵消基质的压缩变形，因此可以看作体积不变；体积扩容阶段煤中裂隙开始迅猛发展，直至煤体出现宏观的破坏。

原煤样的全应力-应变曲线与构造煤样、型煤样相比有着显著的不同。原煤样在峰值点以后单轴应力与三轴应力下均有明显的应力跌落现象；而构造煤样和型煤样在峰值点以后，在单轴应力下存在应力跌落现象，但是跌落现象没有原煤样明显，在三轴应力下应力跌落现象则更加不明显。

通过总结我们可以以将煤样的全应力-应变曲线进行归纳，如图 11-4 所示。在整个全应力-应变过程中，原煤样先后经历了初始压实、弹性变形、塑性屈服、应变软化和残余塑性流动阶段；而构造煤样和型煤样则经历了初始压实、弹性变形、塑性屈服和理想塑性阶段。

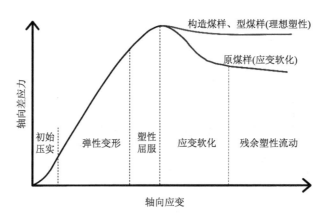

图 11-4　煤样全应力-应变关系概念图

煤体的峰值强度是煤样能够承载的最大应力，是指在偏应力与应变关系曲线上试验达到轴向应力的最大值；当没有围压时，煤样的峰值强度即为单轴抗压强度。用于描述煤岩破坏下应力状态与强度之间关系的函数被称为破坏准则，在众多的破坏准则中莫尔-库仑准则由于其简洁实用的特点被人们广泛应用。莫尔-库仑的主应力形式可以表示为

$$\sigma_1 = \frac{1+\sin\varphi}{1-\sin\varphi}\sigma_3 + 2C\sqrt{\frac{1+\sin\varphi}{1-\sin\varphi}} \tag{11-1}$$

式中，σ_1 为最大主应力，MPa；σ_3 为最小主应力，MPa；C 为黏聚力，MPa；φ 为内摩擦角，（°）。

原煤样、构造煤样和型煤样最大主应力与最小主应力的关系见图 11-5，煤样的黏聚力和内摩擦角如表 11-3 所示。

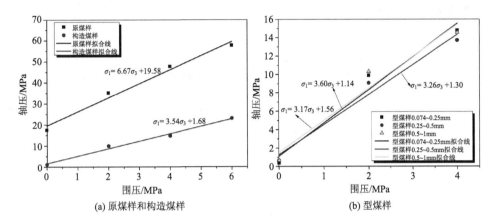

(a) 原煤样和构造煤样　　　　　　　(b) 型煤样

图 11-5　原煤样、构造煤样和型煤样最大主应力与最小主应力的关系

表 11-3　原煤样、构造煤样和型煤样黏聚力与内摩擦角

煤样	黏聚力/MPa	内摩擦角/(°)
原煤样	3.79	47.69
构造煤样	0.44	34.04
型煤样 0.074～0.25mm	0.30	34.45
型煤样 0.25～0.5mm	0.36	32.05
型煤样 0.5～1mm	0.44	31.39

根据表 11-3 可知，原煤样的黏聚力远大于构造煤样和型煤样，而构造煤样和型煤样的黏聚力差距不大；原煤样的黏聚力为 3.79MPa，构造煤样的黏聚力为 0.44MPa，型煤样的黏聚力为 0.30～0.44MPa；原煤样的黏聚力是构造煤样的 8.6 倍，是型煤样的 8.6～12.6 倍。原煤样的内摩擦角也远大于构造煤样和型煤样，而构造煤样和型煤样的内摩擦角差距不大，原煤样的内摩擦角为 47.68°，构造煤样的内摩擦角为 34.04°，型煤样的内摩擦角为 31.39°～34.45°。原煤样的黏聚力和内摩擦角均大于构造煤样和型煤样，这两种因素均会使原煤样朝着不易破坏的方向发展，因此在煤矿井下，构造煤样较原生煤样会更容易破坏失稳，进而引发煤与瓦斯突出。

3. 煤体的力学破坏模型

煤岩的力学性质极其复杂，它是一种非均匀准脆性材料，与经典的金属材料

有着显著的不同。Hoek 等曾根据 GSI（geological strength index）取值的不同，将
岩石的全应力-应变曲线划分为理想弹塑性模型、应变软化模型和理想弹脆性模
型。岩石三种全应力-应变模型如图 11-6 所示。如果对原煤样和构造煤样、型煤
样进一步简化，那么可以将原煤样看作应变软化模型，将构造煤样和型煤样近似
看作理想弹塑性模型。

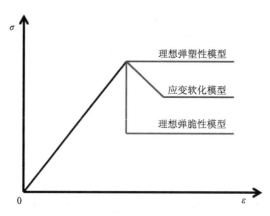

图 11-6　岩石三种全应力-应变模型

　　为了更好地分析煤样的塑性特征，我们分别给出了原煤样与构造煤样在单轴
和三轴应力下的破坏形式，如图 11-7 所示。原煤样在单轴应力下的破坏以劈裂为
主，并伴随块煤脱落和煤体粉化；构造煤样在单轴应力下的破坏主要以中下部煤
体扩容为主，并伴随纵向裂纹；原煤样在三轴应力下的破坏以剪切破坏为主，表
面能够观测到宏观发育的裂隙；而构造煤样在三轴应力下的破坏则以中下部煤体
扩容为主。

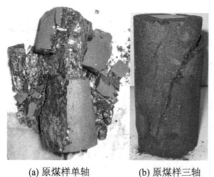

(a) 原煤样单轴　　　(b) 原煤样三轴　　　(c) 构造煤样单轴　　　(d) 构造煤样三轴

图 11-7　煤体的破坏形式

　　根据前文所述，我们将原煤样看作应变软化模型，构造煤样和型煤样可以近似看作理想弹塑性模型；由于构造煤样和型煤样在峰后应力跌落并不明显，此处重点分析原煤样引发的应变软化的现象。

　　为了进一步研究原煤样的峰后力学特性，假设煤体在峰后卸载过程中是线弹性的，那么在相同的卸载路径 l 下，塑性主应变 ε_1^p、ε_2^p、ε_3^p 不变，这样便会导致等效塑性应变 $\gamma^p = \sqrt{2 / \left[3(\varepsilon_1^p \varepsilon_1^p + \varepsilon_2^p \varepsilon_2^p + \varepsilon_3^p \varepsilon_3^p) \right]}$ 也不变；相同卸载路径 l 会与不同围压条件下的应力-应变关系曲线相交，交点可以看作此路径下的极限应力状态，如图 11-8 所示。

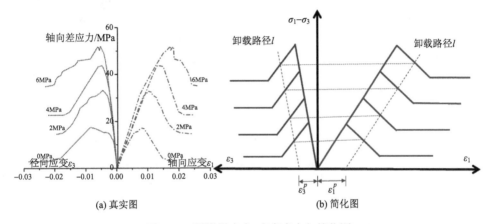

(a) 真实图　　　　　　　　　　(b) 简化图

图 11-8　原煤样应力-应变真实与简化图

　　此处选择等效塑性应变作为软化参数，将原煤样看作各向同性体，原煤样在峰后屈服面可以表示为

$$f(\sigma_1, \sigma_2, \sigma_3, \gamma^p) = 0 \tag{11-2}$$

　　卸载路径与应力-应变关系曲线的交点为峰值点，此时满足莫尔-库仑准则，部分学者认为此时的屈服面也满足莫尔-库仑准则。那么每条卸载路径下，我们均可以获得一组极限应力状态；这样在多条卸载路径下，可以获得多组极限应力状态，然后利用这些应力状态便可以获得在不同路径下的黏聚力和内摩擦角；而每条应力状态均对应着不同的等效塑性应变；最后我们便可以获得等效塑性应变与黏聚力和内摩擦角的关系。

　　利用图 11-2 中给出的原煤样的全应力-应变关系，我们获得了不同的等效塑性应变与极限应力的关系，同时利用莫尔-库仑准则对其进行拟合，进而获得了原煤样的等效塑性应变与黏聚力和内摩擦角的关系，如图 11-9 所示。

　　根据图 11-9 可以发现，原煤样的黏聚力在峰后随着等效塑性应变的增大呈现先减小后不变的关系，黏聚力从等效塑性应变为 0 时的 3.79MPa 降到了等效塑性应变为 0.015 时的 0.40MPa；而内摩擦角则几乎不变，平均值为 47.63°。因此原煤样的力学性质在峰后的软化重点在黏聚力上，黏聚力的控制方程可以表示为

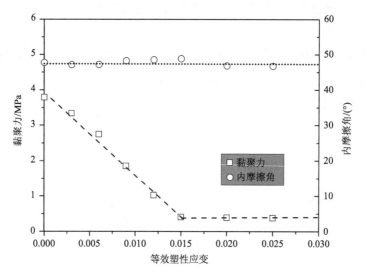

图 11-9　原煤样的等效塑性应变与黏聚力和内摩擦角的关系

$$C = \begin{cases} C_0 - (C_0 - C_r)\dfrac{\gamma^p}{\gamma^{p*}}, & 0 \leqslant \gamma^p \leqslant \gamma^{p*} \\ C_r, & \gamma^p > \gamma^{p*} \end{cases} \quad (11\text{-}3)$$

式中，C 为黏聚力，MPa；C_0 为初始黏聚力，本次为 3.79MPa；C_r 为塑性流动阶段黏聚力，本次为 0.40MPa；γ^{p*} 为塑性流动初始等效塑性应变，本次为 0.015。

4. 煤中瓦斯对煤体强度弱化的机制

本次原煤样共开展了四组不同瓦斯压力、不同围压下的力学加载试验，构造煤样开展了三组不同瓦斯压力、不同围压下的力学加载试验。含瓦斯原煤样与构造煤样的偏应力与轴向应变、径向应变和体积应变的关系如图 11-10 所示。对比不同瓦斯压力、不同围压下原煤样和构造煤样的破坏特征如图 11-11 所示。

根据图可知，含瓦斯原煤样与构造煤样在峰值点以后均经历了初始压实、弹性变形和塑性屈服阶段。含瓦斯原煤样在峰值点以后有着明显的应力跌落现象，峰值点以后可以划分为应变软化和残余塑性流动阶段；而含瓦斯构造煤样没有明显的应力跌落现象，在峰值点后可以近似看作理想塑性变形。

含瓦斯原煤样在有效围压为 1MPa 时，煤体的破坏以纵向裂纹为主，并且破

坏裂纹在高瓦斯压力时发育更为明显；含瓦斯原煤样在有效围压为 3MPa 时，煤体的破坏以剪切破坏为主，高瓦斯压力下剪切裂纹更为明显。含瓦斯构造煤的破坏则均以中下部煤体扩容为主，与不含瓦斯煤样基本一致，瓦斯压力对破坏的影响并不明显。

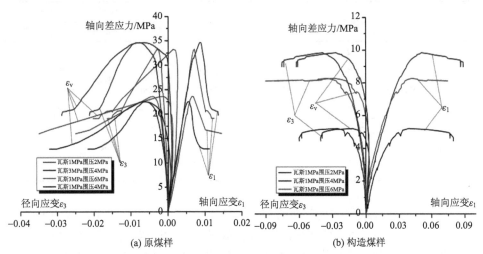

(a) 原煤样　　　　　　　　　　　　　(b) 构造煤样

图 11-10　含瓦斯原煤样与构造煤样全应力应变关系

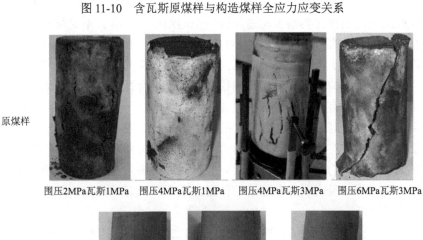

围压2MPa瓦斯1MPa　围压4MPa瓦斯1MPa　围压4MPa瓦斯3MPa　围压6MPa瓦斯3MPa

原煤样

构造煤样

围压2MPa瓦斯1MPa　　围压4MPa瓦斯1MPa　　围压6MPa瓦斯3MPa

图 11-11　含瓦斯原煤样与构造煤样破坏特征

为了分析瓦斯对煤体的峰值强度和变形特征的影响，在不同瓦斯压力、不同围压下，含瓦斯原煤样与构造煤样的峰值强度和变形特征如表 11-4 所示。

表 11-4　含瓦斯原煤样和构造煤样峰值强度和变形特征

煤样	编号	围压/MPa	瓦斯压力/MPa	峰值强度/MPa	弹性模量/MPa		泊松比	
					测定值	平均值	测定值	平均值
原煤样	YM-2-1	2	1	24.70	3638		0.28	
	YM-4-1	4	1	37.60	4075	3840	0.28	0.26
	YM-4-3	4	3	35.10	3588		0.24	
	YM-6-3	6	3	23.20	4059		0.24	
构造煤样	GZM-2-1	2	1	6.21	212		0.37	
	GZM-4-1	4	1	12.84	293	285	0.38	0.38
	GZM-6-3	6	3	11.28	351		0.38	

为了排除取样或制样离散性的影响，此处对比了两种煤样力学参数的平均值。由表 11-4 可知，含瓦斯原煤样的平均弹性模量大于构造煤样的平均弹性模量，含瓦斯原煤样平均弹性模量为 3840MPa，构造煤样平均弹性模量为 285MPa；含瓦斯原煤样的平均泊松比要小于构造煤样的平均泊松比，含瓦斯原煤样平均泊松比为 0.26，构造煤样的为 0.38。对比表 11-4 可以发现，含瓦斯的原煤样和构造煤样的平均弹性模量小于不含瓦斯的煤样；含瓦斯原煤样的平均泊松比与不含瓦斯的煤样相等，含瓦斯构造煤样的平均泊松比要大于不含瓦斯煤样的平均泊松比。

瓦斯对煤体峰值强度的影响主要包含两个方面，一方面是游离瓦斯产生的力学作用，另一方面则是吸附瓦斯产生的非力学作用。游离瓦斯的力学作用可以根据有效应力原理，将内部瓦斯看作内力；煤体吸附瓦斯后会产生体积膨胀，这样便会减弱煤基质间的黏聚力，降低煤体强度；同时吸附在煤基质间裂隙表面的瓦斯会形成吸附膜，吸附膜具有润滑的作用，进而降低煤体摩擦的阻力，也会引发煤体强度的降低。

莫尔-库仑准则表示为剪切应力与正应力之间的关系，具体如下

$$\begin{cases} \left(\sigma - \dfrac{\sigma_1 + \sigma_3}{2}\right)^2 + \tau^2 = \left(\dfrac{\sigma_1 - \sigma_3}{2}\right)^2 \\ \tau = C + \sigma \tan\varphi \end{cases} \quad (11\text{-}4)$$

式中，σ 为材料内部某点的正应力；τ 为材料内部某点的剪切应力。

在以正应力为横坐标，剪切应力为纵坐标的坐标系内，式（11-5）的轨迹为圆，其中圆心为 $\left(\dfrac{\sigma_1 + \sigma_3}{2}, 0\right)$，半径为 $\dfrac{\sigma_1 - \sigma_3}{2}$。根据有效应力原理，含瓦斯煤体

在仅考虑游离瓦斯作用时的破坏准则可以写成

$$\begin{cases} \left[\sigma - \dfrac{(\sigma_1 - p) + (\sigma_3 - p)}{2}\right]^2 + \tau^2 = \left[\dfrac{(\sigma_1 - p) - (\sigma_3 - p)}{2}\right]^2 \\ \tau = C + \sigma \tan\varphi \end{cases} \tag{11-5}$$

式中，p 为平均应力。

对式（11-5）进行变换，可得式（11-6），具体如下：

$$\begin{cases} \left(\sigma - \dfrac{\sigma_1 + \sigma_3 - 2p}{2}\right)^2 + \tau^2 = \left(\dfrac{\sigma_1 - \sigma_3}{2}\right)^2 \\ \tau = C + \sigma \tan\varphi \end{cases} \tag{11-6}$$

根据格里菲斯准则和莫尔-库仑准则，裂纹长度为 L_c 的煤体单轴抗压强度与表面张力的关系可以表示为

$$\sigma_c = \sqrt{\frac{2E\gamma_0}{\pi L_c}} = 2C\sqrt{\frac{1 + \sin\varphi}{1 - \sin\varphi}} \tag{11-7}$$

式中，γ_0 为材料的表面张力。

煤在吸附瓦斯后，假设其弹性模量和裂隙长度变化均不大，并且其内摩擦角变化也不大，那么煤体强度的降低主要是由煤吸附瓦斯以后表面张力和自由能的下降引起的，则煤吸附瓦斯后的单轴抗压强度可以表示为

$$\sigma_{cp} = \sqrt{\frac{2E\gamma}{\pi L_c}} = 2C_p\sqrt{\frac{1 + \sin\varphi}{1 - \sin\varphi}} \tag{11-8}$$

式中，σ_{cp} 为煤吸附瓦斯后的单轴抗压强度；γ 为材料的表面张力；C_p 为煤吸附瓦斯后的黏聚力。

综合式（11-7）和式（11-8）可知，煤吸附瓦斯前后单轴抗压强度的关系可以表示为

$$\frac{\sigma_{cp}}{\sigma_c} = \frac{C_p}{C} = \sqrt{\frac{\gamma}{\gamma_0}} = \sqrt{1 - \frac{\Delta\gamma}{\gamma_0}} \tag{11-9}$$

根据式（11-9），煤吸附瓦斯后的黏聚力可以表示为

$$C_p = C\sqrt{1 - \frac{\Delta\gamma}{\gamma_0}} \tag{11-10}$$

结合式（11-9）和式（11-10）可知，煤体中同时含有游离瓦斯与吸附瓦斯时剪切应力 τ 与正应力 σ 之间的关系可以表示为

$$\begin{cases} \left(\sigma - \dfrac{\sigma_1 + \sigma_3 - 2p}{2}\right)^2 + \tau^2 = \left(\dfrac{\sigma_1 - \sigma_3}{2}\right)^2 \\ \tau = C\sqrt{1 - \dfrac{\Delta\gamma}{\gamma_0}} + \sigma\tan\varphi \end{cases} \tag{11-11}$$

含瓦斯煤体在同时考虑游离瓦斯与吸附瓦斯作用时，破坏时的应力圆的圆心为 $\left(\dfrac{\sigma_1 + \sigma_3 - 2p}{2}, 0\right)$，半径为 $\dfrac{\sigma_1 - \sigma_3}{2}$，并且破坏包络线也产生变化。游离瓦斯产生的力学作用主要是改变煤体所处的有效应力环境，这主要是因为煤中含游离瓦斯以后煤体受到的有效应力降低了，使煤体的应力圆的大小不变，圆心却向左侧移动了 p 的距离，这便会导致应力圆更趋近于破坏包络线从而促使煤体的破坏；而吸附瓦斯产生的非力学作用主要是改变煤体内部的结构，使其内部力学参数降低，进而降低煤体的破坏包络线，使包络线向莫尔应力圆靠近，从而促进煤体的破坏，如图 11-12 所示。

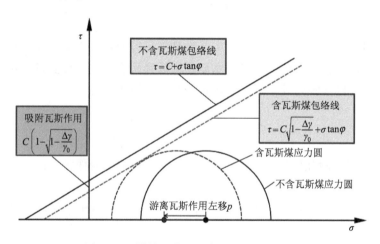

图 11-12　煤体的剪切应力与正应力的关系

根据图 11-12，我们可以知道游离瓦斯和吸附瓦斯的作用形式，但不能很好地定量评价两者在煤体破坏过程中起到的作用程度，因此还需要进一步地定量分析。

莫尔-库仑准则除了可以表示成剪切应力与正应力的形式，还可以表示成最大主应力与最小主应力关系的形式，即

$$\sigma_1 = \frac{1+\sin\varphi}{1-\sin\varphi}\sigma_3 + 2C\sqrt{\frac{1+\sin\varphi}{1-\sin\varphi}} - \frac{2\sin\varphi}{1-\sin\varphi}p - 2C\sqrt{\frac{1+\sin\varphi}{1-\sin\varphi}}\left(1 - \sqrt{1 - \frac{\Delta\gamma}{\gamma_0}}\right) \tag{11-12}$$

煤体在不含瓦斯、含游离瓦斯、同时含游离瓦斯和吸附瓦斯这三种情况下最

大主应力与最小主应力的关系如图 11-13 所示。

式（11-1）为不含瓦斯煤体的最大主应力与最小主应力之间的关系，而式（11-12）为含瓦斯煤样的最大主应力与最小主应力之间的关系，对比发现两者的不同之处在于后边的两项，其中 $-\dfrac{2\sin\varphi}{1-\sin\varphi}p$ 和 $-2C\sqrt{\dfrac{1+\sin\varphi}{1-\sin\varphi}}\left(1-\sqrt{1-\dfrac{\Delta\gamma}{\gamma_0}}\right)$ 分别代表游离瓦斯项和吸附瓦斯项。此处测定煤体的内摩擦角范围为 30°～50°，则游离瓦斯项和吸附瓦斯项均为负值，因此游离瓦斯和吸附瓦斯的作用均降低了煤体抵抗外力的能力。

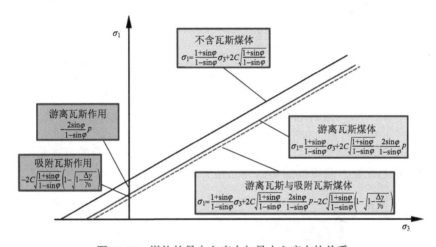

图 11-13　煤体的最大主应力与最小主应力的关系

在已知不含瓦斯煤样的黏聚力和内摩擦角的情况下，根据式（11-12）可以对游离瓦斯对含瓦斯煤样强度的弱化程度进行定量评价；但是由于式（11-12）中初始表面张力的数值是未知的，并且该值是很难直接获得的，因此利用式（11-12）并不能直接评价吸附瓦斯对煤样强度的弱化作用。为了分析原煤样和构造煤样中游离瓦斯与吸附瓦斯对煤样强度弱化的程度，我们采用拟合公式进行求解，如图 11-14 所示。

煤吸附瓦斯以后表面张力和表面自由能均发生变化，单位面积上的表面张力与表面自由能的数值是相同的，只是单位不同而已，因此表面张力的变化值可以利用式（11-13）计算：

$$\Delta\gamma = \frac{RT}{N_A S_0}\ln\left[1 + (b_0 e^{-\frac{\Delta H_{ad}}{RT}}/\sqrt{T})p\right] \tag{11-13}$$

式中，R 为理想气体常数；T 为绝对温度；N_A 为阿伏伽德罗常数；S_0 为单位面积；b_0 为吸附常数；ΔH_{ad} 为吸附热；p 为瓦斯的压力。

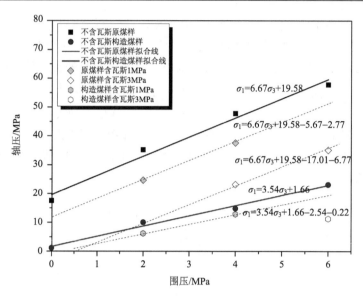

图 11-14 含瓦斯煤中瓦斯对煤体的破坏影响

求得在 30℃ 时表面张力的变化量，再结合图 11-15 中拟合的游离瓦斯弱化量和吸附瓦斯弱化量，获得煤的初始表面张力，如表 11-5 所示。

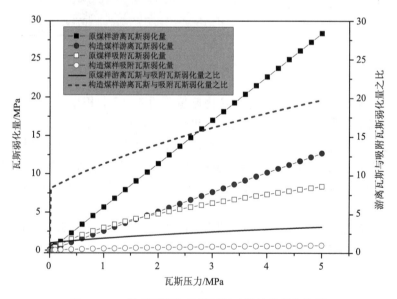

图 11-15 游离瓦斯与吸附瓦斯对煤体的弱化作用

表 11-5　瓦斯对煤体强度的弱化与表面张力

煤样	瓦斯压力/MPa	游离瓦斯弱化量/MPa	3MPa围压游离弱化瓦斯率/%	吸附瓦斯弱化量/MPa	3MPa围压吸附弱化瓦斯率/%	表面张力变化量/（N·m⁻¹）	初始表面张力/（N·m⁻¹）
原煤样	1	5.67	14.32	2.77	7.00	0.0204	0.0776
	3	17.01	42.97	6.77	17.10	0.0385	0.0673
构造煤	1	2.54	20.68	0.22	1.79	0.0175	0.0707

　　根据表 11-5 可知，含瓦斯原煤样在 1MPa 时，游离瓦斯对煤体强度的弱化量为 5.67MPa，吸附瓦斯对煤体强度的弱化量为 2.77MPa，游离瓦斯弱化量是吸附瓦斯弱化量的 2.0 倍；含瓦斯原煤样在 3MPa 时，游离瓦斯对煤体强度的弱化量为 17.01MPa，吸附瓦斯对煤体强度的弱化量为 6.77MPa，游离瓦斯弱化量是吸附瓦斯弱化量的 2.5 倍。含瓦斯构造煤样在 1MPa 时，游离瓦斯对煤体强度的弱化量为 2.54MPa，吸附瓦斯对煤体强度的弱化量为 0.22MPa，游离瓦斯弱化量是吸附瓦斯弱化量的 11.5 倍，这主要是因为构造煤样中拥有更发育的孔裂隙结构，能够存储更多的游离瓦斯，因此在相同条件下构造煤样中游离瓦斯弱化量与吸附瓦斯弱化量之比远大于原煤样。原煤样与构造煤样的初始表面张力差距不大，原煤样的初始表面张力为 0.0673～0.0776N·m⁻¹，平均值为 0.0725N·m⁻¹；构造煤样的初始表面张力为 0.0707N·m⁻¹。

　　为了更好地认识煤中瓦斯对煤体强度弱化的作用，利用式（11-12）和式（11-13）对煤中游离瓦斯与吸附瓦斯对煤体的弱化作用进行评价，如图 11-15 所示。

　　根据图 11-15 可知，随着瓦斯压力的增加，原煤样与构造煤样中游离瓦斯和吸附瓦斯对煤体强度的弱化量均增加，瓦斯对原煤样的弱化程度明显大于构造煤样；同时原煤样与构造煤样中游离瓦斯的弱化作用均大于吸附瓦斯。原煤样和构造煤样的游离瓦斯与吸附瓦斯弱化量之比在瓦斯压力较小时期均会存在一个突变的过程，之后随着瓦斯压力的增加，原煤样和构造煤样的游离瓦斯与吸附瓦斯弱化量之比均逐渐增大。原煤样的游离瓦斯与吸附瓦斯弱化量之比小于构造煤样；在突变区构造煤样要远大于原煤样的，这与构造煤样中较小的等效基质尺度和发育的孔隙有关；在缓慢增加区域中原煤样的游离瓦斯与吸附瓦斯弱化量之比为 1.3～3.4 倍，而构造煤样的游离瓦斯与吸附瓦斯弱化量之比为 8.4～19.8 倍。

11.2　含瓦斯煤升温氧化研究

　　含瓦斯煤在演化过程中物化性质改变，本节进行氧化实验，分析原煤与含瓦斯煤氧化过程中热效应及气体衍生的变化规律，宏观地描述含瓦斯煤的自燃特性。

11.2.1　含瓦斯煤氧化热效应变化

热流是指在单位时间内通过某一横截面的热量。dHF 由热流对时间微分推导得出，即热流速率。图 11-16 给出了两种煤样的氧化热流曲线及 dHF 曲线，由图可知，氧化初始阶段，热流值为负且迅速降低，含瓦斯煤吸热略强于原煤。随煤温持续升高，dHF 增速减缓并趋于 0，含瓦斯煤和原煤分别在 75℃、60℃达到表观吸热最强的温度点，且热流峰值增幅 20%。热流为 0mW 时达到热动态平衡，含瓦斯煤比原煤滞后 15℃。整个吸热过程，含瓦斯煤与原煤的热流差值为负，含瓦斯煤吸热强于原煤，吸热量为 9504.9J·g^{-1}，增幅 23.4%。此时煤体内水分蒸发吸热，氧化初始阶段主要发生物理吸附，因此热流值迅速降低，而放热随化学吸附增强而增加，但吸热仍大于放热，进而整体呈现出吸热状态，煤样从外部获得热量用以激活煤氧复合反应。煤温升高降低了煤表面自由能，相比原煤，含瓦斯煤中部分吸附态甲烷分子解吸为游离态，抑制了煤氧结合放热，且水分子置换了部分甲烷分子，因此含瓦斯煤吸热更强。

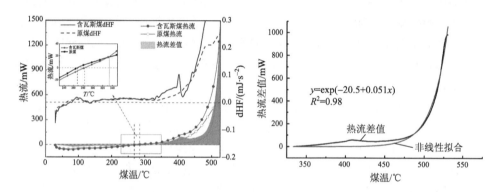

图 11-16　两种煤样在氧化过程中的热流比较

中高温阶段热流值为正并持续增大，放热迅速增加，含瓦斯煤放热显著强于原煤，在 400℃之前的放热量是 3902J·g^{-1} 且为原煤的 1.41 倍，而在 525℃之前的放热量是 52394J·g^{-1} 且为原煤的 1.59 倍，燃烧更充分，如图 11-17 所示。图 11-17 给出了两种煤样在不同阶段的热量变化。含瓦斯煤与原煤的热流差值为正并呈指数型增长，拟合方程为 $y=\exp(-20.5+0.051x)$，$R^2=0.98$。这一阶段，煤体分解燃烧增强，共价键断裂，生成大量氧化产物，释放大量热能。而含瓦斯煤在演化形成过程中，受到蚀损，产生更多裂隙，物性改变，更易分解燃烧，因此反应更加强烈。

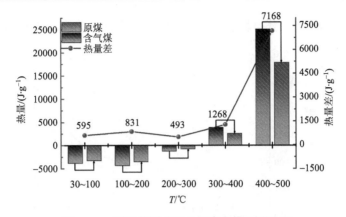

图 11-17　两种煤样在氧化过程中的热量比较

11.2.2　含瓦斯煤氧化气体衍生变化

煤氧复合反应中，消耗 O_2 而主要生成 CO 和 CO_2，试验过程中 O_2 体积分数及耗氧量随温度变化的曲线如图 11-18 所示。基于指标气体增长率分析法获得耗氧增长率为

$$Z = \frac{c_{i+1} - c_i}{t_{i+1} - t_i} \tag{11-14}$$

式中，Z 为煤体氧化耗氧增长率；c_i 和 c_{i+1} 分别为 i 时刻和 $i+1$ 时刻的耗氧量，10^{-6}；t_i 和 t_{i+1} 分别为 i 时刻和 $i+1$ 时刻的温度，℃。

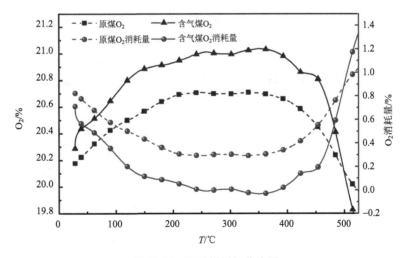

图 11-18　两种煤样氧曲线图

根据式（11-14），获得耗氧量增长率随温度变化的曲线，如图 11-19 所示。

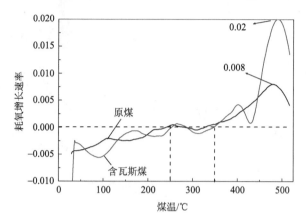

图 11-19　耗氧量增长率随温度变化曲线图

由图 11-19 可知，耗氧量随温度升高先减少后增加，500℃前含瓦斯煤耗氧体积分数比原煤平均低 0.2%。250～350℃时氧化吸放热趋于平衡，耗氧增长率趋于 0，此前耗氧增长速率为负值，此后在 400℃左右时，耗氧增长速率迅速增加并形成驼峰状，480℃达到峰值，含瓦斯煤峰值是原煤峰值的 250%，耗氧量增长最快。由于氧化初始阶段煤体表面氧化，耗氧量较高，随煤表面自由基消耗，耗氧量逐渐减少，到高温阶段燃烧使氧化程度加深，开始剧烈反应，大量耗氧。含瓦斯煤形成过程对煤体表面有一定程度的压实，且游离态瓦斯抑制煤氧结合，因此含瓦斯煤氧化反应略弱于原煤。

CO、CO_2 是煤氧反应生成的主要气体，通常作为煤自燃指标气体。图 11-20 给出了实验过程中 CO、CO_2 体积分数随温度变化的曲线。由图 11-20 可知，CO_2

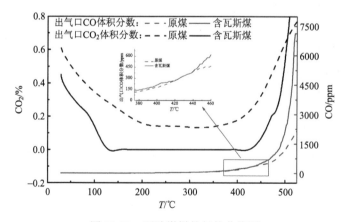

图 11-20　两种煤样的气体曲线图

浓度与耗氧量随温度变化的规律基本相同，CO 在 300～350℃，生成量逐渐增多，随后 CO 浓度随煤温升高呈指数型增长。含瓦斯煤的 CO 生成量在中高温阶段显著大于原煤，并且差值逐渐增大。煤氧反应初期，煤表面发生氧化，此时 O_2 充足，主要生成 CO_2，随氧化程度加深，O_2 不足导致反应不完全进而产生 CO。由前文可知，在中高温阶段含瓦斯煤的反应比原煤更剧烈，因此含瓦斯煤的 CO_2 和 CO 生成量逐渐大于原煤。

11.3　含瓦斯煤热解特性研究

　　煤自燃以氧化为主，但热解是煤燃烧、焦化、液化等热化学转化的前提和基础。气流穿过煤体发生热交换，增强了煤体散热，将煤体部分放热带至外界环境中，使煤体表观特征温度点高于实际特征温度点。热解实验在密封反应池内进行，参比池和样品池与外界环境热交换过程相近，可以帮助我们全面了解含瓦斯煤自燃特性的变化规律。热解阶段的热流曲线及微分曲线如图 11-21 所示，不同温度段的热量分布如图 11-22 所示。

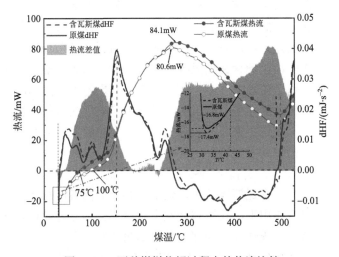

图 11-21　两种煤样热解过程中的热流比较

　　由图 11-21 可知，热解初始阶段，热流值急剧降低，短时间内达到吸热峰值，两种煤样达到峰值的温度大致相同，含瓦斯煤吸热强度相比原煤增加 3.5%。相比原煤，含瓦斯煤达到热动态平衡的温度点前移了 25℃，吸热周期减幅为 35%，吸热量减幅为 20.5%。随煤温持续升高，热流值为正并逐渐增大，呈现为放热状态，约 155℃时两种煤样的 dHF 达到峰值，此时两者的热流增速最大，该阶段含瓦斯煤放热量是原煤的 1.7 倍。含瓦斯煤热流在 275℃时达到峰值 84.1mW，而原煤热

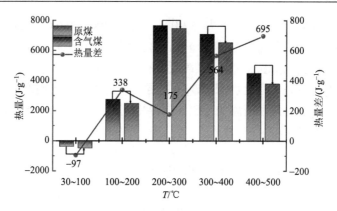

图 11-22　两种煤样在热解过程中的热量比较

流在 267℃时达到峰值 80.6mW，含瓦斯煤放热峰值增幅为 4.3%并滞后 8℃，但此阶段两种煤样的放热量相近。此后放热减缓，热流值均逐渐降低，含瓦斯煤的热流值仍明显大于原煤，第一个放热驼峰结束，放热周期增幅为 7.6%，放热量为 21888J·g⁻¹，增幅 9.95%。

热解初始阶段，煤温升高而煤样水分开始蒸发，开始吸热，煤氧结合放热，同时伴随着气体脱附吸热，整体表现为吸热状态。但煤温升高促使含瓦斯煤体瓦斯解吸，瓦斯解吸吸热，游离态瓦斯因反应池密封无法逸散而存在于煤体周围，弱化了煤氧反应放热，因此含瓦斯煤吸热峰值略大于原煤。热解初期主要发生裂解，裂解产生自由基、气态烃、气体等产物，在密闭反应池中，化学键断裂吸热，但裂解产物无法逸散进而发生复合反应，净热效应表现为放热。由前文可知，含瓦斯煤在高温阶段，燃烧更充分，放热更强，结合热解反应可知，这是因为含瓦斯煤化学键更容易断裂并发生进一步复合反应，所以含瓦斯煤热解放热总体强于原煤。

整个放热过程中，含瓦斯煤放热均强于原煤，但两者的热流差值出现阶段性变化。煤在不同温度作用下，孔裂隙会发生明显变化，低温阶段，热蒸发作用占主导，微孔缓慢增长，煤体表面易挥发物质受热挥发，含瓦斯煤体存在大量甲烷分子逸散，煤体较为疏松，因此热流差值出现第一个驼峰，对其与煤温进行高斯拟合，得到拟合曲线如图 11-23 所示，拟合方程为 $y = -1.7 + [756.99 / (83.72\sqrt{\pi/2})]\exp[-2(x-106.68)^2 / 83.72^2]$，$R^2$=0.98，拟合效果良好，并在 107℃时达到峰值 5.5mW。中温阶段，煤体受热发生膨胀，部分微孔被挤压闭合，甲烷分子对煤体热效应的作用减小，此时热流差值趋于 0mW 并上下波动。高温阶段，煤体结构在热分解作用下发生破坏，含瓦斯煤受到瓦斯作用蚀损，因此放热较强，两者的热流差值快速上升至第一次峰峰值并缓慢增大，在 480℃达到第二次峰值 8.1mW。对高温阶段进行拟合，得到以下方程：

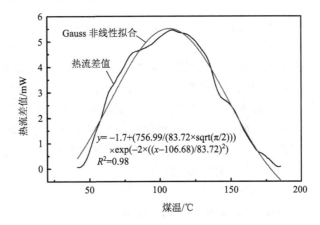

图 11-23　低温热解阶段热流差的高斯拟合

$$y = \begin{cases} -26.6 + 0.11x, & 240 \leqslant x < 300 \\ 5.5 + (8.4E-6)\exp(0.027x), & 300 \leqslant x < 470 \end{cases}, \quad R^2 \geqslant 0.98 \text{。}$$

11.4　不同含瓦斯煤粒径对热效应的影响

煤的破碎状态是煤自燃的重要前提，因此粒径大小是影响煤样自燃的重要因素之一。随煤样粒径减小，煤样的真密度增大，孔容量及分布占比改变，但基础成分不会改变，瓦斯在孔隙通道中的扩散和渗流得以强化。对不同粒径的含瓦斯煤分别进行氧化和热解实验，热流曲线和 dHF 曲线如图 11-24 所示。

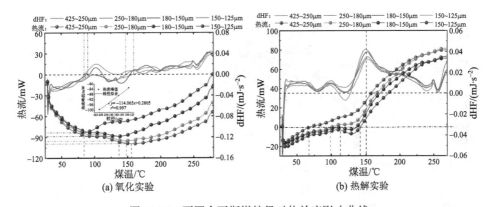

图 11-24　不同含瓦斯煤粒径对热效应影响曲线

由图 11-24 所示，不同粒径含瓦斯煤在氧化、热解过程中，吸热强度及速率与煤温具有较强的相关性，总体呈现相近的变化趋势。氧化过程中，吸热强度随粒径减小而减小，吸热峰值依次为−99.5mW、−95.2mW、−88.9mW、−82.9mW，30～250℃的吸热量依次为 18973J·g⁻¹、18042J·g⁻¹、15993J·g⁻¹、13388J·g⁻¹。对四种煤样的热流峰值(y)与平均粒径(x)进行线性回归拟合，得到$y=-114.065x+0.2805$，相关系数 R^2 为 0.997，表面粒径和热流峰值具有极强的相关性。粒径越小微孔和小孔的占比越大，微孔和小孔是瓦斯吸附的主要场所，因此小粒径煤体含吸附态瓦斯分子更多。吸附态瓦斯随煤温升高转化为游离态瓦斯，为煤氧反应提供空余吸附势点，随粒径减小，氧化反应初始放热增强，整体表观吸热减少，也就是说，含瓦斯小粒径煤体更易氧化自燃，这也与前人的结论相同。

如图 11-24 所示，热解过程中，随粒径减小，吸热量增加，吸热峰值增大依次为−16.1mW、−17.3mW、−16.0mW、−20.3mW，吸放热平衡点后移，放热减少，平衡点至 250℃之间的放热量依次为 6726J·g⁻¹、5805J·g⁻¹、5071J·g⁻¹、4498J·g⁻¹。四种煤样在 150℃时 dHF 逐渐达到峰值，此时反应加速，这与氧化实验中达到吸热峰值的特征温度点相近。游离态瓦斯存在于煤体周围，抑制煤氧反应，因此小粒径煤样初始放热较少，整体表观吸热增大，热解反应随含瓦斯煤粒径减小而减缓。

11.5　瓦斯对煤自燃的作用机理分析

煤分子结构化学键断裂生成自由基，煤氧接触后自由基开始氧化反应，受热后将进行不同的链式反应，过氧化物氧化分解产生新的自由基和气体产物。如图 11-25 所示，结合前人对含瓦斯煤的研究和本章的实验可知，在氧化分解过程

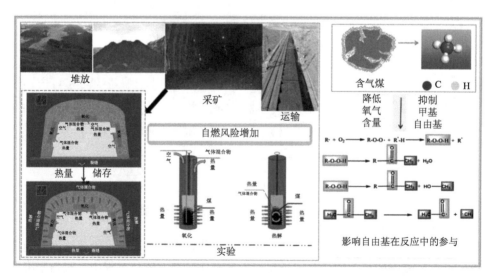

图 11-25　瓦斯影响煤自燃的机理

中，含瓦斯煤体周围存在的甲烷分子一方面会抑制甲基自由基、乙酰基自由基等产物的生成，另一方面因氧含量降低使反应不完全，生成更多的中间化合物，如不饱和化合物碳氧双键，其需要吸收更多的能量以进一步完全反应，因此在氧化、热解初期，含瓦斯煤吸热更强。

对比前文氧化、热解过程中热效应的变化规律，发现两者存在显著差别，吸放热强度：热解显著低于氧化；吸热周期：热解明显比氧化短；吸热峰值：热解显著低于氧化。最为明显的差别是热流随粒径减小的曲线分布规律，二者呈现相反分布趋势，氧化吸热量随粒径减小而减少，而热解吸热随粒径减小而增多；吸放热平衡点在氧化时随粒径减小而前移，而热解时后移；吸热周期在氧化时随粒径减小而缩短，而热解时增长。

含瓦斯煤采空区巷道如图 11-25 所示，浅层区域氧化产生的混合气体、热量被置换出，同时部分热量向内传递至深层区域，此时漏风基本消失，氧气浓度下降而无法维持煤氧化自燃过程的持续发展，在热量的作用下发生热解反应。煤体中赋存的瓦斯气体受热后由吸附态转为游离态，浅层区域气体流通性强，部分游离态瓦斯随漏风被置换移除，而煤体深部区域受热，游离态瓦斯受限无法运移，赋存于煤体周围，对煤自燃的抑制作用更强。根据前文所述，含瓦斯煤在氧化初期需要吸收更多的能量以激活煤氧反应，在反应后期更加剧烈并释放出更多的能量。

第12章 采空区抽采条件瓦斯-煤自燃共生
耦合致灾机制及防治关键技术

12.1 抽采负压环境下煤体氧化自燃气体产物特性

12.1.1 不同风量条件下 CO、CO$_2$ 产物分析

采空区漏风对煤自燃与瓦斯的影响，一方面与工作面对采空区漏风供氧相关，另一方面又与采空区煤体温度散热状态相关，即工作面风量增大，采空区漏风供氧增加，煤体热量散失增强，但同时扩大了煤氧化自燃风险范围。因此，为了确定风量对煤氧化升温的影响，选择不同风量条件进行了升温氧化实验。实验开始前在30℃条件下恒温 1h，不通入空气，以使煤样和煤样罐保持相同的初始温度条件，同时防止煤样出现低温氧化。图 12-1 为不同风量条件下 CO、CO$_2$ 气体产物。

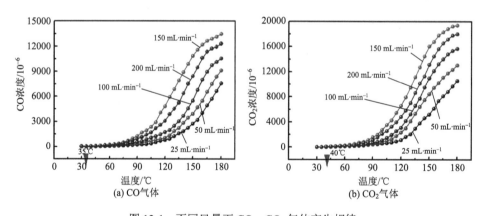

图 12-1 不同风量下 CO、CO$_2$ 气体产生规律

从图 12-1（a）可以看出，CO 气体是煤氧化反应主要生成的气体，其含量可指示煤氧复合反应程度，进而可反映煤氧化自燃的发展状态。随温度增加，CO浓度增速呈"缓—快—缓"的增长趋势，温度较低时，CO 浓度产生较慢，接近设定截止温度时，由于环境温度已无明显升高，因此 CO 浓度增速变慢。在不同风量（风速）情况下，CO 气体产物呈现相近的变化趋势。温度低于60℃时，CO

气体浓度无明显增加，这是因为温度较低时煤氧反应较弱，此阶段风量对 CO 气体并无扰动。随着温度升高，煤氧反应变得剧烈，CO 浓度急剧升高，呈指数型增长。整体来看，风量对 CO 气体产物的影响为：$150mL\cdot min^{-1}$>$200mL\cdot min^{-1}$>$100mL\cdot min^{-1}$>$50mL\cdot min^{-1}$>$25mL\cdot min^{-1}$，表明风量越小，CO 气体产生量越少。在风量低于 $100mL\cdot min^{-1}$ 时 CO 浓度呈指数型增加，且后期没有减缓趋势，当风量较大（大于 $100mL\cdot min^{-1}$）时，后期均有增加减缓的过程，风量大于 $150mL\cdot min^{-1}$ 时 CO 气体反而减缓，这表明风速很大时，不利于煤氧反应热量聚集，反而阻碍了煤氧反应进程。在低温环境下，CO 气体生成较少，而当温度达到140℃之后，CO 气体含量急剧上升。

从图 12-1（b）可以看出，CO_2 气体的产生增速呈先升高后降低的变化趋势，在风量为 $150mL\cdot min^{-1}$ 时的 CO_2 浓度达到最高。在氧化的前期，CO_2 浓度处于缓慢增长阶段，当煤体温度持续增大后，煤氧反应变得剧烈，CO_2 浓度快速升高。对比不同风量下 CO_2 浓度的变化呈非线性特性，由整体的变化趋势可以看出，CO_2 浓度随温度的升高而增加，大致分为两个阶段：缓慢增加阶段和指数型增加阶段。根据风量和温度进行区分，在低风量（$25\sim150mL\cdot min^{-1}$）时，煤样在 90℃之前为缓慢增加阶段，90℃后为指数型增加阶段；在高风量（$150\sim200mL\cdot min^{-1}$）时，煤样在 60℃之前为缓慢增加阶段，60℃之后为指数型增加阶段。

综上，在低风量时，煤氧反应不易发生，风量增加时，煤与氧气反应强度也随之升高，但过大的风量会吹散煤氧化释放出的热量，破坏煤氧反应的蓄热环境；通过对比发现，此进程中存在一个促进煤氧反应的最佳风量，即在保证氧含量充足的情况下，对煤体所处的蓄热环境破坏较小，因此促进了煤氧化反应，通过图 12-1 可知，最佳风量为 $150mL\cdot min^{-1}$。当氧化反应进行到最后，因反应释放气体含量急剧增加，在环境中积聚，使得氧气的供给不足以支撑剧烈的氧化反应，造成氧化反应相对减弱，从而使 CO、CO_2 气体浓度衍生量出现增长减缓的现象。

12.1.2　不同风量条件下烃类产物分析

如图 12-2 所示，随温度升高，生成的烷烯烃类气体主要为 CH_4、C_2H_4、C_2H_6、C_3H_8，且生成量产生速率均满足"缓—快"的生成模式。低温氧化阶段，煤样烷烯烃类气体没有明显产出。CH_4 气体在大约 60℃时开始缓慢产生，其生成量随煤温的升高，基本呈指数增长趋势，此阶段煤中吸附的 CH_4 随温度上升，发生受热解吸，从而在气体产物中检测出少量 CH_4，但随后温度越高，气体产物中检测出的 CH_4 浓度开始迅速上升。温度达到 75℃时，气体产物中开始出现 C_2H_6，表明煤样在该温度下开始进入化学氧化反应阶段。在 95℃以上时，C_2H_4 开始出现，且 CH_4 和 C_2H_6 浓度增加变快，其中 C_2H_4 气体的产出标志了煤样开始加速氧化。在 175℃高温下，C_3H_8 开始出现，煤样发生剧烈升温氧化。

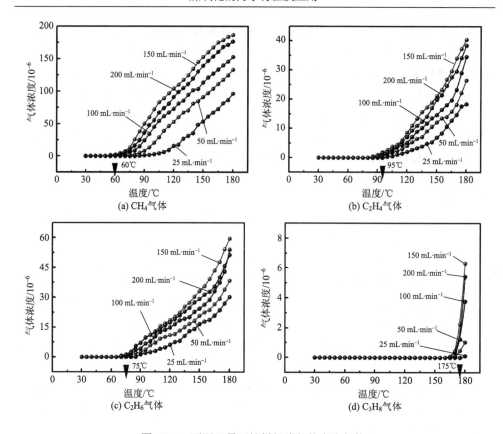

图 12-2　不同风量下烷烯烃类气体产生规律

　　对比不同风量条件下 CH_4 气体的生成量变化趋势,发现 CH_4 气体产生量随风量增加而大幅度增加,同样在风量为 150mL·min^{-1} 时其生成量最大,温度低时煤氧反应不会直接产生 CH_4 气体,主要为煤体受热解吸产生,通风量变化对 CH_4 产生量的差异主要为煤体所处环境温度变化所致。煤中 C_2H_4、C_2H_6 和 C_3H_8 气体生成规律类似于 CH_4 气体,C_2H_6 气体初始生成温度较低,在 75~80℃时已开始产生,C_2H_4 气体相较于 C_2H_6 气体初始生成温度有所滞缓,产生量也远小于 CH_4 产生量,当温度大于 175℃时,C_3H_8 气体才开始显露。

12.2　采空区赋存环境煤自燃与瓦斯灾害模拟模型

　　随工作面推进,采空区裂隙场满足采动裂隙"O"形圈分布,采场裂隙表现出随煤层开采状态的变化而变化。开采前期,采空区中部裂隙最为严重,之后由于持续开采影响,覆岩关键层的稳定发生变化,采空区中部采动裂隙趋于压实,而周侧仍存在裂隙发育区。另外,上下岩层的下沉量不同,采空区周侧及上下部会产生离层裂隙,贯穿采动裂隙,成为采空区混合气体赋存、运移、反应、蓄热的空间。

进入采场的风流大部分经过工作面,部分进入采空区,形成采空区贯通漏风风流。钻井抽采时,受钻孔裂隙与采动负压干扰,煤层卸压瓦斯沿采动裂隙流向"O"形圈内,漏风风流也随裂隙渗流渗入,进一步加剧遗煤氧化自燃。瓦斯与空气混合气体在采空区内流速差异较大,其扩散运移主要有三种,即对流扩散、紊流扩散和分子扩散,而采动裂隙分布随采煤推进任意变化,进而影响混合气体动态分布。

采空区裂隙场提供氧化蓄热空间,混合气体以渗流扩散,漏风形式提供动力。采空区煤自燃风险空间演化表征为:复杂的漏风伴随大量富氧风流通过裂隙通道进入采空区,使得遗煤氧化、升温,进而构成采空区氧化风险空间。采空区瓦斯风险空间演化表征为:采空区深部或邻近层瓦斯受采动卸压作用贯穿于裂隙通道,使得瓦斯局部聚集,进而构成采空区瓦斯风险空间。当煤自燃风险空间与瓦斯风险空间在局部区域发生交汇时,即构成煤自燃与瓦斯复合灾害风险空间。

综合以上分析,从采空区空间位置角度来看,不同空间位置下采空区赋存环境不同,对煤体自燃的影响因素主要为风速、氧浓度和瓦斯浓度,通过以上实验分析获得了采空区不同赋存环境下的气体产物和热释放效果,进而进行数值模拟研究,以可视化的方式,分析煤自燃和瓦斯风险空间的演化。

12.2.1 物理模型设定

芦岭矿地处安徽省宿州市东南,隶属淮北煤田,以 8 煤和 9 煤为主采煤层,8、9 煤层联合布置,采区开拓和准备巷道布置在 9 煤层底板岩石中。8 煤层厚 2.78~14.25m,平均为 8.12m,属特厚煤层,煤层内生裂隙较发育,坚硬程度多为松软级,煤层水平标高为-800m,倾角为 13°~42°。9 煤层赋存不稳定,结构简单,厚度为 0~4.25m,平均为 1.21m。8、9 煤层中含煤矸石较多,夹矸以泥岩和粉砂岩为主,具有层状结构,较松软,易冒落,厚 0~4.44m,平均为 1.3m。为解放工作面回采区域 8、9 煤层,开采下部III11、III13 软岩层为保护层,软岩上距 9 煤层底板间距平均 59.0m。

III811 综放工作面位于 8 煤层三水平的东部III一采区,工作面东临III一边界上山,西临 8 煤层工业广场保安煤柱线,北至 II 817 工作面采空区及 II 818 工作面,南为III13、III11 工作面综合采空区。III811 工作面回采区域平均走向长 717.0m,倾斜宽 175.9m,采煤高度 2.4m。工作面实测 8、9 煤层最大原始瓦斯压力为 5.0MPa,最大原始瓦斯含量为 19.26m$^3 \cdot$t^{-1}。工作面层间关系如图 12-3 所示。

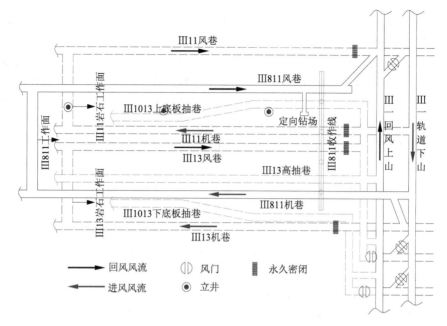

图 12-3　工作面层间关系图

  III811 工作面属特厚煤层,采空区遗煤量较大,测定其最短自然发火期为 74d。采空区绝对瓦斯涌出量为 20.4m³·min⁻¹,采用 U 形通风配合地面钻井进行瓦斯抽采,工作面实际供风量为 1500m³·min⁻¹。根据芦岭矿III811 工作面煤层开采实际情况,建立采场物理模型如图 12-4 所示。坐标原点位于下隅角处,采空区走向为 x 轴,工作面倾向为 y 轴。进回风巷道断面尺寸为 5m×3.5m,工作面断面尺寸为 8m×3.5m,采空区选取走向长 300m、倾向长 175m、高 60m 及进回风巷长 20m 的流体区域。设计钻井布置方案如图 12-4 所示,钻井抽采在未抽采模型的基础上,距工作面与回风侧边界各 50m 处布置钻井 D1,钻井底端距冒落顶板 10m,同水平采空区后方距 D1 钻井 150m 处布置钻井 D2。

  在不影响数值计算的基础上,利用 Fluent Meshing 对物理模型进行非结构化网格划分,在钻孔、进出风巷、边界墙等不同部位采用了局部加密,如图 12-5 所示。该模型划分网格数量为 1006286 个,其中面孔 2197777 个,节点 321861 个,平均网格质量为 0.85,最大扭斜度小于 0.3。

  可将采空区遗煤、矸石和混合气体视为各向同性、均匀分布的多孔介质,忽略采空区气流热膨胀、水汽蒸发和瓦斯解吸的影响,则采空区流场在数学模型中的流动可以描述为气体在多孔介质中的渗流流动,其渗透率满足:

$$K = \frac{D^{*2}n^{*3}}{150(1-n^*)^2} \tag{12-1}$$

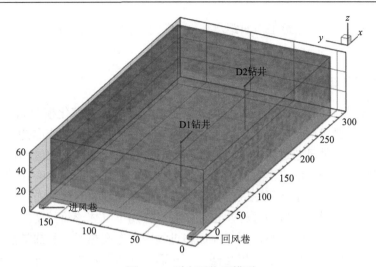

图 12-4　采空区物理模型

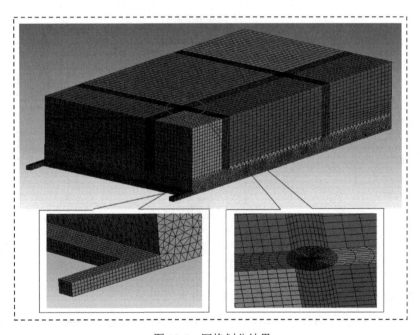

图 12-5　网格划分结果

式中，D^* 为采空区多孔介质中煤和岩石的平均粒径，取平均值 0.015；n^* 为采空区孔隙率，针对采空区不同位置处孔隙率沿用经验公式进行计算：

$$n^* = (0.2e^{-0.0223x} + 0.1)\left[e^{-0.15\left(\frac{L}{2}-y\right)} + 1\right] \tag{12-2}$$

式中，x 为采空区某点距工作面距离，m；L 为工作面长度，m；y 为采空区某点距底板高度，m。

12.2.2 数学模型设定

采空区煤岩体孔隙结构条件下煤自燃过程气体与温度演化模型如图 12-6 所示。采空区主要包括气体扩散场、气体渗流场和温度场。在工作面持续有风量供给的条件下，自进风巷进入的含氧风流存在少部分持续漏入采空区的情况，忽略采空区气流热膨胀、水汽蒸发和瓦斯解吸的影响，则采空区气体存在湍流、层流和过渡流三种状态。由于采空区气体组分在空间内呈现差异性分布，采空区煤体中存在氧化升温消耗氧气的过程，也存在漏风作用下气体渗流移动的过程，同时气体和煤岩体发生对流换热，而气体运移过程中也存在热对流和热扩散，可以通过各个控制方程将多种场进行相互耦合，从而为数值模拟提供基础。

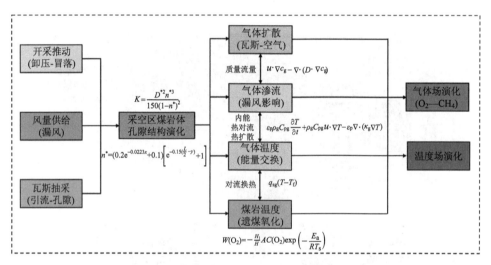

图 12-6　采空区煤自燃过程气体与温度演化模型

煤自燃会产生大量气体并放出热量，可表示为

$$\text{Coal}_{(s)} + \text{O}_{2(g)} \longrightarrow \text{CO}_{2(g)} + \text{CO}_{(g)} + \text{O}_{xy} - \text{Coal}_{(s)} + \text{Heat} \tag{12-3}$$

1. 质量守恒方程

数值模拟计算时，可将采空区看作多个单元空间体的集合，根据质量守恒定律，各单元体质量变化等于穿过该单元体的净质量，可表示为

$$\varepsilon_p \frac{\partial(p)}{\partial t} + \nabla \cdot (\rho u) = Q_m \tag{12-4}$$

式中，u 为采空区气体运移的速度矢量，$m \cdot s^{-1}$；Q_m 为采空区气体质量守恒的质量源项，$kg \cdot m^{-3} \cdot s^{-1}$；$p$ 为压力；ε_p 为孔隙率。

采空区温度变化将会直接导致采空区内部气体密度（ρ）的改变：

$$\rho = \frac{pM}{RT} \tag{12-5}$$

式中，M 为气体摩尔质量，$g \cdot mol^{-1}$；R 为理想气体常数，其值约为 8.314J·mol^{-1}·K^{-1}；T 为气体的绝对温度。

2. 动量守恒方程

采空区内漏风气流的运移状态随空间位置的不同而不同。采空区多孔介质数学模型中的动量变化等于作用在流动单元体中所有力的合力，可以在动量方程中添加动量源项，来表示计算域中多孔材料对流体流动的阻力，流体的黏性阻力和惯性阻力可通过动量耗散源项来表示，动量方程式可表示为

$$\frac{\rho}{\varepsilon_p}\left(\frac{\partial u}{\partial t} + (u \cdot \nabla)\frac{u}{\varepsilon_p}\right) = \nabla \cdot \left[-pI + \frac{\mu}{\varepsilon_p}\left\{(\nabla u) + (\nabla u)^{\mathrm{T}}\right\}\right] - \left(\mu k^{-1} + \beta_F |u| + \frac{Q_m}{\varepsilon_p^2}\right)u + F \tag{12-6}$$

式中，ρ 为流体的密度；ε_p 为孔隙率；u 为流体的速度向量；p 为流体的压力；I 为单位矩阵；k 为渗透率；μ 为采空区气体动力黏度系数，$kg \cdot m^{-1} \cdot s^{-1}$；$\beta_F$ 为 Forchheimer 系数，$kg \cdot m^{-4}$；F 为体积力，$N \cdot m^{-3}$；$|u|$ 为采空区气体运移的速度模量，$m \cdot s^{-1}$。

$$\beta_F = \frac{\rho_g \varepsilon_p C_f}{\sqrt{k}} \tag{12-7}$$

式中，ρ_g 为采空区气体的密度，$kg \cdot m^{-3}$；C_f 为采空区气体的摩擦系数，

$C_f = \dfrac{1.75}{\sqrt{150\varepsilon_p^3}}$。

3. 能量守恒方程

采空区煤氧化放热使环境温度升高，采空区内流体流动过程中的热交换可通过能量守恒定律来表示，采空区遗煤氧化放热、风流和煤岩体发生热量交换等可通过在能量方程中添加能量源项来表示。采空区内部煤岩体与气体之间的热量传输可表示为

$$(1 - \varepsilon_p)\rho_s C_{px}\frac{\partial T_s}{\partial t} - (1 - \varepsilon_p)\nabla \cdot (\kappa_s \nabla T_s) = (1 - \varepsilon_p)Q_{Ts} - q_{sf}(T_s - T_g) \tag{12-8}$$

$$\varepsilon_p \rho_g C_{pg}\frac{\partial T_g}{\partial t} + \rho_g C_{pg}u \cdot \nabla T_g - \varepsilon_p \nabla \cdot (\kappa_g \nabla T_g) = q_{sg}(T_s - T_g) \tag{12-9}$$

式中，下标 s 表示采空区固相；下标 g 表示采空区气相；C_p 为比热容，$J \cdot kg^{-1} \cdot K^{-1}$；$T_s$ 为采空区内部堆积煤岩体温度，K；T_g 为采空区内部风流温度，K；κ 为热传导系数，$J \cdot m^{-1} \cdot s^{-1} \cdot K^{-1}$；$q_{sg}$ 为间隙对流传热系数，$W \cdot m^{-3} \cdot K^{-1}$；$Q_{Ts}$ 为采空区热量源汇项，$W \cdot m^{-3}$；ε_p 为孔隙率；ρ_s 为固体（煤岩体）的密度；C_{px} 为固体的比热容；q_{sf} 为固体与流体之间的热交换系数；u 为流体的速度向量。

其中，采空区热量的源汇项 Q_{Ts} 主要由两部分构成，即采空区煤体氧化放出热量和向采空区顶底板散热热量两部分，因此，采空区中积累的热量可以表示为

$$Q_s = Q_1 W(O_2) - 2(T_s - T_w) \sqrt{\frac{\kappa_s \rho_s C_{ps}}{\pi \cdot t}} \qquad (12\text{-}10)$$

式中，Q_1 为采空区煤体氧化反应热，$J \cdot mol^{-1}$；T_w 为采空区顶底板温度，K；$W(O_2)$ 为氧气的分压。

$$q_{sg} = 6(1-\varepsilon)\kappa_g \left[2 + 1.1 \left(\frac{\mu C_{pg}}{\kappa_g} \right)^{1/3} \left(\frac{\rho_g |u| d_p}{\mu} \right)^{0.6} \right] / d_p^2 \qquad (12\text{-}11)$$

式中，ε 为孔隙率；μ 为气体的动力黏度；d_p 为颗粒直径。

4. 气体对流-扩散方程

采空区气体一部分为煤氧反应消耗气体，另一部分为瓦斯和空气混流气体，在采空区孔隙空间内发生对流和扩散。伴随采动，采空区漏风风流在垂直方向上影响较小，主要是沿着水平方向，氧气在采空区中运移的对流-扩散方程可表示为

$$\frac{\partial C(O_2)}{\partial t} - \nabla \cdot \left[D \cdot \nabla C(O_2) \right] + u \cdot \nabla C(O_2) = \frac{C - C(O_2)}{\varepsilon_p C} W(O_2) \qquad (12\text{-}12)$$

式中，$C(O_2)$ 为采空区内氧气浓度，$mol \cdot m^{-3}$；C 为采空区混合气体的摩尔浓度，$mol \cdot m^{-3}$；D 为采空区气体扩散系数张量，$m^2 \cdot s^{-1}$；t 为时间变量，s；$W(O_2)$ 为采空区内氧气组分的方程源汇项，$mol \cdot m^{-3} \cdot s^{-1}$，其为采空区煤体氧化耗氧量，可由阿伦尼乌斯（Arrhenius）公式获得：

$$W(O_2) = -\frac{H_1}{H} A C(O_2) \exp\left(-\frac{E_a}{RT_s} \right) \qquad (12\text{-}13)$$

式中，H_1 为采空区煤体厚度，m；R 为气体常数，$J \cdot mol^{-1} \cdot K^{-1}$；$T_s$ 为采空区煤岩温度，K；H 为亨利常数；A 为频率因子；$C(O_2)$ 为采空区内氧气浓度；E_a 为活化能；R 为气体常数。

原始煤层瓦斯压力和应力状态伴随开采而发生突变，采空区内部遗留煤体中的瓦斯不断被解吸并释放到采空区。另外，采空区内也会因邻近煤层卸压瓦斯释

放和老采空区瓦斯沿岩层裂隙涌入，而导致采空区瓦斯含量增加。采空区瓦斯涌出可以简化为

$$W(\text{CH}_4) = \frac{w(\text{CH}_4)}{H} \tag{12-14}$$

式中，H 为采空区煤体的厚度；$W(\text{CH}_4)$ 为采空区瓦斯涌出量，$\text{m}^3 \cdot \text{s}^{-1}$；$w(\text{CH}_4)$ 为采空区的瓦斯涌出强度，$\text{m}^4 \cdot \text{s}^{-1}$。

12.2.3　边界条件设定和模型验证

根据工程实际情况，依据以上数学模型方程和 Fluent 相关计算设置，确定数值模拟参数如表 12-1 所示。其中，采空区多孔介质的氧耗散项和瓦斯源项定义为随空间分布的函数，在 Setup 定义中通过用户自定义函数（user-defined function，UDF）编程载入模型，采空区壁面边界设定为无滑移静态壁面。

表 12-1　模拟参数设定

初始参数与边界条件	参数设定
求解器	Pressure-Based/Steady
能量模型	On
湍流模型	Standard k-epsilon
组分模型	Species Transport
入口（进风）边界/（$\text{m} \cdot \text{s}^{-1}$）	Velocity inlet
水力直径/m	4.2
湍流强度/%	3
出口（回风）	Outflow
抽采钻井出口	Mass Outflow
孔隙率	UDF
黏性阻力系数/m^{-2}	冒落带 6.75×10^5
	裂隙带 2.97×10^6
惯性阻力系数/m^{-1}	冒落带 3181.8
	裂隙带 824.9

对正常开采状态下采空区煤自燃气体场进行数值模拟，基于现场监测数据和数值模拟结果的对比如图 12-7 所示。

如图 12-7 所示，随着距工作面距离的增加，采空区进风侧与回风侧氧气浓度均逐渐降低。采空区进风侧散热区与氧化区的分界区域为距离工作面 38.5m 处，距工作面 87.5m 后开始进入窒息区，氧气浓度降低到 7%以下，煤自燃危险区域宽度为 49m。采空区回风侧散热区与氧化区的分界区域为距离工作面 10.5m 处，

窒息区与氧化区的分界区域对应的距离为深入采空区 20m，风险区域宽度为 9m。采空区进风侧风险区域宽度是回风侧的 5.44 倍，因此采空区进风侧更应该加强煤自燃风险治理。

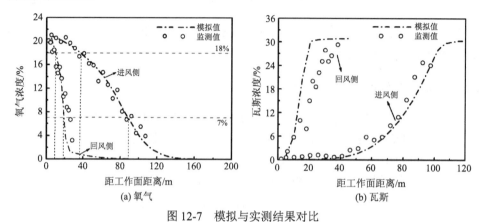

图 12-7　模拟与实测结果对比

由图 12-7 可知，工作面推移过程中，采空区进风侧与回风侧瓦斯浓度与氧气浓度呈相对分布状态。进风侧瓦斯浓度在距离工作面 38.8～110m 范围内持续上升，距离大于 110m 时稳定在最大值；回风侧瓦斯浓度在距离工作面 5～20m 时快速上升至最大值。因此在进风侧应加强瓦斯风险治理。

采空区近工作面一侧氧浓度高，风流渗入充沛，遗煤氧化严重，大量氧化散热量虽被风流带走，但随开采的推进，立即转变成新的氧化蓄热风险区域，而瓦斯浓度低；采空区中部区域氧气和瓦斯浓度均适中，热量积聚易发生煤氧化自燃，温度高时会进一步引发瓦斯灾害；采空区深部氧浓度低，不易发生煤自燃与瓦斯灾害。根据采空区氧气浓度场与空间分布的关系，结合易自燃氧化区域的氧气浓度划分指标（7%～18%），确定煤自燃风险下限氧气浓度为 7%，采空区大于下限氧气浓度的区域为氧化风险空间。数值模拟结果与现场实测氧气浓度变化规律一致，表明可通过该模型开展采空区不同赋存环境条件下的煤自燃与瓦斯灾害模拟研究。

12.3　采空区多物理流场分布模拟

12.3.1　采空区不同赋存风量条件下模拟结果分析

采空区煤自燃风险空间演化是一个状态量，在开采过程中很难测量。受通风和采动影响，采空区气体浓度场分布与漏风形态是反映煤自燃风险空间的直接指标。不同工作面风量供给条件下，采空区内部气体运移积聚过程出现明显差异，为了进一步分析采空区赋存风量环境下，采空区煤自燃和瓦斯风险区域演化规律，开展了不同通风强度和漏风条件下的数值模拟研究。

1. 不同通风强度下模拟结果分析

通风造成采空区出现漏风风流移动和不同风压分布，推动采空区遗煤氧化，采空区有毒有害气体同时被带向工作面，因此需研究不同通风强度（Q_f 为通风量，$m^3 \cdot min^{-1}$）对采空区煤自燃和瓦斯风险区域的影响。图 12-8 为对应工作面风量条件下，采空区内部氧气浓度分布规律，对应的进风侧与回风侧走向位置氧气浓度监测结果如图 12-9 所示。

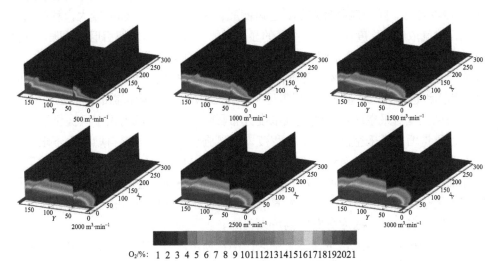

图 12-8　不同风量下采空区氧气浓度场分布

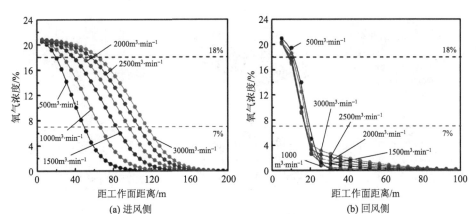

(a) 进风侧　　　　　　　　(b) 回风侧

图 12-9　不同风量下采空区走向监测线氧气浓度分布

由图 12-9 可知，氧气浓度场以进风巷为中心向采空区立体空间呈衰减式发散。进风侧风阻相对较小，造成严重的漏风，因此氧气浓度明显高于回风侧。而采空区底板涌出的瓦斯随风流呈扩增式分布。随着距工作面距离的增加，煤体碎胀程度增大，风流阻力增加，氧气浓度逐渐减小。采空区底板 $Z=1m$ 处氧气浓度充足，可知采空区含氧风流由进风口进入，流经采空区至回风口流出，氧气浓度呈弧形分布。垂直方向上，采空区上部受冒落影响依次减弱，煤岩孔裂隙减小且收缩，含氧漏风风流明显受到顶板岩石的阻滞作用，氧气浓度大幅度降低。采空区上部水平空间煤自燃危险区域明显收缩。

多孔介质空间状态一定时，增大通风量相当于增大漏风风流动力。由图 12-8 和图 12-9 可知，随通风强度增加，进风侧氧化风险空间扩张梯度较大，氧化风险降低，氧气浓度的梯度在深入采空区的显著增加，氧化风险空间后退式扩张，垂直方向上，下限氧气浓度位于底板向上 25m 处左右。随着进入采空区的深度增加，氧气浓度达到煤自燃下限的区域会随着通风量的增加而扩展。通风量越大，氧化风险区域的面积也越大，这意味着遗煤氧化的可能性增加，且风险覆盖的空间范围更广。

通风强度对采空区进风侧氧气浓度分布影响较大，通风为采空区提供了大量氧气，风量增加了采空区遗煤氧化程度，通风强度增加时，煤自燃风险下限氧气浓度距离工作面分别为 45m、65m、82m、98m、115m、120m，位置不断向采空区深部扩张，但扩张量有所减小，以平均每 $500m^3·min^{-1}$ 通风量扩张 14.2m 的梯度深入采空区。回风侧风险氧气浓度下限距离工作面维持在 20m 左右，通风强度对采空区回风侧氧气浓度分布影响可以忽略。

图 12-10 为不同风量条件下采空区内部瓦斯浓度分布规律，对应的进风侧与回风侧走向位置瓦斯浓度监测结果如图 12-11 所示。

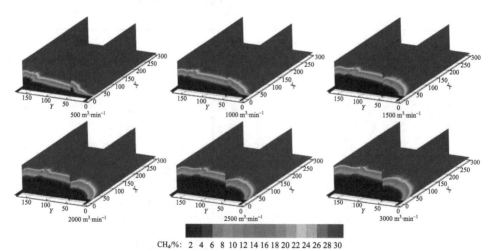

CH₄/%:　2　4　6　8　10 12 14 16 18 20 22 24 26 28 30

图 12-10　不同风量下采空区瓦斯浓度场分布

采空区煤体和下部分层解吸出的瓦斯，由煤层底板向采空区空间均匀释放，由于工作面漏风风流的推移作用，采空区多孔介质空间内的瓦斯不断运移积聚，漏风风流将部分瓦斯带入采空区中部和深部，少量瓦斯涌向回风隅角并由回风巷排除。采空区空间内瓦斯浓度与通风强度相关，随着风量增加，瓦斯浓度降低，可以发现通风强度低时高浓度瓦斯积聚区位于采空区中部和深部，通风强度高时高浓度瓦斯积聚区被推移至采空区深部。这是因为通风强度增大，迫使采空区空间内的瓦斯随风流不断稀释和推移，高浓度瓦斯积聚区不断缩小。对比不同风量条件下的瓦斯浓度分布曲线，可以发现瓦斯浓度曲线与氧气浓度曲线呈相反的变化规律，因此通风量对采空区氧气和瓦斯浓度分布具有直接作用。

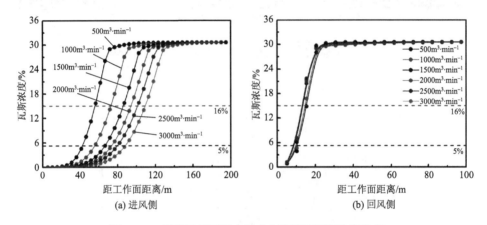

图 12-11　不同风量下采空区走向监测线瓦斯浓度分布

随通风强度增加，进风侧瓦斯风险上限不断向采空区深部退移至 57.4m、74.2m、88.3m、95.4m、103.5m、112.8m，这是因为强风量增加了采空区风流动力，使得瓦斯向深部移动，同时在含氧风流作用下，近工作面一侧瓦斯浓度被驱替，瓦斯浓度不会再增大。采空区回风侧瓦斯浓度无明显变化，且瓦斯浓度降幅不明显，即通风强度并不会对采空区回风侧瓦斯浓度的增减起决定性作用。

图 12-12 为不同风量条件下，采空区内部温度分布规律，对应的进风侧走向位置温度监测结果如图 12-13 所示。

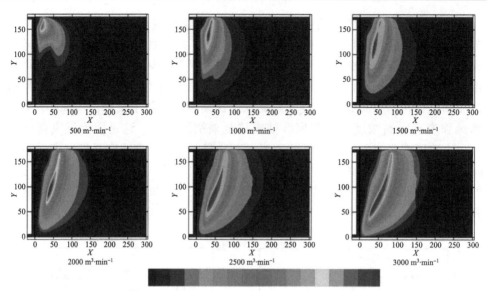

T/K: 300 302 304 306 308 310 312 314 316 318 320 322 324 326 328 330

图 12-12 不同风量下采空区温度场分布

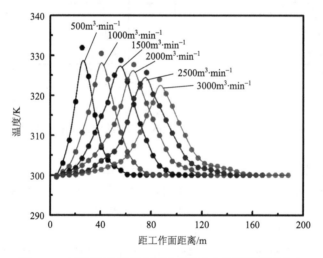

图 12-13 不同风量下采空区进风侧走向监测线温度分布

由图 12-12 可知，通风量直接影响采空区内煤氧化自燃进程，从而使得温度分布随风量增加呈现出不断升高的趋势。通风强度低时，进入采空区的风流速度小，且氧气在采空区中运移速度较慢，因此在初始阶段氧气供给不足，煤体处于初始氧化阶段，煤体本身难以发生煤氧反应，且向空间内热量释放较少，导致温度较低。随着通风强度增加，煤体温度随深入采空区不断上升，且最高温度点有向采空区深部推移的趋势，风量增加使采空区内部氧气充分扩散运移，煤氧结合更加容易，煤体因氧气被迅速供给而可以维持煤氧化自燃过程，煤体不断释放热量，且煤体释放的热量随较高风速的漏风流推移携带至深部，因此产生高温点，高温点温度也在不断增加，高温点附近区域的煤体也更容易发生煤氧化自燃。

由图 12-13 可知，不同通风强度条件下采空区最高温度依次为 331.0K、330.5K、329.8K、328.7K、326.7K、325.0K，对应的高温点位置依次为 25.5m、40.5m、56.0m、66.1m、76.3m、86.4m。可以发现，随着通风强度增加，监测线上最高温度依次降低，且不断深入采空区，对比发现，高温点随通风强度增加有向采空区深部与回风侧偏移的倾向，这主要受采空区中氧气浓度分布的影响。

2. 不同裂隙漏风下模拟结果分析

通过以上分析，可以明确得出采空区内部混合气体及温度分布与进入采空区的风量相关，采空区不同方位的漏风流对采空区气体和温度的影响主要表征为：氧气的供给、瓦斯浓度的涌入和煤体氧化升温的热量传输，因此本节重点考察采空区不同方位的漏风情况对采空区煤自燃和瓦斯风险区域分布的影响。漏风方位受抽采钻井和抽采巷、邻近老采空区的影响，而本工作面上部为开采完成工作面，下部为抽放巷及保护层，因此随采动上部和下部裂隙发育，容易产生层间裂隙。因为裂隙发育不规则，本节采用条状均匀裂隙代替。

当裂缝平均滞后工作面 10～25m 时宽度达到最大，该范围是漏风最严重的区域，当裂隙位于距工作面 30～50m 处时裂隙较闭合，漏风较小，之后是裂隙闭合区。参照不同裂隙方位和裂隙漏风强度进行模拟研究。图 12-14 为采空区展布一条、两条和三条裂隙漏风时的氧气浓度场、瓦斯浓度场和温度场分布。

采空区底板氧气浓度在裂隙附近有明显局部骤增现象，且裂隙数增加，局部氧气浓度上升明显，表明当存在层间裂隙时，能增加采空区内的氧气供给，即煤自燃风险增加，风险区域局部扩大。裂隙风流涌入带入大量瓦斯，使得进风一侧煤自燃风险下限氧气浓度值有收缩的趋势，但同时增加了煤自燃与瓦斯复合灾害的发生风险。

层间贯通裂隙容易使下部煤岩体中的瓦斯渗流进入开采采空区，造成采空区局部区域瓦斯浓度骤增，其中一部分瓦斯随漏风风流涌入回风上隅角，增大工作面瓦斯超限的风险，另一部分在采空区煤自燃风险氧化区内聚集，当温度高时容易引发瓦斯灾害。

由于裂隙漏风强度较小，不利于煤体氧化散热和热量传输，反而在采空区适宜的温度环境下为煤氧反应提供了充足的氧气，因此会在裂隙附近产生局部高温区，裂隙数增加，含氧风流涌入越多，使得煤自燃高温区域显著扩大。

图 12-15 分别为采空区展布三条裂隙漏风时不同漏风强度的氧气浓度场、瓦斯浓度场和温度场分布。

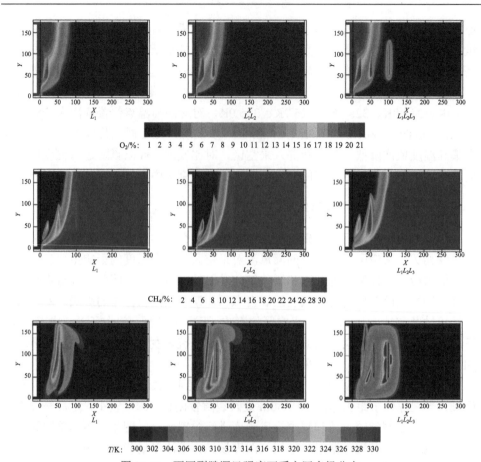

图 12-14 不同裂隙漏风强度下采空区多场分布

L_1 表示一条裂隙的情况；L_1L_2 表示两条裂隙的情况；$L_1L_2L_3$ 表示三条裂隙的情况

对比漏风最严重的情况即采空区同时存在三条贯通裂隙时，随裂隙漏风强度增加，裂隙处氧气浓度出现明显扩张趋势，氧气浓度在距离工作面最远的裂隙周边增加明显，同时发生高浓度瓦斯聚集，漏入风流向裂隙周边扩张，不断传输大量氧气，使热量得以传输，高温区域沿裂隙向四周扩散，回风一侧因存在裂隙漏风输送的氧气与工作面漏风风流中的氧气交汇，而使煤氧反应加剧，风险区域扩大。

12.3.2 采空区不同瓦斯抽采条件下模拟结果分析

1. 单钻井瓦斯抽采下模拟结果分析

为达到高效抽采同时降低煤自燃风险的目的，模拟单钻井抽采强度（Q_c 为单钻井抽采流量，$m^3 \cdot min^{-1}$）对采空区煤自燃和瓦斯风险区域演化的影响。通风量

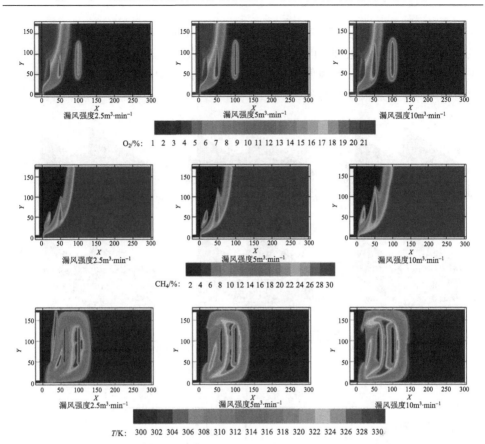

图 12-15　不同裂隙漏风强度下采空区多场分布

对采空区煤自燃的影响分析表明，当通风量为 1500m³·min⁻¹ 时，既能满足工程背景的需要，又能最大限度地降低采空区煤自燃的影响。为实现高效抽采，降低煤自燃风险，研究了通风量为 1500m³·min⁻¹ 时，不同抽采强度对煤自燃和瓦斯风险空间演化的影响。

不同抽采强度下氧浓度分布如图 12-16 所示，对应的进风侧与回风侧走向位置氧气浓度监测结果如图 12-17 所示。

随着抽采强度的增大，氧气浓度场呈现出相似的分布状态，单钻井时，对采空区氧气浓度的影响主要体现在钻井抽采位置周围和回风侧。当给定抽采井口一定的抽采流量时，采空区煤自燃风险空间整体有扩大趋势，钻孔附近氧气浓度突变，回风侧煤自燃风险区域面积明显扩大。垂直方向上发生煤自燃风险的下限氧气浓度位于距底板约 30m 处。钻孔底部的负压干扰了更多的空气进入采空区，压差造成局部变化，形成局部富氧风险空间。与未抽采相比，采空区煤自燃氧化风险下限区域深入采空区 90~110m，扩张量为 1~10m。对于回风侧来说，采空区氧气浓度整体上随抽采强度的增加而逐渐增大，抽采强度大于 $40m^3·min^{-1}$ 时氧化风险下限大幅度扩张，回风侧扩张量为 1~55m，说明单钻井抽采明显扩大了采空区回风侧煤自燃风险空间。

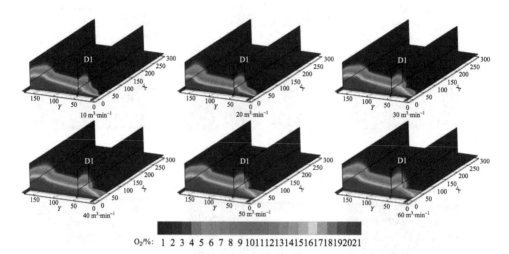

图 12-16 单钻井抽采下采空区氧气浓度场分布

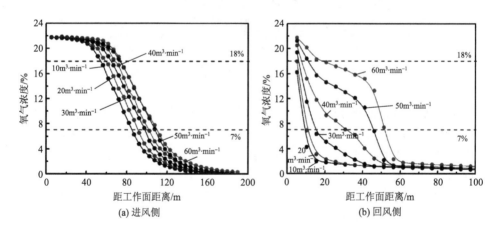

图 12-17 单钻井抽采下采空区走向监测线氧气浓度分布

图 12-18 为不同抽采强度下采空区瓦斯浓度分布规律，对应的进风侧与回风侧走向位置瓦斯浓度监测结果如图 12-19 所示。

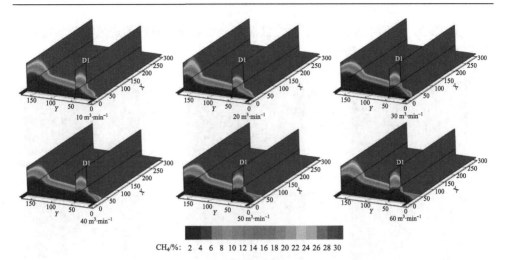

图 12-18　单钻井抽采下采空区瓦斯浓度场分布

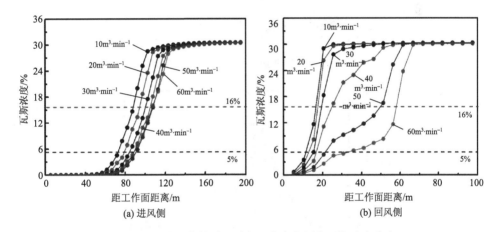

图 12-19　单钻井抽采下采空区走向监测线瓦斯浓度分布

由图 12-18 和图 12-19 可知，采空区高浓度瓦斯聚集区随抽采强度变大而深入采空区，抽采井附近的瓦斯浓度有明显降低。进风侧瓦斯浓度在距工作面 60～80m 处时开始迅速上升，在接近 100～120m 处时达到最大值；对于回风侧，抽采强度小于 30m³·min⁻¹ 时瓦斯浓度基本不受抽采的影响，而抽采强度大于 30m³·min⁻¹ 时瓦斯浓度降低显著，在距离工作面 60m 处瓦斯立即升高。由此可知，瓦斯抽采强度不能无限制地增加，当抽采强度大于一定值时，抽采强度的增加对采空区瓦斯积聚区瓦斯浓度降低效果不大。特别地，相对于未进行瓦斯抽采时，回风侧瓦斯浓度偏高，这是因为在未开展钻井抽采时，采空区瓦斯只能通过工作面漏风风流带走，而当抽采强度增加时，容易增加采空区的漏入风流，但同时也增加了采空区向工作面涌出风流。

　　图 12-20 为不同抽采强度下采空区温度分布规律，对应的进风侧走向位置温度监测结果如图 12-21 所示。

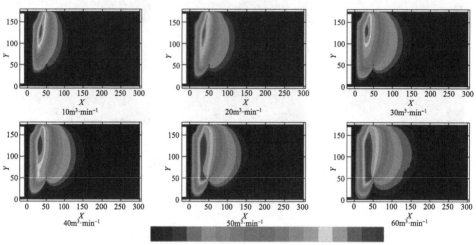

图 12-20　单钻井抽采下采空区温度场分布

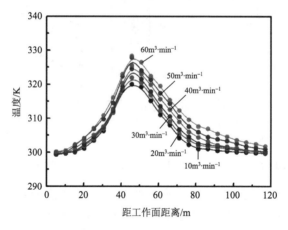

图 12-21　单钻井抽采下采空区进风侧走向监测线温度分布

　　由图 12-20 和图 12-21 可知，受单钻井抽采扰动影响，最高温区域在横向变化不明显，集中在距工作面 45～50m 的位置，纵向上最高温区域不断扩大，抽采强度越大，高温风险区域分布越广且越偏向抽采井，在抽采强度大于 30m³·min⁻¹ 时也开始出现回风侧高温风险区域，说明自燃风险高温区域的迁移过程不仅受氧气浓度分布的影响，也受采空区中风流运移的影响，抽采时由于抽采力的作用，高温风险区域向钻井与回风侧发生蔓延。

2. 双钻井瓦斯抽采下模拟结果分析

钻井位置对采空区流场分布、风险空间和漏风有不同的影响，下面研究双钻井联合抽采对采空区煤自燃和瓦斯风险空间的影响。D1、D2 钻井抽采强度（Q_{c-c} 为双钻井抽采流量，$m^3 \cdot min^{-1}$）保持一致，图 12-22 为不同抽采强度下采空区氧气浓度分布规律，图 12-23 所示为对应的进风侧与回风侧走向位置氧气浓度监测结果。

由图 12-22 与图 12-23 可知，受制于双钻井抽采的干扰，采空区氧气浓度分布范围整体上显著扩大，对其影响主要集中在 D1 钻井附近和采空区中部区域，影响范围为距工作面 100～180m 处，在此区域内，采空区进风侧氧气浓度随抽采强

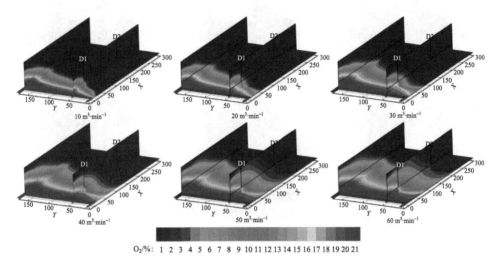

图 12-22　双钻井抽采下采空区氧气浓度场分布

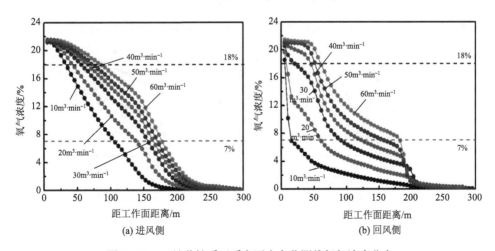

图 12-23　双钻井抽采下采空区走向监测线氧气浓度分布

度的增加而增加，氧化风险下限区域均大于 100m 范围。在抽采强度为 10m³·min⁻¹时，回风侧氧气浓度分布几乎不受影响，而随抽采强度增加，氧化风险下限区域也扩大至 180m 的位置，表明双钻井抽采时明显扩大了采空区煤自燃氧化风险空间，且抽采强度越大，风险越高。相比单钻井抽采，采空区氧气浓度场分布存在较大差异。D1 钻井完全处于富氧空间，受 D2 钻井影响，底板处由进风侧至回风侧，煤自燃风险下限氧气浓度波动较大，不断向采空区深部后退。

图 12-24 为不同抽采强度下采空区瓦斯浓度分布规律，对应的进风侧与回风侧走向位置瓦斯浓度监测结果如图 12-25 所示。

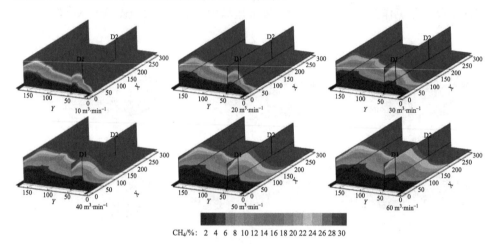

图 12-24　双钻井抽采下采空区瓦斯浓度场分布

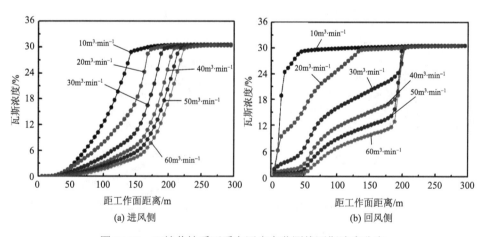

图 12-25　双钻井抽采下采空区走向监测线瓦斯浓度分布

由图 12-24 与图 12-25 可知,当采用双钻井进行瓦斯抽采时,采空区高浓度瓦斯聚集区进一步深入采空区,对比进风一侧,当抽采强度为 $10m^3 \cdot min^{-1}$ 时,高浓度瓦斯集聚区被推移到距工作面 130m 之后,当抽采强度为 $60m^3 \cdot min^{-1}$ 时,此区域为距工作面 220m 以后;对比回风一侧,只有当抽采强度大于 $20m^3 \cdot min^{-1}$ 时,瓦斯浓度才大幅度降低,表明抽采效果好,但是高浓度瓦斯聚集区随抽采强度升高而退移的距离有限,无限增大抽采强度将会增加抽采生产投入。双钻井抽采使得采空区空间内瓦斯含量明显降低,表明双钻井抽采对治理采空区瓦斯十分有效,但抽采强度大时增加了煤自燃风险,因此其抽采强度应该处于合理范围内。

图 12-26 为不同抽采强度下采空区温度分布规律,对应的进风侧与回风侧走向位置温度监测结果如图 12-27 所示。

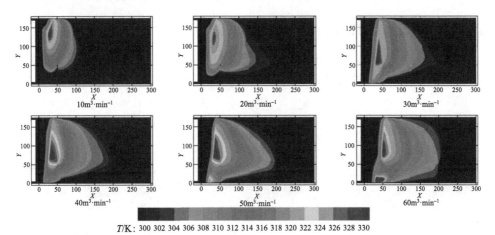

图 12-26　双钻井抽采下采空区温度场分布

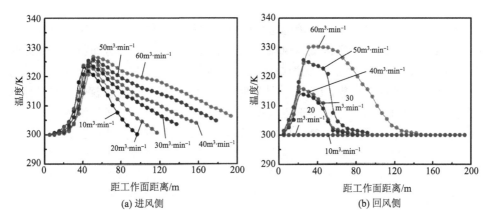

图 12-27　双钻井抽采下采空区走向监测线温度分布

由图 12-26 与图 12-27 可知，温度分布主要受氧气浓度分布的影响，即高温区域与适氧浓度区间相辅相成。当采用双钻井抽采时，温度分布的明显特征是高温区域向回风侧和采空区中部迁移，进风侧监测线上的温度最高值变化不明显，距工作面 40m 以内时温度较低，此后迅速增大，深入采空区温度降低变缓，特别地，回风侧抽采强度小于 $20m^3 \cdot min^{-1}$ 时温度不变，随抽采强度增大，由于氧气浓度增加且漏风风速小，温度难以扩散，因此出现局部高温区域，高温值也随即不断增加，抽采强度为 $50m^3 \cdot min^{-1}$ 时，高温值为 325K，抽采强度为 $60m^3 \cdot min^{-1}$ 时，高温值达到 330K。进一步表明双钻井抽采强度增大极大地增加了煤自燃风险。

12.4 采空区煤自燃与瓦斯灾害演化特征

12.4.1 工作面风流与瓦斯分布特征分析

工作面与采空区连接区域为支护与垮落构成的连通空间，为采空区漏风提供良好通道，利于氧气扩散进入。采空区漏风流线如图 12-28 所示。

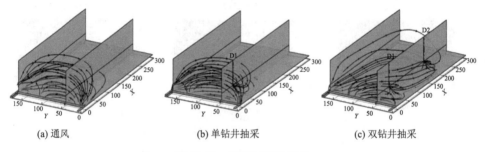

(a) 通风   (b) 单钻井抽采   (c) 双钻井抽采

图 12-28 采空区漏风流线

未抽采时，采空区漏风风流随进风流入，穿越工作面并贯通采空区空间，最后全部汇入回风口，采空区漏风风流呈现"单进单出"的立体分布特征；抽采时采空区漏风风流分布特征表现为漏风风流汇入回风口与井底"单进双出"的特征，且井底风流局部聚集，D2 钻井抽采时，少量风流进入采空区深部。漏风伴随大量富氧风流进入采空区，为遗煤提供了适宜的氧气介质，随风流渗入，风险空间扩张，因此漏风是造成采空区煤自燃风险空间演化最直接的扰动因素。

工作面与采空区交界面上，总有风流流入采空区的部分，也有经采空区重新汇入工作面的风流，工作面与采空区交界面中线上 x 方向的速度矢量反映出采空区漏风风流出入过程，工作面中线 x 方向速度矢量如图 12-29 所示。

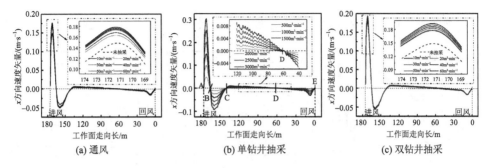

图 12-29　工作面沿程速度矢量变化曲线

　　速度矢量曲线与 0m·s^{-1} 水平线相交的点为采空区出入风流平衡点,正值表示风流漏入,负值表示风流涌出,基于此特征速度矢量平衡点将采空区漏风风流过程划分为四阶段。如图 12-29(b)所示,AB 段定义为风流"强入"段,进风口包裹区域风流动力强,速度突增至正向峰值,随即迅速降低,该正向峰值越大表明在一定时间内漏入采空区的风量越多,对遗煤氧化影响越严重。BC 段定义为风流"混流"段,速度降至 0m·s^{-1} 水平线以下,负向速度增长出现波段峰值,之后速度开始回弹,这是因为采空区涌出风流受到漏入相对风流挤压,且漏入风流持续补给,此阶段交界面存在相互交换的风流,因此工作面也出现了少量瓦斯,但进风风流立即将其稀释。CD 段定义为风流"稳入"段,表明风流呈近似匀速状态持续稳定进入采空区。DE 段定义为风流"突涌"段,风流先缓慢持续涌出直到在回风出口压差作用下,负向速度突然增大,涌出风流突增并带出大量瓦斯涌向回风隅角。

　　同时,通风与抽采不同条件下,工作面沿程速度矢量曲线走势一致,沿程风流损失均满足四阶段变化趋势,可见其漏风规律基本一致。随通风强度增加,AB 段风流正向峰值以 0.05m·s^{-1} 的增量由 0.05m·s^{-1} 增至 0.3m·s^{-1},漏入风量增加;回风口 DE 段风流负向速度由$-$0.01m·s^{-1} 增至$-$0.04m·s^{-1},涌出风量增加。抽采时速度矢量绝对值整体大于未抽采时,随抽采强度增加,单钻井下 AB 段正向峰值为 0.15~0.18m·s^{-1},双钻井下正向峰值在 0.17~0.19m·s^{-1},回风口负向速度均维持在$-$0.02m·s^{-1} 左右,进一步说明抽采加速了采空区漏风,加剧了煤自燃氧化风险。根据工作面沿程速度矢量关系,工作面漏入与涌出风流在均在 D 点处稳定交汇,即工作面 Y=65m 处为采空区漏入风量最低点。

　　为深入分析工作面瓦斯浓度随通风、抽采强度的变化情况,在上隅角设置 5 个瓦斯监测点,间隔 0.5m。对监测数据取平均值,得到上隅角瓦斯浓度。如图 12-30 所示,沿工作面方向瓦斯浓度曲线维持在 0.08%的低浓度,在回风口处浓度迅速上升。曲线与 1%气体浓度线相交的点代表浓度阈值。随着工作面风流进入采空区,也不断对携带采空区瓦斯的出风流进行再处理,最终在回风口处相遇。阈值发生在边界煤柱处，因为它被设置为采空区瓦斯流出的边界。

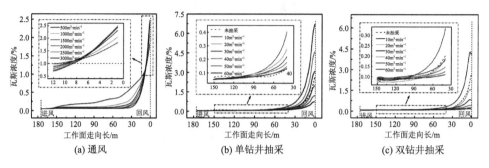

图 12-30 工作面沿程瓦斯浓度变化曲线

同时，不同通风强度下瓦斯浓度曲线达到 1%临界点的 Y 轴位置坐标分别为 11.0m、10.5m、9.5m、9.0m、8.7m、8.4m，表明不同通风量能不同程度推迟瓦斯浓度临界点。通风量增加，边界极限瓦斯浓度值反而增加，表明仅靠增加通风强度无法满足稀释工作面瓦斯的效果。另外，单钻井抽采流量小于 $30m^3 \cdot min^{-1}$ 时瓦斯涌出量增加，大于 $30m^3 \cdot min^{-1}$ 时开始有效稀释上隅角瓦斯，随抽采强度增加，上隅角瓦斯浓度相应降低。双钻井抽采时，虽然涌出风流并无明显增多，但涌出风流携带瓦斯含量减少，上隅角瓦斯浓度明显降低，抽采流量大于 $20m^3 \cdot min^{-1}$ 时，边界极限瓦斯浓度值全部降低至 1%浓度临界值以下。

12.4.2 煤自燃与瓦斯灾害演化规律分析

通风引起的漏风量与通风强度有关，抽采引起的漏风量与抽采强度和钻孔位置有关。图 12-31 为采空区漏风量变化情况，其中正值表示漏风流进入采空区，负值表示漏风流涌出采空区。

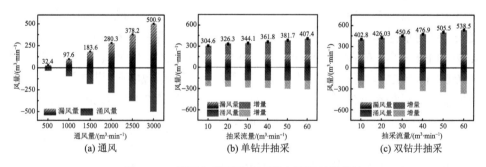

图 12-31 通风与抽采影响下采空区漏风量统计

漏风量受通风强度约束时，总漏风量随通风量增加呈指数型增大，且漏风量总是等于涌风量，随通风强度递增二者保持一致增加。通风量为 $1500m^3\cdot min^{-1}$ 条件下的漏风量为 $183.6m^3\cdot min^{-1}$。抽采时采空区漏风量受通风和抽采强度共同约束，漏风增量与抽采强度相关，单钻井抽采时漏风增量分别为 $126m^3\cdot min^{-1}$、$142.7m^3\cdot min^{-1}$、$160.5m^3\cdot min^{-1}$、$178.2m^3\cdot min^{-1}$、$198.1m^3\cdot min^{-1}$、$223.8m^3\cdot min^{-1}$，双钻井抽采时漏风增量分别为 $219.2m^3\cdot min^{-1}$、$242.5m^3\cdot min^{-1}$、$267.0m^3\cdot min^{-1}$、$293.3m^3\cdot min^{-1}$、$321.9m^3\cdot min^{-1}$、$354.9m^3\cdot min^{-1}$，随抽采强度增加其漏风量近似呈线性增加。

在采空区中，松散煤体一旦接触含氧风流即开始氧化。以进风侧 $Z=1m$ 底板上煤自燃风险下限氧气浓度确定煤自燃风险空间最大宽度，并对回风隅角瓦斯浓度监测数据取平均值，利用线性回归法处理，得到图 12-32 所示曲线关系。

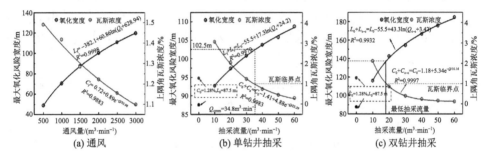

图 12-32　最大氧化风险宽度与上隅角瓦斯浓度拟合曲线

最大氧化风险宽度与通风量呈对数函数关系扩张，上隅角瓦斯浓度随通风量增加呈负指数降低。随通风强度增加，上隅角平均瓦斯浓度虽降低，但仍处于临界点以上。$C_0=1.28\%$、$L_0=87.5m$ 分别为通风约束下的初始瓦斯浓度和初始氧化风险宽度。抽采时，上隅角瓦斯浓度亦呈负指数降低，最大氧化风险宽度以对数函数关系扩大。可确定单钻井抽采流量应大于 $34.8m^3\cdot min^{-1}$，双钻井最低抽采流量应为 $18.7m^3\cdot min^{-1}$。

通风和抽采混合作用下采空区煤自燃风险空间扩张表征为：在通风与抽采的共同约束下，漏风作用促进了采空区煤体氧化风险区域的扩张。基于钻孔瓦斯抽采，结合采空区漏风源汇，建立工作面通风-抽采-漏风质量守恒方程如下：

$$q_{f_{in}}\rho_1 + q_{c_{in}}\rho_1 = \sum q_D\rho_D + q_{f_{out}}\rho_2 + q_{c_{out}}\rho_2 \qquad (12\text{-}15)$$

式中，$q_{f_{in}}$ 和 $q_{c_{in}}$ 分别为通风诱导漏风量、抽采诱导漏风量，$m^3\cdot min^{-1}$；$q_{f_{out}}$、$q_{c_{out}}$ 和 $\sum q_D$ 分别为通风诱导涌风量、抽采诱导涌风量和抽采气体混合量，$m^3\cdot min^{-1}$；ρ_1 和 ρ_2 分别为进、回风巷内的气流密度，$kg\cdot m^{-3}$；ρ_D 为钻井抽采气体密度，$kg\cdot m^{-3}$。基于采空区气体不可压缩的假设，则 $\rho_1=\rho_2$，且在相同环境条件下，气体与空气的相对密度为 0.55，即 $\rho_D = 0.55 \rho_1$，简化为 $q_{f_{in}} + q_{c_{in}} = 0.55 \sum q_D + q_{f_{out}} + q_{c_{out}}$。

式（12-15）进一步表明，通风抽采条件下采空区煤自燃风险空间扩张由漏风控制，上隅角瓦斯浓度由采空区风流控制。通过分析，确定了通风与抽采耦合作用下采空区煤自燃风险性空间扩张规律，这与通风或抽采强度的调整密切相关。煤自燃风险的空间演化与煤自燃扩张量具有互补性。采空区煤自燃扩张最大值为空间演化极值。为防止煤自燃并实现高效抽采，可降低通风强度并相应地提高抽采强度。其表达式如下。

单钻孔抽采：

$$L_c^* = L_f + L_c = 60.86\ln(Q_f + 628.94) + 17.3\ln(Q_c + 24.2) - 326.6 \qquad （12-16）$$

双钻孔抽采：

$$L_{c-c}^* = L_f + L_{c-c} = 60.86\ln(Q_f + 628.94) + 43.3\ln(Q_{c-c} + 3.42) - 296.6 \qquad （12-17）$$

式中，L^* 为单钻孔和双钻孔中煤自燃空间扩张的极值，m；$L^* < v \cdot \tau$，v 为工作面推进速度，$m \cdot d^{-1}$，τ 是最短自然发火期，d；Q_f 为通风量，$m^3 \cdot min^{-1}$；Q_c 和 Q_{c-c} 分别为单钻孔和双钻孔的抽采率，$m^3 \cdot min^{-1}$。

根据式（12-15），上隅角瓦斯浓度与工作面进风量有关，受通风和抽采强度控制，建立上隅角瓦斯浓度约束表达式如下。

单钻孔抽采：

$$C_c^* = C_f + C_c = 0.89\exp(-Q_f / 3399) + 4.88\exp(-Q_c / 23.79) - 0.69 \qquad （12-18）$$

双钻孔抽采：

$$C_{c-c}^* = C_f + C_c = 0.89\exp(-Q_f / 3399) + 5.34\exp(-Q_{c-c} / 10.16) - 0.46 \qquad （12-19）$$

式中，C^* 为上隅角瓦斯浓度，%，$C^* < 1\%$；Q_f 为通风量，$m^3 \cdot min^{-1}$；Q_c 和 Q_{c-c} 分别为单钻孔和双钻孔的抽采速率，$m^3 \cdot min^{-1}$。

当同时调整通风量与抽采流量时，煤自燃最大风险空间相应变化，其受工作面推进速度与煤自然发火约束，可利用式（12-16）、式（12-17）辨识煤自燃风险，确定临界风险大小。由于上隅角瓦斯浓度受通风与抽采强度约束，为达到预防煤自燃与高效抽采的目的，可相应减小通风强度，增加抽采强度。可利用式（12-18）、式（12-19）辨识煤上隅角瓦斯超限风险，确定临界风险。通过通风与抽采混合影响下煤自燃风险空间扩张规律的研究，获得了复杂地层环境下瓦斯-煤自燃共生耦合致灾模型及辨识临界条件。

12.5 瓦斯与煤自燃耦合致灾分析及风险预警

12.5.1 抽采条件下瓦斯与煤自燃耦合致灾分析

瓦斯与煤自燃共生灾害的发生是采动影响下裂隙场内流场、氧气场、温度场、瓦斯场等多场耦合作用下的后果。我国煤矿开采的地层环境复杂，利用卸压增透原理强化瓦斯抽采是多数高瓦斯突出矿井普遍采用的措施。开采扰动不仅影响煤体瓦斯流动，而且对煤氧化自燃条件及氧化后煤体特性都会产生影响，如图 12-33 所示，进而对温度场、瓦斯流场产生影响，形成煤自燃-瓦斯-爆炸复合动力灾害。

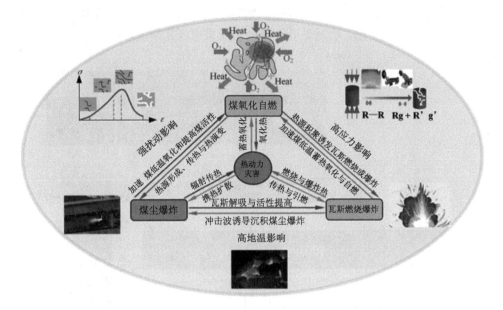

图 12-33　瓦斯-煤自燃耦合作用致灾

同时，深部煤体卸荷后煤中孔隙逐渐发育，煤氧接触更加充分，表现为煤样所受初始应力越大，卸荷煤氧化特性越强；而在煤氧复合作用下，也使得煤体的孔裂隙更加发育，在应力和煤氧复合作用下，煤体损伤加剧，进而表现为力学强度的劣化，增加了瓦斯流动通道的连通性和复杂性，如图 12-34 所示。

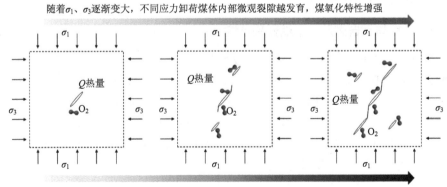

图 12-34　深部煤氧化特性和力学损伤变化原理图

　　在瓦斯突出与煤自燃复合灾害矿井中存在大量煤体氧化后导致力学性质弱化的问题。对煤层的卸压、抽采，可以实现消突，但容易造成煤体裂隙发育，漏风强度增加，进而使煤体氧化，并诱发煤自燃；回采保护层可以使被保护层卸压，裂隙进一步发育，实现对被保护层的区域消突，但氧气通过裂隙进入保护层中，使煤体发生氧化，进一步诱发煤自燃，如图 12-35 所示。氧化后的煤体，其力学特性和孔裂隙结构变化，会对钻孔瓦斯抽采及采空区瓦斯流动产生影响。

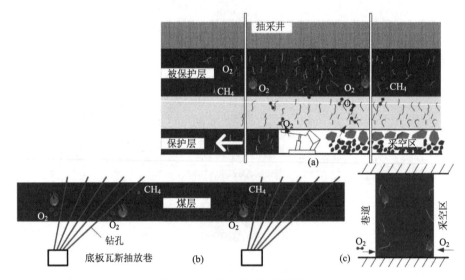

图 12-35　煤体氧化的工程影响

（a）保护层开采；（b）底板瓦斯抽放；（c）留设煤柱

　　因此，对于瓦斯与煤自燃复合灾害矿井要考虑瓦斯-煤及采动裂隙相互作用、相互影响，降低瓦斯抽采对煤自燃的影响，减少煤自燃加剧的瓦斯爆炸风险，对瓦斯-煤灾害进行协同防控。

12.5.2　瓦斯与煤自燃风险早期预警系统

　　当前我国煤矿行业中进行煤自燃或瓦斯风险预测预报时，主要采用束管进行数据采集数据和传输，或者使用传感器进行数据的动态采集，然后结合人工经验以一定的标准进行风险早期预测预报。这一预测方法凭借人工经验进行预测，所依据的判定因素单一，数据传输存在延时性，费时费力还容易出现错误。针对以上现状，开发了一款基于矿井 5G 技术，集现场采集终端、模拟仿真终端、预警预报系统为一体的综合瓦斯与煤自燃早风险期预警系统。

1. 基于 HA-BP 神经网络的风险早期预测方法

神经网络（neural network，NN）是从机理上模拟人脑的信息处理和思维决策过程的一种新兴控制方式。它的出现为一些难以解决的问题提供了一种新的思路，并在越来越多的行业中得到了应用。附加动量项和自适应学习率两类直接改善反向传播（back propagation，BP）算法的优化方法在优化 BP 算法时是相辅相成的，因此可将二者结合起来，形成一个共同改善反向传播 BP 自身算法的模型，记为 A-BP 模型。动态全参数自我调整学习算法，使得隐层节点和学习速率的选取全部动态实现，减少了人为因素的干预，改善了学习速率和网络的适应能力。遗传算法（genetic algorithm，GA）和粒子群优化（particle swarm optimization，PSO）两类优化算法在优化 BP 算法初始权值、阈值的问题上，PSO 更注重于对解集信息的广度发掘，而 GA 更注重于对解集信息的深度发掘，可在 PSO 中嵌入 GA 以实现对解集信息的综合寻优。综上分析，可以将上述几种优化算法结合起来，设计出一个集多算法优势于一体的高性能神经网络模型，即为 HA-BP 模型。图 12-36 为 HA-BP 算法过程图。

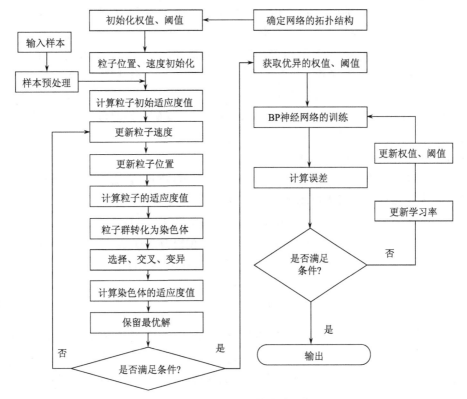

图 12-36 HA-BP 算法过程图

基于 HA-BP 神经网络算法，构建了瓦斯与煤自燃早期预测系统及预测方法，方法步骤如下。

（1）对待测煤矿的环境参数进行收集检测，包括甲烷（CH_4）浓度、一氧化碳（CO）浓度、二氧化碳（CO_2）浓度、气压、围压、温度、湿度、空气流速等。将待测煤矿的环境参数数据作为预测样本，并根据预测样本的特征构建归一化的特征矩阵；归一化的特征矩阵通过式（12-20）计算：

$$X_s = \frac{x_s - x_{s,min}}{x_{s,max} - x_{s,min}} \tag{12-20}$$

式中，X_s 代表归一化后的样本数据；x_s 代表待测煤矿的环境参数数据；下标 s 代表一个因素；$x_{s,min}$ 代表待测煤矿的环境参数数据中的最小值；$x_{s,max}$ 代表待测煤矿的环境参数数据中的最大值。

（2）根据最优权值和阈值，以及步骤（1）中归一化的特征矩阵，计算待测煤矿的归一化输出，计算如下：

$$y = \frac{aX_s(w_2 + b_2)}{1 + e^{-(w_1 + b_1)}} \tag{12-21}$$

式中，y 为待测煤矿的归一化输出；w_1 为输入到隐含的最优权值；w_2 为隐含到输出的最优权值；b_1 为输入到隐含的最优阈值；b_2 为隐含到输出的最优阈值；X_s 为归一化的特征矩阵；a 为系数。最优权值和阈值通过粒子群算法得到。粒子群算法输入为甲烷（CH_4）浓度、一氧化碳（CO）浓度、二氧化碳（CO_2）浓度、气压、围压、温度、湿度和空气流速 8 个变量，输出为预测温度（T_p）。

（3）对待测煤矿的归一化输出反归一化，得到煤矿环境温度。训练神经网络，对比分析输入变量与输出变量之间的正向、反向传递，将实际煤温与预测煤温进行对比，训练模型，确定最优 BP 神经网络。

（4）将优异的网络初始权值、阈值作为 BP 神经网络算法的初始权值、阈值，进行寻优计算时，学习率自动调节，调节过程如下：

$$\eta(n+1) = \begin{cases} \beta\eta(n), \text{MSE}(n) > \text{MSE}(n-1) \\ \eta(n), \text{MSE}(n) = \text{MSE}(n-1) \\ \gamma\eta(n), \text{MSE}(n) < \text{MSE}(n-1) \end{cases} \tag{12-22}$$

$$\text{mse}(n) = \frac{\sum(d_{ik} - a_{ik})^2}{N} \tag{12-23}$$

式中，η 为学习率；β 为 0～1 之间的常数；γ 为 1～2 之间的常数；n 为网络当前的运行次数，且 n 为有限的正整数；d_{ik} 为第 i 个样本的第 k 个期望输出值；a_{ik} 为第 i 个样本的第 k 个实际网络输出值；$\text{MSE}(n)$ 表示实际网络输出值与期望输出值之间的均方误差；N 为样本数。

（5）w_1、w_2 为各环境参数（即诱变因素和输入量）与预测温度（即输出量）之间的最优权值。采用 PSO-GA 算法联用优化神经网络权值与阈值，确定最终的神经网络结构对井下温度进行预测。当在持续监测过程中某一井下环境参数出现扰动，就会影响最优权值，将会导致预测温度出现扰动。如井下环境持续扰动，预测温度值同时也会持续扰动。环境参数扰动，引起预测温度升温、瓦斯浓度增加或持续出现波动，此时将会触发 1 级预警。如井下实测温度、瓦斯浓度同时升高并与预测值相差 20℃ 及 0.2%，将会达到 2 级预警。

（6）如触发 1 级预警，所述预警系统将调取近期井下温度及瓦斯浓度数据，以近期井下温度及瓦斯浓度变化规律，建立煤温及瓦斯浓度 GM（1,1）预测模型，预测接下来短时间内温度及瓦斯浓度的变化趋势，辅助以诱变因素为主导的基于 HA-BP 神经网络的瓦斯与煤自燃早期预测系统进行预测。

2. 瓦斯与煤自燃预测预警

通过对煤自燃与瓦斯诱变因素的检测，实现瓦斯与煤自燃风险判定指标的预测，结合判定指标实测值的发展趋势，建立瓦斯与煤自燃早期预警系统理论。在该理论的基础上，搭建可视化的综合瓦斯与煤自燃灾害早期预警系统。可以根据实际需要，对矿井设立数量、位置不同的监测点，通过该监测群实时传输监测数据，实现各监测因素井下动态立体流场显示功能；利用数据挖掘技术及人工智能技术，对所测数据进行处理，实现瓦斯与煤自燃早期预测预警功能；通过对现有预测理论技术的改进，建立瓦斯与煤自燃早期预警系统理论，实现瓦斯与煤自燃多级预警预报功能；为了满足管理者对矿井以往整体情况的把控，开发矿井前期数据显示功能；如该矿区不幸发生瓦斯、煤自燃事故，该系统还可根据现有国家、行业标准，国内外类似事件处理经验，现有专家研发理论等，为管理者、决策者提供辅助决策应急功能，同时还可以在线提供应急救援技术指导。

开发的瓦斯与煤自燃风险早期预警系统能够实现以下功能：

（1）实时监测矿井动态云图数据立体全景显示功能；

（2）瓦斯与煤自燃早期预测预警功能；

（3）瓦斯与煤自燃多级预警预报功能；

（4）矿井历史数据动态趋势显示功能；

（5）瓦斯与煤自燃综合应急救援指挥调配辅助决策功能；

（6）系统管理功能；

（7）分析与报表功能。

瓦斯与煤自燃早期预测预警系统利用数据挖掘技术及人工智能技术，对所测数据进行分析，实现煤自燃早期预测预警功能。所谓数据挖掘技术，是指基于前期采集的大量数据，利用 HA-BP 神经网络对输入输出量进行相关性分析，以诱变因素为输入量，表观因素作为输出量，搭建神经网络预测模型，建立非线性相关性。然后以待测煤矿的环境参数为诱导因素作为上述神经网络的输入参数，以预测温度、瓦斯浓度作为上述神经网络的输出参数，将预测结果与实际结果做对比，当采集终端发送数据异常或采集数据达到某临界值时便可触动预警，将实测数据趋势及预测数据趋势做对比综合做出瓦斯与煤自燃风险预警预报。其预警体系如表 12-2 所示。

表 12-2　瓦斯与煤自燃风险预警体系

预警阶段	预警等级	温度预警
1 级预警	白色预警	预测值>45℃或瓦斯浓度超过 0.45%或出现连续扰动
2 级预警	灰色预警	预测值>60℃或瓦斯浓度超过 0.5%或实测值>45℃
3 级预警	蓝色预警	预测值>80℃或瓦斯浓度超过 0.55%或实测值>60℃
4 级预警	黄色预警	预测值>100℃或瓦斯浓度超过 0.6%或实测值>80℃
5 级预警	橙色预警	预测值>150℃或瓦斯浓度超过 0.65%或实测值>120℃或实测值>0.65%
6 级预警	红色预警	预测值>210℃或瓦斯浓度超过 0.7%或实测值>150℃或实测值>0.7%
7 级预警	黑色预警	实测值>210℃或实测值>0.75%

3. 瓦斯与煤自燃风险早期预警系统装备研发

开发的瓦斯与煤自燃风险早期预警系统采用本安型多参数无线监测设备，它是实现传感器与基站连接并传输各种数据的关键设备。采空区自燃危险区域无线监测系统由现场数据采集终端、无线通信节点、无线通信基站、智能通信网关、远程预警数据告警终端五个部分组成。系统运行过程中，现场采集终端位于待检测的采空区内，将采集到的气体浓度、温度等化学信号通过无线传输的方式发送至数据显示终端，从而实现采空区数据的无线监测。其硬件结构组成如图 12-37 所示，主要由传感器、通信模块及液晶显示屏等组成，可将井下各气体浓度、湿度等参数进行采集并传输给基站。

现场采集模块包括检测柱、定位柱、微型抽气泵、二氧化硅干燥装置、温湿度传感器、气压传感器、一氧化碳传感器、甲烷传感器、二氧化碳传感器、输气管、导线、数据通信电路、信标灯、蜂鸣器、显示屏、驱动电源、接线端子及驱动电路。

现场采集模块运行原理在于无线通信节点通过自组网的方式接收现场采集终端发送的数据，再经单片机处理后将其展示在显示端的 LED 显示屏上，以实现井下气体浓度远程无线监测的功能。

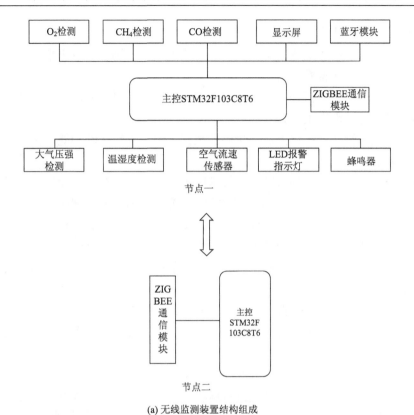

(a) 无线监测装置结构组成

(b) 现场采集终端内部图

图 12-37　无线监测装置核心硬件结构组成图

现场采集模块可实现以下功能。

（1）数据采集功能：气体浓度采集功能（甲烷、一氧化碳、二氧化碳、乙烯）；环境气压采集功能；周围固体压力采集功能；环境温度采集功能；环境湿度采集功能；环境空气流速采集功能。

（2）显示功能：将上述采集的数据在一块液晶显示屏上显示出来，可以通过翻屏或者滚动的方式查看。

（3）报警功能：根据采集到的环境温度，设定不同温度阈值，当温度达到此温度阈值时，进行声光报警。

（4）无线传输功能：将上述采集到的数据，通过无线传输功能，传输到上位机上进行显示。

该系统利用 5G 无线物联网接入技术实现井上、井下自动化和信息化系统的接入和融合调度，5G 系统应能实现独立组网、独立运行，在外部网络故障或断开时，系统应能实现安全、独立、稳定运行，保证无线通信及数据传输的可靠性、稳定性；满足井上、井下安全隔离的相关规定，通过矿井现有资源的融合优化，提高矿井安全生产率和生产水平，为矿井向大数据、人工智能和无人化综采的发展提供了技术支撑。

无线传感器网络是一种自组织通信网络，其重要组成部分是传感器和基站。由于其方便部署和自组织的特性，被大规模用于工业领域、智能交通、现代农业、铁路监测、医疗保健、军事领域、智能家居场景。无线传感器网络的优势主要有两方面：①传感器节点不需要有线网络的支持，其具有简单的部署方式，适用于大规模场景中。②传感器节点具有自组织的能力和动态组网的特性，在网络受损时具有自我修复能力，修复完成之后可以最大程度确保信息正常传输。

井下巷道的空间特点是狭长，巷道总长可达数千米甚至延伸至几十千米，但断面比较小，而且存在许多分支。所以井下巷道通信可看作受限空间的非自由传输环境，与地面环境的通信差异明显。无线信号在井下巷道传播的过程中，会发生无线电波被吸收、散射、反射和衍射的现象，产生严重的多径衰落现象，导致无线信号极速衰减，传输速率和传输距离也相应受限。相较于地面空旷环境，井下条件更加复杂，由于矿体本身的特点和掘进设计的要求，巷道并不是平直的，存在拐弯和分支。弯曲程度和传输频率高低对传输衰减有重大影响，当电磁波传输频率一定时，巷道越弯曲，传输衰减越大；当在同一弯曲处时，电磁波传输频率越高，衰减越大。巷道的粗糙程度、倾斜大小也对传输损耗有一定的影响。巷道越粗糙，损耗越大；巷道越倾斜，引起的传输损耗越大。煤矿井下存在大量粉尘，而粉尘都是有耗介质，会使巷道内电磁波的传输衰减，粉尘浓度越大，传输衰减也越大。井下的水汽及水汽分子凝结成的雾滴也增大了无线信号的传输衰减，当电磁波在巷道内传输时，遇到具有半导电性质的水汽和雾滴，它们都会吸收电磁波，导致电磁波损耗一部分能量，其中雾滴还会造成电磁波发生散射，使衰减进一步增大。由于水汽增多，会慢慢浸润巷道壁，从而对电磁波传输造成衰减。

因此，井下无线通信应该满足下列要求：

（1）由于井下巷道空间狭窄且不断延伸，所以要求无线通信覆盖范围广而且传输距离远。

（2）由于井下存在大量易燃易爆的危险粉尘而且环境恶劣、潮湿，所以需要严格控制无线通信功率，确保安全。

（3）因为井下巷道中无线信号传输会受到巷道壁起伏不平、功率较大采煤设备、矿井粉尘和矿井水雾影响，传输损耗大，所以要求无线通信有强的抗干扰能力。

（4）由于在井下巷道环境下，传输信号的衰减与无线频率有关，频率越高，传输信号衰减就会越大，穿透性能越差，传输距离越短，所以无线通信的频率不能选择太高。

（5）由于井下巷道不只有直线巷道，还存在巷道弯曲和拐弯，会产生非可视距传播，传播损耗进一步加大，所以要求无线通信需要有一定的绕射能力。

随着煤层埋藏深度增大、通风系统和地质条件逐渐复杂、采空区范围逐渐加大及受各种因素的影响，易出现漏风现象，引起煤炭自燃等事故。而采空区浮煤自燃呈现动态变化特征，人工监测范围大、周期长、连续性又差，再加上测点多、距离远、环境复杂，使得对采空区的管理非常困难。实时动态分析煤自燃特征信息，对于采空区煤自燃的预防和控制具有重要意义。通过源头预警和控制，应用LoRa 自组网无线监测技术，以及分级预警系统，实现实时监测、预警和自动降温灭火功能的系统化产品，是未来矿井智能化发展的必然趋势。本自燃风险预警系统的建设目的在于提供一种采空区自燃危险区域无线监测系统，该系统中的设备结构集成化、模块化程度高，操作灵活方便，装配及维护便捷，一方面可精确地对采空区内环境参数进行监测，从而全面地获得采空区内环境状态参数，及时发现火灾隐患，同时能够降低测试人员的作业强度，提高整个监测过程的效率，对危险区域进行精确划分，保证井下工作人员的安全；另一方面在运行中，有效克服了地质结构对通信信号的干扰，有效地提高了采空区内无线数据传输的可靠性和稳定性，同时也有效克服了传统检测系统在进行数据通信时需要构建负载的通信网络的弊端，提供通信系统的环境适应性，并简化了通信系统结构，提高通信系统的抗故障能力。

基于井下复杂的条件和实际工程需要，我们采用了 LoRa 无线通信协议。该技术具有远距离、抗干扰、数据可靠、低功耗、低成本等特点，相较于其他的无线通信技术，更适合用于井下无线通信，在运行中有效克服了地质结构对通信信号的干扰, 有效地提高了采空区内数据无线传输的可靠性和稳定性, 确保了数据传输的时效性。预警终端根据现场数据采集终端发送的数据进行实时精确分析, 从而实现采空区 "三带" 和风险等级的精准划分, 其监测原理见图 12-38。

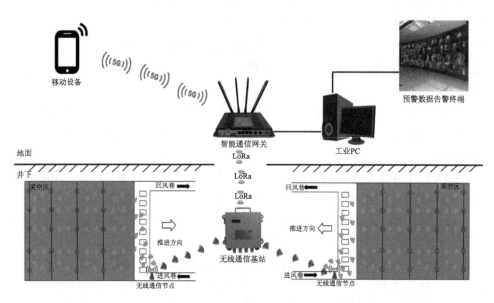

图 12-38　采空区自燃危险区域无线监测系统原理

现场数据采集终端硬件组成如图 12-39 所示, 主要由传感器、单片机、无线通信模块、物联网卡槽、拨动式开关、充电接口组成, 将这些元件集成在微电子电路板上, 最后封装至保护壳中, 即可对采空区中各种环境参数进行实时监测。气体传感器和温度传感器在采集到环境参数后, 会将其转化成电信号传输至STM32 单片机, 单片机再对数据进行打包传输至 LoRa 模块, LoRa 模块再将数据传输至无线通信基站, 从而实现数据的无线传输。

12.5.3　瓦斯抽采条件下煤自燃预防

1. 瓦斯抽采管理

采空区煤自燃风险空间扩张分析表明, 风险空间主要由漏风控制, 上隅角瓦斯浓度由采空区风流出控制。为达到抽采目标同时预防煤自燃, 相应减小了工作

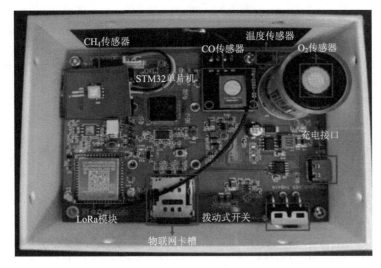

图 12-39 现场采集终端硬件组成

面通风强度,增加抽采强度。为了达到有效瓦斯抽采,工作面增加了地面井瓦斯抽采,其间各地面钻井累计抽采量达到 168.70 万 m³;对钻孔采用低负压大流量抽采方式,以达到减少采空区漏风的目的。为了减少采空区漏风,工作面采用 U 形通风方式,以尽量减少风压、降低通风量,工作面配风约 1600m³·min⁻¹。同时,加强钻孔封孔管理,利用"两堵一注"带压封孔、恒压封孔,以达到封孔质量可控。高低浓瓦斯分源抽采,并根据瓦斯抽采变化积极调配抽采负压,同时开展在抽钻孔排查,对封孔质量和抽采效果较差的钻孔进行处置,以提高瓦斯浓度,避免单纯提高抽采量,增加采空区漏风。

2. 采空区隅角管理

在采煤工作面风巷预埋管路至采空区,通过移动抽采系统抽采采空区和上隅角积聚的瓦斯。在工作面风巷采用交替迈步(步距 15m)的方式向采空区预埋抽采管路。采空区埋管钻孔布置如图 12-40 所示,埋管抽采可改变采空区漏风流场,将部分流入风流尽快抽出。

同时,为减少采空区漏风量,需要减少采空区漏风通道两端压差,矿井采用均压通风。当工作面回采结束后,在回风巷设置调节风门,确保回风浓度正常的前提下,降低风量,并在进回风隅角构筑防火隔离沙袋墙和风障,减小漏风量并最大限度地消除采空区的供氧条件。

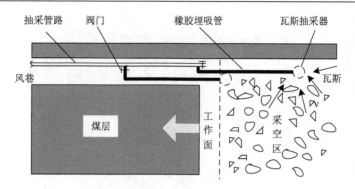

图 12-40　采空区埋管钻孔布置示意图

12.6　采空区抽采条件瓦斯-煤自燃耦合灾害防治关键技术

通过对杨柳矿工作面煤层自燃特性，采空区"三带"分布特征的研究，本章结合试验矿井工作面实际状况，综合考虑工作面煤层赋存特点、回采方式和灾害情况等日常实际生产环境，同时结合第 3、4 章的研究结果，给出了预防采空区遗煤自燃的综合防治技术，并优化升级已有的防灭火手段，为工作面安全顺利回采保驾护航。

12.6.1　煤自燃预测预报系统

实验工作面煤自燃的预测预报通常通过建立束管监测系统，即采用系统自动采样和人工采样二者相结合的方式来对主要防火区域进行连续监测，并根据监测结果及时采取相应的防灭火措施消除隐患。

1. 束管监测预测预报系统

束管监测系统是一种利用抽气泵通过多孔塑料管（束管）抽取各取样点气样的监测技术。这些气样随后通过色谱分析仪器进行气体成分分析。通过对分析数据的综合处理，该系统能够进行自燃火灾的预测预报。

监测系统一般由束管、气体分析仪器、监测微机和相关的附属设备组成。它能对井下任意地点的 O_2、N_2、CO、CH_4、CO_2、C_2H_4、C_2H_6、C_2H_2 等气体含量实现 24h 连续循环监测，通过烷烯比、链烷比的计算，及时预测预报发火点的温度变化，为煤矿自然火灾和矿井瓦斯事故的防治提供科学依据。

1）杨柳煤矿束管系统

工作面采用如图 12-41 所示的 GC-4085 束管系统来实现对煤自燃隐患的初期预测预报。主监测站中含有色谱气体分析装置和监测微机，由于色谱分析仪器里面还有高温加热单元，不宜放置于井下，另外监测微机也必须在干燥无尘的环境中运行，所以主监测站设置在地面适当的位置。探头设置在井下需要监测的区域，束管沿井铺设至井下。

图 12-41　GC-4085 系统实物图

　　杨柳煤矿采用的煤矿自燃火灾束管监测系统的结构组成及工作流程如图 12-42 所示。

　　2）工作面束管敷设与采样头布置

　　束管管线从工作面上顺槽敷设至工作面应用地点，日常回采过程中，在工作面总共布置了 2 个采样监测点，其中一个采样点位于采空区内：即通过工作面上隅角向采空区深部布置了一趟束管，由于未设保护套管，因此束管维护距离较短，一般最远仅达采空区深部 20～30m，但这已经足以提前预测采空区的自燃隐患。另一个束管采样点布置在工作面回风巷的超前支护段内，该采样点挂设在煤壁上，随着工作面的回采而不断地后撤，随时监测回风巷内气体的变化，如图 12-43 所示。

　　2. 人工监测预测预报制度

　　在建立和完善以连续监测为特征的束管监测预测预报系统的同时，还必须建立人工监测预测预报制度。详细规定每个班的监测时间、监测人、监测地点和监测内容。在工作面回采过程中监测员至少每天三班对工作面中部、上隅角、回风巷和异常地点的气体进行采样，及时送到地面采用色谱仪进行分析，发现异常情况及时向通风调度汇报。

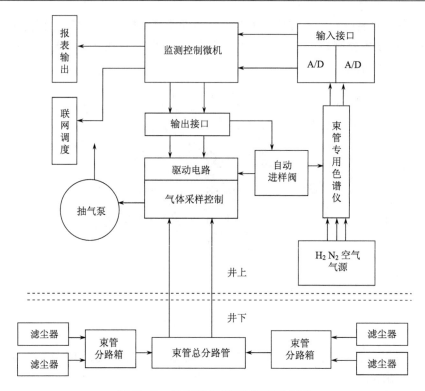

图 12-42　杨柳煤矿束管监测系统框图

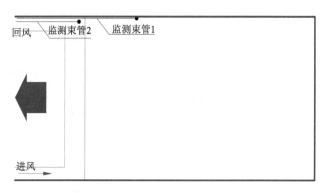

图 12-43　工作面束管与采样头布置示意图

12.6.2　工作面氮气防灭火系统

　　氮气是防灭火的理想惰性气体，不燃也不助燃，溶水极微，性质稳定，不易与其他化学元素化合，无腐蚀作用，并且制备工艺相对简单，成本较低。氮的密度接近于空气的密度，因此，气体在采空区内能均匀地扩散，且不易被煤和岩石吸附。

　　注氮气防灭火技术对于封闭采空区火区有很好的灭火效果，同时针对开放式空间，如回采工作面采空区等，在没有漏风或漏风量很小的情况下对工作面采空区煤炭自燃的预防效果显著。

　　目前，我国常用的注氮工艺系统主要是通过从制氮站直接铺设到井下防灭火区的管路进行注氮。杨柳煤矿由制氮装置所在位置铺设一条管路，经工作面下顺槽到达下隅角位置；然后通过交替埋管的方式注氮，对工作面采空区进行惰化，如图 12-44 所示。

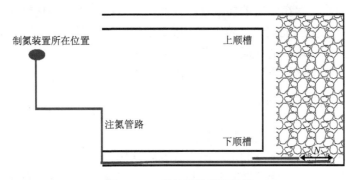

图 12-44　氮气输送管路系统

N 为注氮交替距离

　　工作面采空区一般为开放式注氮，主要通过下顺槽（进风巷）的预埋管到采空区灌注。开放式注氮能否起到较好的防灭火作用，关键取决于注氮出口位置处的漏风量。若出口处漏风量大，驻留氮气较少，对采空区惰化的作用有限；反之，若出口处漏风量小，则氮气浓度高，对采空区惰化的作用好。一般情况下，所说的最佳注氮管口位置是指灌注出口位于"散热带"和"自燃带"的交界处，前文对工作面采空区自燃危险区域的研究表明，在进风侧该位置位于工作面深部 85m 左右。因此，对于工作面采空区，注氮埋管的最佳深度应处于支架后部 85m 左右，但随着距离工作面深度的增加，采空区内部矿压不断增大，这大幅降低了长距离采空区预埋管的成功率。因此，兼顾注氮效率和埋管成功率两个因素，本书最终确定的埋管注氮方案如下：当工作面下顺槽敷设的注氮管路埋入采空区 60m 时开始注氮，同时埋入第二趟注氮管路，当第二趟管路埋入 60m 时（即灌注间隔距离），停止第一趟管路注氮，采用第二趟管路向采空区注氮，同时敷设第三趟注氮管路。以此循环，直至工作面采完为止。埋入管道的端口全部用铁丝网罩好，并用大块的岩石掩护，防止碎石煤岩、泥水等进入管孔内，堵塞管路。

在距工作面下隅角 15m 范围内，注氮管路上设有监测位置和带阀门的旁通管，这样就可以在每次注氮以前监测氮气浓度，始终保持注入采空区的氮气浓度处于大于97%的水平。

12.6.3 固化封堵防灭火新材料研发与应用

经测定杨柳煤矿试验工作面煤层属于自燃煤层，为有效实现对火灾的防治，除建立完善的预测预报系统外，还必须建立一套高效的防灭火系统。结合工作面煤层赋存的地质条件坡度变化较大，常规的注浆防火浆体易形成拉沟现象，且容易在低洼处积聚，存在一定的局限性。为此，矿方决定采用固化封堵材料防灭火技术，通过对工作面采空区自燃危险区域及固化封堵材料在采空区扩散特性的研究，优化了固化封堵材料的灌注工艺，建立固化封堵材料防灭火系统，为工作面采空区防止遗煤自燃提供了技术保障，确保工作面的顺利回采。

1. 新材料研发与防灭火原理

固化封堵防灭火材料是一种特殊的分散体系，这种分散体系是由胶体粒子或高分子在交联剂的作用下交联形成的三维网状结构和结构内部大量的分散介质共同组成的。其中，以水为分散介质的凝胶又称水凝胶，所制备的固化封堵防灭火材料就属于水凝胶这一范畴。固化封堵防灭火材料以黄原胶为基料，配合交联剂、表面活性剂、铺展剂、成膜剂、无机抗烧剂、阻燃协效剂多种组分制成，具体成胶原理如图 12-45 所示，固化封堵防灭火材料和水玻璃凝胶的外观如图 12-46 所示。

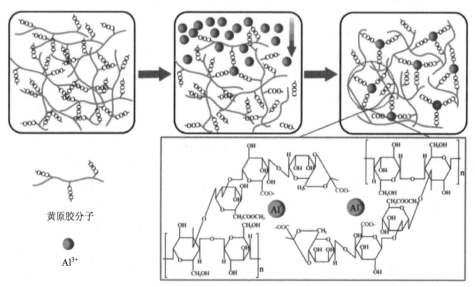

图 12-45　固化封堵防灭火材料成胶原理示意图

图 12-46　固化封堵防灭火材料及水玻璃凝胶外观

该固化封堵防灭火材料制备简单,具备良好的热稳定性、流动性、溶胀性及高效持久性;并由于自身特点,还具有降低煤氧物理和化学吸附、释放 CO_2 稀释 O_2 浓度、包裹煤体隔氧、吸收煤体热量、降低煤体温度及煤氧反应放热强度、增强煤堆散热能力、降低煤的官能团含量及活性、中断燃烧链式反应等一系列作用,从而有效地抑制煤自燃。

　　固化封堵防灭火材料通常要喷注到温度较高的火区以实现灭火,所以固化封堵防灭火材料在高温下能保持稳定是其重要的特性之一,对其研究和应用都具有十分重要的指导意义。对凝胶的热稳定性影响最大的因素就是温度,凝胶的脱水过程可以分为凝胶稳定期、突发脱水期和持续收缩期三个阶段。因此利用恒温鼓风干燥箱进行固化封堵防灭火材料的升温失重实验和恒温失重实验测得的热稳定性如图 12-47 和图 12-48 所示。

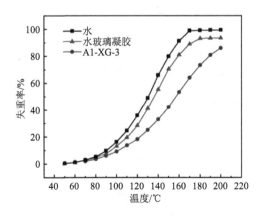

图 12-47　不同凝胶与水的升温失重率变化

Al-XG-3 为固化封堵防灭火材料 3

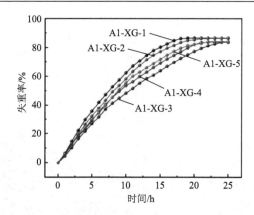

图 12-48 固化封堵防灭火材料的恒温失重率变化

Al-XG-1～Al-XG-5 为固化封堵防灭火材料 1～5

将固化封堵防灭火材料用于煤样处理，并与传统的防灭火材料进行对比分析，利用现有的实验设备对固化封堵防灭火材料抑制煤自燃的热特性、氧化特性及微观变化进行研究，对比其抑制煤自燃的效果，基于煤的宏观和微观实验结果，并结合固化封堵防灭火材料的自身特点，从固化封堵防灭火材料的隔氧阻氧作用、吸热散热作用、消减官能团及中断链式反应作用三个方面揭示了固化封堵防灭火材料抑制煤自燃的机理，如图 12-49～图 12-53。

2. 工作面固化封堵防灭火材料及灌注系统构成

固化封堵材料防灭火系统由氮气生产与灌注系统、固化封堵材料系统构成。其中氮气生产与灌注系统具备固化封堵材料的灌注、控制、计量等功能，该子系统由浆料储存场地、制浆设备、过滤搅拌、计量、输浆、固化封堵材料混合器及管网和外加剂添加等部分构成，如图 12-54 所示。

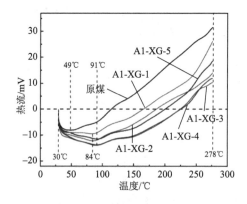

图 12-49 各实验煤样的热流曲线

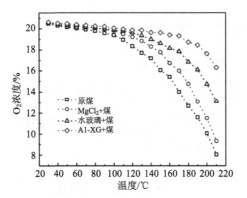

图 12-50 各实验煤样的氧气浓度随煤温升高的变化曲线

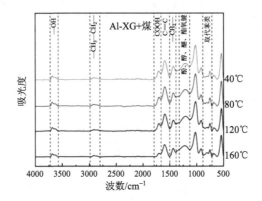

图 12-51 不同氧化程度固化封堵防灭火材料处理煤的红外光谱总图

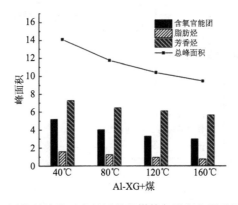

图 12-52 固化封堵防灭火材料处理煤的各类官能团吸收峰总面积

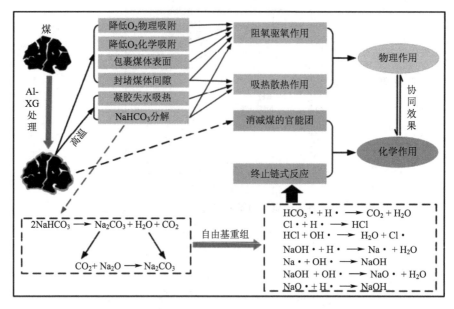

图 12-53 固化封堵防灭火材料抑制煤自燃机理示意图

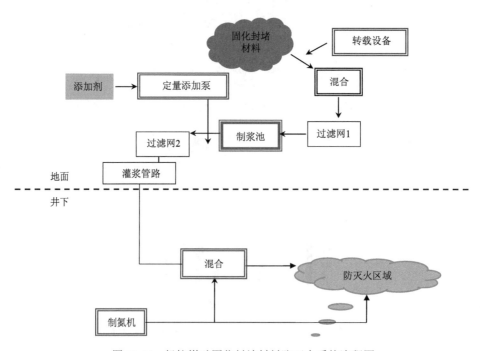

图 12-54 杨柳煤矿固化封堵材料防灭火系统流程图

3. 固化封堵材料在工作面应用工艺优化及方案实施

1）固化封堵材料在工作面应用工艺优化

固化封堵材料的制备和灌注系统由制浆站、过滤器、注浆管路、定量添加装置、混合器、注氮（或压风）装置组成，其主要工艺流程如图 12-55 所示。首先在地面制浆站制备好固化封堵材料；通过定量螺杆泵将凝胶材料注入注浆管路中，携带有添加剂的浆液进入井下注浆管路，在灌浆巷距离工作面 100m 的位置安装混合器，氮气由混合器上的气体接口被引入，向防灭火区域输送固化封堵材料。

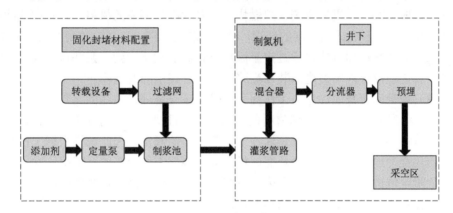

图 12-55　固化封堵材料灌注工艺流程

管路布置如图 12-56 所示，从工作面上隅角交替埋管灌注固化封堵材料，上顺槽预埋管路直径为 108mm。

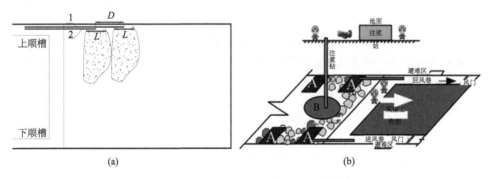

图 12-56　固化封堵材料灌注布置示意图

1、2 为交替灌注管路；L 为固化封堵材料走向扩散距离；D 为注浆间隔距离

根据固化封堵材料的渗流特性可知：在采空区渗透性一定的情况下，工作面倾角、灌注流量都对固化封堵材料的堆积特征产生较大的影响，灌注流量大，则固

化封堵材料堆积高度高，沿工作面走向的扩散宽度广；工作面倾角大，则固化封堵材料沿工作面走向的扩散宽度小；灌注流量小，则固化封堵材料在采空区的堆积高度低，而工作面倾角对固化封堵材料的堆积高度几乎没有影响。因此在对工作面采空区进行埋管灌注固化封堵材料防灭火时，必须根据工作面的实际情况和具体参数（工作面倾角等）合理确定灌注量、交替间隔及埋管深度，优化实施方案，保证固化封堵材料灌注的安全及经济合理性，使得固化封堵材料得到最大的利用。

2）固化封堵材料灌注方案的实施

（1）浆体制备。杨柳煤矿采用以黄原胶为基料，配合交联剂、表面活性剂、铺展剂、成膜剂、无机抗烧剂、阻燃协效剂多种组分制成的材料，首先在地面灌浆站制备浆液，形成适当浓度的浆液，经过两道过滤网，自流输送到注浆管路中。

（2）添加剂添加方式。通过定量添加泵将添加剂添加到下浆井口，浆液与发泡剂在管道中混合均匀后进入装在灌浆巷注浆管路中的发泡器。

（3）埋管间距与灌注量。工作面采用采空区交替埋管灌注固化封堵材料的工艺，交替距离 D 是由固化封堵材料的堆积扩散特性决定的，而固化封堵材料的堆积扩散特性的主要影响因素就是灌注量和工作面的倾角，因此应该根据工作面倾角的变化合理地确定交替距离及灌注量，前面根据工作面的实际情况，对采空区自燃危险区域进行了现场测试和模拟研究，得出了工作面的自燃危险区域，同时结合固化封堵材料在采空区内的扩散特性，得出了优化参数，为埋管位置及灌注量的确定提供了理论依据，使得工艺设计更加合理科学。

具体埋管位置及灌注量如下：预埋管灌注固化封堵材料工艺，在工作面倾角不明显（倾角小于 2°）时，埋管出口进入采空区 60m 时开始灌注，同时预埋下一趟灌注管路，即间隔 60m 灌注一次固化封堵材料，该面回采速度约 $5m \cdot d^{-1}$，则应间隔 12d 灌注一次固化封堵材料；当工作面倾角达到 5°左右时，埋管出口进入采空区 35m 时开始灌注，应将埋管交替间距缩短到 35m 左右，这样则需 7d 灌注一次固化封堵材料；考虑 1.5～2 倍的灌注富裕量，每次灌注持续时间应为 6～8h。

参 考 文 献

[1] 黄炳香, 张农, 靖洪文, 等. 深井采动巷道围岩流变和结构失稳大变形理论[J]. 煤炭学报, 2020, 45(3): 911-926.

[2] Zhang L J, Li Z H, He W J, et al. Study on the change of organic sulfur forms in coal during low-temperature oxidation process[J]. Fuel, 2018, 222: 350-361.

[3] 谢和平, 周宏伟, 薛东杰, 等. 煤炭深部开采与极限开采深度的研究与思考[J]. 煤炭学报, 2012, 37(4): 535-542.

[4] 何满潮, 谢和平, 彭苏萍, 等. 深部开采岩体力学研究[J]. 岩石力学与工程学报, 2005, 24(16): 2803-2813.

[5] 彭苏萍. 深部煤炭资源赋存规律与开发地质评价研究现状及今后发展趋势[J]. 煤, 2008, 17(2): 1-11, 27.

[6] 谢和平, 彭苏萍, 何满潮. 深部开采基础理论与工程实践[M]. 北京: 科学出版社, 2006: 57-65.

[7] 谢和平. 深部岩体力学与开采理论研究进展[J]. 煤炭学报, 2019, 44(5): 1283-1305.

[8] 齐庆新, 李一哲, 赵善坤, 等. 我国煤矿冲击地压发展 70 年: 理论与技术体系的建立与思考[J]. 煤炭科学技术, 2019, 47(9): 1-40.

[9] 谢和平, 高峰, 鞠杨. 深部岩体力学研究与探索[J]. 岩石力学与工程学报, 2015, 34(11): 2161-2178.

[10] 胡社荣, 彭纪超, 黄灿, 等. 千米以上深矿井开采研究现状与进展[J]. 中国矿业, 2011, 20(7): 105-110.

[11] 潘荣锟, 陈雷, 余明高, 等. 不同初始应力下卸荷煤体氧化特性[J]. 煤炭学报, 2017, 42(9): 2369-2375.

[12] 张明光. 易自燃近距离煤层群开采下位回采巷道位置及漏风通道控制研究[D]. 青岛: 山东科技大学, 2018.

[13] Liu J, Chen S L, Wang H J, et al. The migration law of overlay rock and coal in deeply inclined coal seam with fully mechanized top coal caving[J]. Journal of Environmental Biology, 2015, 36 (Spec): 821-827.

[14] 褚廷湘. 顶板巷瓦斯抽采诱导遗煤自燃机制及扰动效应研究[D]. 重庆: 重庆大学, 2017.

[15] Hu X C, Yang S Q, Liu W V, et al. A methane emission control strategy in the initial mining range at a spontaneous combustion-prone longwall face: A case study in coal 15, Shigang Mine, China[J]. Journal of Natural Gas Science and Engineering, 2017, 38: 504-515.

[16] Pan R K, Li C, Yu M G, et al. Evolution patterns of coal micro-structure in environments with different temperatures and oxygen conditions[J]. Fuel, 2020, 261: 116425.

[17] 谢和平, 高明忠, 付成行, 等. 深部不同深度岩石脆延转化力学行为研究[J]. 煤炭学报, 2021, 46(3): 701-715.

[18] 钱鸣高, 许家林. 覆岩采动裂隙分布的 "O" 形圈特征研究[J]. 煤炭学报, 1998, 23(5): 466-469.

[19] 程远平, 俞启香, 袁亮, 等. 煤与远程卸压瓦斯安全高效共采试验研究[J]. 中国矿业大学学报, 2004, 33(2): 132-136.

[20] 张春, 题正义, 李宗翔. 采空区加荷应力场及其多场耦合研究[J]. 长江科学院院报, 2012, 29(3): 50-54, 58.

[21] 来兴平, 漆涛, 蒋东晖, 等. 急斜煤层(群)水平分段顶煤超前预爆范围的确定[J]. 煤炭学报, 2011, 36(5): 718-721.

[22] 尹光志, 李小双, 郭文兵. 大倾角煤层工作面采场围岩矿压分布规律光弹性模量拟模型试验及现场实测研究[J]. 岩石力学与工程学报, 2010, 29(S1): 3336-3343.

[23] 潘荣锟, 马智会, 余明高, 等. 易自燃煤氧化的力学特性[J]. 煤炭学报, 2021, 46(9): 2949-2964.

[24] 余明高, 晁江坤, 褚廷湘, 等. 承压破碎煤体渗透特性参数演化实验研究[J]. 煤炭学报, 2017, 42(4): 916-922.

[25] 褚廷湘, 姜德义, 余明高. 承压颗粒煤逐级加载下渗透特性实验研究[J]. 中国矿业大学学报, 2017, 46(5): 1058-1065.

[26] Chao J K, Yu M G, Chu T X, et al. Evolution of broken coal permeability under the condition of stress, temperature, moisture content, and pore pressure[J]. Rock Mechanics and Rock Engineering, 2019, 52(8): 2803-2814.

[27] 张小强, 王文伟, 姜玉龙, 等. 超临界 CO_2 作用下煤岩组合体力学特性损伤及裂隙演化规律[J]. 煤炭学报, 2023, 48(11): 4049-4064.

[28] Zhang A L, Zhang R, Gao M Z, et al. Failure behavior and damage characteristics of coal at different depths under triaxial unloading based on acoustic emission[J]. Energies, 2020, 13(17): 4451.

[29] Su H J, Guo Q Z, Jing H W, et al. Mechanical performances and pore features of coal subjected to heat treatment in approximately vacuum environment[J]. International Journal of Geomechanics, 2020, 20(7): 1-8.

[30] Liu S M, Li X L, Wang D K, et al. Mechanical and acoustic emission characteristics of coal at temperature impact[J]. Natural Resources Research, 2020, 29(3): 1755-1772.

[31] 张辛亥, 李青蔚. 预氧化煤自燃特性试验研究[J]. 煤炭科学技术, 2014, 42(11): 37-40.

[32] 肖旸, 刘志超, 周一峰, 等. 预氧化煤体的力学参数和导热特性关系研究[J]. 煤炭科学技术, 2018, 46(4): 135-140, 187.

[33] 孟召平, 彭苏萍, 黎洪. 正断层附近煤的物理力学性质变化及其对矿压分布的影响[J]. 煤炭学报, 2001, 26(6): 561-566.

[34] 魏建平, 秦恒洁, 王登科, 等. 含瓦斯煤渗透率动态演化模型[J]. 煤炭学报, 2015, 40(7): 1555-1561.

[35] 孙长斌, 吴斌斌, 杨逾. 不同含水率下煤岩组合体力学特性损伤规律研究[J]. 中国煤炭地质, 2024, 36(1): 30-35.

[36] 张天军, 尚宏波, 李树刚, 等. 三轴应力下不同粒径破碎砂岩渗透特性试验[J]. 岩土力学, 2018, 39(7): 2361-2370.

[37] Chao J K, Pan R K, Han X F, et al. The effects of thermal-mechanical coupling on the thermal stability of coal[J]. Combustion Science and Technology, 2022, 194(3): 491-505.

[38] Calemma V, Del Piero G, Rausa R, et al. Changes in optical properties of coals during air oxidation at moderate temperature[J]. Fuel, 1995, 74(3): 383-388.

[39] 王继仁, 邓存宝. 煤微观结构与组分量质差异自燃理论[J]. 煤炭学报, 2007, 32(12): 1291-1296.

[40] 邓军, 王凯, 翟小伟, 等. 高地温环境对煤自燃特性影响的试验研究[J]. 煤矿安全, 2014, 45(3): 13-15.

[41] 马砺, 雷昌奎, 王凯, 等. 高地温环境对煤自燃危险性影响试验研究[J]. 煤炭科学技术, 2016, 44(1): 144-148, 156.

[42] Zhang J Z, Kuenzer C. Thermal surface characteristics of coal fires 1 results of *in situ* measurements[J]. Journal of Applied Geophysics, 2007, 63(3/4): 117-134.

[43] 孟现臣. 深部开采综放工作面煤层自燃防治技术[J]. 矿业安全与环保, 2010, 37(1): 72-74.

[44] 闻全. 深部开采矿井煤炭自然发火防治技术[J]. 煤炭科学技术, 2008, 36(7): 57-59, 91.

[45] Pan R K, Ma Z H, Yu M G, et al. Study on the mechanism of coal oxidation under stress disturbance[J]. Fuel, 2020, 275: 117901.

[46] Chao J K, Chu T X, Yu M G, et al. An experimental study on the oxidation kinetics characterization of broken coal under stress loading[J]. Fuel, 2021, 287: 119515.

[47] He B G, Zelig R, Hatzor Y H, et al. Rockburst generation in discontinuous rock masses[J]. Rock Mechanics and Rock Engineering, 2016, 49(10): 4103-4124.

[48] 林增, 赵文彬, 刘波. 深部厚煤层撤面期间煤层自燃预防及控制技术研究[J]. 煤炭技术, 2020, 39(6): 117-121.

[49] 徐永亮, 左宁, 梁浦浦, 等. 单轴应力对煤自燃特性参数和导热系数的影响研究[J]. 中国安全生产科学技术, 2018, 14(4): 32-38.

[50] 许涛. 煤自燃过程分段特性及机理的实验研究[D]. 徐州: 中国矿业大学, 2012.

[51] 周福宝, 夏同强, 史波波. 瓦斯与煤自燃共存研究(Ⅱ): 防治新技术[J]. 煤炭学报, 2013, 38(3): 353-360.

[52] 周福宝. 瓦斯与煤自燃共存研究(Ⅰ): 致灾机理[J]. 煤炭学报, 2012, 37(5): 843-849.

[53] 潘一山. 煤与瓦斯突出、冲击地压复合动力灾害一体化研究[J]. 煤炭学报, 2016, 41(1): 105-112.

[54] 秦波涛, 鲁义, 殷少举, 等. 近距离煤层综放面瓦斯与煤自燃复合灾害防治技术研究[J]. 采矿与安全工程学报, 2013, 30(2): 311-316.

[55] Song Y W, Yang S Q, Hu X C, et al. Prediction of gas and coal spontaneous combustion coexisting disaster through the chaotic characteristic analysis of gas indexes in goaf gas

extraction[J]. Process Safety and Environmental Protection, 2019, 129: 8-16.

[56] 张国锋, 何满潮, 俞学平, 等. 白皎矿保护层沿空切顶成巷无煤柱开采技术研究[J]. 采矿与安全工程学报, 2011, 28(4): 511-516.

[57] 祝捷, 王琪, 唐俊, 等. 加卸载条件下煤样应变与渗透性的演化特征[J]. 煤炭学报, 2021, 46(4): 1203-1210.

[58] 鲁俊, 尹光志, 高恒, 等. 真三轴加载条件下含瓦斯煤体复合动力灾害及钻孔卸压试验研究[J]. 煤炭学报, 2020, 45(5): 1812-1823.

[59] 朱丽媛, 潘一山, 李忠华, 等. 深部矿井冲击地压、瓦斯突出复合灾害发生机理[J]. 煤炭学报, 2018, 43(11): 3042-3050.

[60] 王浩, 赵毅鑫, 焦振华, 等. 复合动力灾害危险下被保护层回采巷道位置优化[J]. 采矿与安全工程学报, 2017, 34(6): 1060-1066.

[61] 袁瑞甫. 深部矿井冲击-突出复合动力灾害的特点及防治技术[J]. 煤炭科学技术, 2013, 41(8): 6-10.

[62] 沈荣喜, 王恩元, 刘贞堂, 等. 近距离下保护层开采防冲机理及技术研究[J]. 煤炭学报, 2011, 36(S1): 63-67.

[63] 何江, 窦林名, 蔡武, 等. 薄煤层动静组合诱发冲击地压的机制[J]. 煤炭学报, 2014, 39(11): 2177-2182.

[64] 李振雷, 窦林名, 王桂峰, 等. 坚硬顶板孤岛煤柱工作面冲击特征及机制分析[J]. 采矿与安全工程学报, 2014, 31(4): 519-524.

[65] 袁亮, 薛俊华, 张农, 等. 煤层气抽采和煤与瓦斯共采关键技术现状与展望[J]. 煤炭科学技术, 2013, 41(9): 6-11, 17.

[66] Lu J, Zhang D M, Huang G, et al. Effects of loading rate on the compound dynamic disaster in deep underground coal mine under true triaxial stress[J]. International Journal of Rock Mechanics and Mining Sciences, 2020, 134: 104453.